福建省高职高专农林牧渔大类十二五规划教材

食品加工技术

主　编◎黄　琼

副主编◎梁志弘

编写人员（按姓氏汉语拼音排列）

陈　婵　林　叶

余　劼

主　审◎彭　宏

厦门大学出版社 XIAMEN UNIVERSITY PRESS

国家一级出版社

全国百佳图书出版单位

图书在版编目(CIP)数据

食品加工技术/黄琼主编. —厦门:厦门大学出版社,2012.11
福建省高职高专农林牧渔大类“十二五”规划教材
ISBN 978-7-5615-4480-8

Ⅰ.①食… Ⅱ.①黄… Ⅲ.①食品加工-高等职业教育-教材 Ⅳ.①TS205

中国版本图书馆 CIP 数据核字(2012)第 283716 号

厦门大学出版社出版发行
(地址:厦门市软件园二期望海路 39 号 邮编:361008)
http://www.xmupress.com
xmup@xmupress.com
三明市华光印务有限公司印刷
2012 年 11 月第 1 版 2012 年 11 月第 1 次印刷
开本:787×1092 1/16 印张:18.75
字数:456 千字 印数:1～2 000 册
定价:34.00 元

福建省高职高专农林牧渔大类十二五规划教材编写委员会

前 言

本教材根据教育部《关于全面提高高等职业教育教学质量的若干意见》(教高[2006]16号)文件精神,遵循"理论必须够用"、以工作过程为导向、强化实践技能训练的原则进行设计开发,是福建农业职业技术学院闽台合作教材,也是"福建省高职高专农林牧渔大类十二五规划教材"。

本书综合了食品化学、食品添加剂和食品生产概论等课程知识,各章以典型食品加工生产为例,介绍了食品加工生产的方法。内容涉及食品加工原料及加工特性、果蔬制品、软饮料、肉制品、乳制品、谷物制品、发酵食品和蛋制品八块内容,包括各种食品的原辅材料选择、工艺流程、操作要点和品质控制。

食品加工是一个涵盖广泛食品科学的领域,是职业学校食品专业必修科目,旨在培养学生具备食品专业共同的核心能力,为相关专业领域的学习或专业职能的进修和研究奠定基础。故本书除了传授基本知识外,也兼具技能统考的准备功能。故在内容方面力求丰富,希望能适合高职院校学生的阅读与理解,增加其学习兴趣与成效。

本书强调食品加工基本概念的建构,并与生活中常见的实例相验证,得以了解食品加工各专业领域的基本知识及各类原料加工操作技术。各章节末附练习,希望收到学习的画龙点睛之效,使学生对各章陈述更通彻了解,并能对升学有所助益。

本书适合作为高职院校的食品生物技术、食品加工、食品营养与检测和食品贮运与营销等专业的教材,同时也可供食品企业和行业的管理、技术人员参考。

本书由福建农业职业技术学院黄琼主编,台湾中州科技大学梁志弘任副主编,福建农业职业技术学院彭宏主审。其中,第一、二章由梁志弘编写;第三章由福建农业职业技术学院陈婵编写;第四、五、六、七章由黄琼编写;第八章由福建农业职业技术学院林叶编写;第九章由福州光阳蛋品有限公司余劼编写。黄琼负责全书的统稿工作。

本书在编写过程中,参考了许多文献、资料,包括网上的资料,难以一一鸣谢,作者在此一并表示感谢。

本书在编写过程中,得到了福建农业职业技术学院和台湾中州科技大学领导的悉心指导,厦门大学出版社的大力支持以及工作人员的热情帮助,谨在此表示衷心感谢。本书编辑过程力求完善,但疏漏和错误在所难免,企盼授课教师及读者惠予指正。

编者

2012年12月

目 录

第一章

绪 论

【教学目标】

通过对本章的学习，了解食品与食品加工的定义、食品加工的意义和目的，掌握食品加工的分类。

第一节 食品与食品加工

人为了要生存，需不断从外界摄取各种不同食物，而这些食物无论是农产品、水产品、畜产品、林产品还是园产品都有一定的生产季节，在盛产时食物太多，价格也很便宜，若不经过适当的加工，这些食物很快就会腐败。因此，为了增加食物的保存性，同时也为了增加食物的嗜好性、营养价值及商品价值等，食物必须经过适当的加工。此外，随着社会发展，国民所得提高，知识普遍增加，人们对食物的要求也已由吃得饱转变为重视食品的质量，要吃得好，更进而要求要吃得健康，也就是食物不但要注意到色、香、味等适口性及营养价值，第三种机能性成分也同时被注意到。

食品加工范围广泛，为了方便学习，常加以分类。食品加工可以从原料加以分类，也可依不同的制造方法、不同用途或特性来加以分类，亦可从加工原理加以分类使用。这些不同的分类方法都是为了方便学习。通过本章内容学习，应对食品加工的目的、特性、范围、各种原料、历史、现况及未来发展等有广泛了解和认识。

一、食品与食品科学

含有一种或一种以上营养素而不含有有毒物质，可以直接供人食用或经过调理后可供食用的，均称为食品。食品应安全卫生，美味可口，富含营养，符合人体需要且价格合理。

食品原料主要来自农、林、渔、牧等产品，种类繁多且富含水分、蛋白质、脂质、糖类、维生素及矿物质等营养素，可提供人们日常活动所需能量、身体各组织构成材料，及调节各种生理机能等。研究与食品有关的科学称为食品科学（food science），包括食品化学、食品微生物学、食品加工学、食品工程学、食品原料学、食品机械学、食品营养学等，亦与微积分、生物学、普通化学、有机化学、分析化学、生物化学、食品品评、生物统计等科学息息相关。食品加工学是建立于基本科学之上的应用科学。

二、食品加工

食品加工(food processing)以农产品、林产品、畜产品、水产品、园产品为主要原料,经过物理、化学或微生物学的方法处理,改变或不改变其原来形态及特性,以增加或改善色、香、味、营养价值、商品价值并利于储藏食品;研究食品加工有关理论及方法的学问,称为食品加工学。

第二节　食品加工的意义及目的

人们依赖食品得以维生,食品中富含有各种营养素,但容易腐败,而且各种食品皆有一定的生产季节,盛产时量多又价廉,一时也无法消费得了,造成浪费,因此食品需进行加工以防止腐败,并提高各种食品的利用价值。

农、林、渔、牧等生产物是日常生活中不可缺的食物来源,食品加工不但以农、林、渔、牧等生产物为主要原料来延长其储存寿命,而且借食品加工以提升国民的生活及文化水平。

食品加工可以达到如下几项目的:

(1)延长各种原料保存时间。各种农、林、渔、牧原料都有其生长季节,在盛产时产量相当多,而食品又富含各种营养素,大多容易腐败,不耐久藏,如不在盛产时加工处理,将造成过剩部分丢弃而致浪费。所以,通过各种加工方法,可以充分利用原料,进而达到延长食品寿命的目的。

(2)促进农林渔牧业企业化生产。各种农产品、林产品、水产品、畜产品、园产品原料在新鲜时大部分被直接消费,而生鲜食品也是消费者接受度最高者,但因受到产地、季节等环境的影响,在盛产的季节与非盛产的季节价格相差极大,不利于消费者,所以,在盛产时,经过适当的加工,可以提高产品的附加价值,又可延长使用的期限。另外,还可利用流通方法,将各地产品互相交流,使人们可以吃到世界各地的产品,不但可以促进企业化生产,也可使价格维持稳定,对生产者、消费者双方皆有利。

(3)提高农民所得。利用盛产时进行加工,可稳定原料价格,防止因生产过剩而导致农产品价格暴跌,可增加农民收益,改善农家生活。

(4)提高食品的嗜好性。食品经过加工可改善色、香、味及质地,可以得到与原料不同的更好的味道。

(5)提高食品的营养价值。食品经过加工,可提高食品的消化吸收率,改善营养素的利用率(例如,生黄豆中会有胰蛋白酶阻碍剂,经过加热后可将其破坏)及营养强化(如在牛奶中添加维生素 D,以促进钙质吸收)。

(6)可提高食品的利用性。食品经过加工去除原料中不能利用的部分、有毒物质或异味,并且调制成可口的状态,如罐头食品、即食食品等,可满足消费者在使用上的不同需求。

(7)便于输送及储藏。食品在加工之前去除不可食部分,可减少体积及重量,方便包装、输送和储存。

(8)便利性。食品加工后做成各种鲜食食品及即食食品,可提供给忙碌的现代人无限便利。

(9)提高商品性。食品经过加工及适当的包装,可提高食品商品价值及附加价值,也增加对顾客的吸引力,提高购买意愿。

(10)提高安全卫生性。食品经过加工,可消除造成食品劣变的因素,保持食品质量及卫生安全。

第三节 食品加工的分类

食品加工种类繁多。随着科学进步,家庭结构改变,生活形态不断发生变化,饮食生活也跟着起了很大变化,更丰富了加工食品种类。在50多年前,以米麦为主食的时代,加工食品大多为发酵食品的酱油、醋、酒、腌渍物、豆类等;之后随着时代进步,增加了油脂、乳制品、水产食品等的加工,加工规模也由家庭式,经过中小企业,再发展为大企业。食品加工内容也渐渐发展成为食品工业。此外,国际化的饮食也增加了加工食品的种类。这些五花八门的加工食品,可依其原料来源、制造方法、用途及性质来加以分类。

一、依原料来源分类

依原料来自于动物性或植物性而分为动物性食品加工及植物性食品加工。

(一)动物性食品加工

1. 畜产品加工

(1)家畜产食品加工:以牛乳、羊奶、牛肉、猪肉、羊肉及相关产品为原料的食品加工。

(2)家禽食品加工:以家禽的鸡、鸭、鹅、蛋类等为原料的食品加工。

(3)昆虫食品加工:以蜂产品,如蜂蜜、花粉、蜂王浆、蜂胶为原料的食品加工。

2. 水产食品加工

以鱼、贝、虾、藻类等为原料的食品加工。

(二)植物性食品加工

1. 农产食品加工

以谷类、豆类、薯类为原料的食品加工。

2. 园产食品加工

以水果、蔬菜等为原料的食品加工。

3. 林产食品加工

以林产的松子、爱玉、菇茸类、灵芝为原料的食品加工。

4. 特用农产食品加工

以茶、可可、咖啡、甘蔗、甜菜、枫糖等为原料的食品加工。

二、依制造方法分类

依制造方法或技术不同，可分为：

(1)温度控制方法：①高温控制法，如罐装、瓶装、杀菌软袋。②低温控制法，如冷藏、冷冻。

(2)水活性降低法：脱水、干燥、糖渍、盐渍等。

(3)烟熏制造法：冷熏、温熏、热熏、液熏、电熏等。

(4)发酵法：制酒、制酱油、制醋、味噌、发酵奶等。

(5)酸碱度调整法：醋渍。

(6)烘焙法：面包、蛋糕、饼干类食品。

(7)添加防腐剂或其他化学药剂法：添加防腐剂或抗氧化剂等。

(8)改变气体组成法：如真空抽气法、调气储藏。

三、依用途分类

(1)主食品：面粉类(面包类、面条、馒头等)、米类(米饭、米粉、板条、粽子、油饭、饭团、年糕等)。

(2)副食品：水产品(炼制品、盐藏品、干制品、熏制品等)、畜产品(肉松、肉干、香肠、火腿、腊肉、皮蛋、咸蛋、奶酪、炼乳、奶粉、鲜奶等)、园产品(各种蔬菜水果等的腌渍物、脱水制品、罐装品等)、林产品(香菇、金针菇等菇类)。

(3)调味品：砂糖、食盐、酱油、醋、各种酱类、味噌、咖喱、味精、香辛料等。

(4)嗜好品：茶、咖啡、可可、酒及各种清凉饮料等。

(5)原料品：淀粉、糊精、酵母水解物等。

四、依性质分类

(1)淀粉类：淀粉、糊精、可溶性淀粉、面粉(面条、面包等)、米类(米饭、米粉、板条、年糕、粽子等)。

(2)蛋白质类：奶类制品、蛋类制品、肉类制品、豆类制品等。

(3)油脂类：植物油、猪油、牛油、奶酪、人造奶油、酥油等。

(4)甜味料：砂糖、麦芽糖、果糖、蜂蜜、人工甘味料等。

(5)酿造食品类：酒类(酿造酒、蒸馏酒、再制酒)、酱油、醋、味噌。

(6)各种酱类：豆瓣酱、甜面酱等。

(7)纤维质类：竹笋、洋菇、香菇等。

(8)其他类：糖果类、茶、咖啡、可可等。

(9)特殊食品类：婴儿食品、减肥食品、特殊营养食品、机能性食品等。

本章分三节，主要包括食品与食品加工、食品加工的意义及目的、食品加工的分类。通过学习，学生对食品加工有一个全面的了解，熟练掌握食品加工的分类。

思考题

1. 什么叫食品？什么叫食品加工？

2. 试从食品制造方法，对食品加工进行分类？

第二章

食品加工原料及加工特性

【教学目标】

通过本章的学习，了解食品加工的主要原料、辅料，了解常用的加工原料的成分、加工特点，加工原料对加工产品质量的影响。

第一节　谷类及淀粉类

食品原料依来源可分为动物性和植物性，而依生产方式不同则分为农产品、畜产品、园产品、林产品及水产品。农产品原料包括谷类、豆类及薯类。畜产品原料包括禽肉类、畜肉类、蛋类及奶类。园产品原料包括蔬菜类及水果类。林产品原料种类则有菇类、种子类等。水产品原料包括淡水鱼、海水鱼、头足类、甲壳类及贝类。

谷类中富含淀粉质，是每人每日热量的主要来源，在加工上利用的谷类有米、小麦、大麦、玉米、高粱等。在本节中将就谷类的种类、组成成分及淀粉特性、谷类的加工特性等加以说明。

一、谷类的种类及组成成分

(一)米

1. 米的结构

米由胚乳(占91%～92%)、胚芽(占2%～3%)及米糠层(占5%～6%)三部分组成。

碾米(milling或polishing)是一种加工操作，其目的是为了去除不易消化的米糠层及由于脂质含量高易造成酸败的胚芽。

2. 米的分类

米依品种可分为三大类：

(1)籼稻米(在来米)。直链淀粉含量较高，27%～35%，黏性较差，常用来当米粉、米苔目等的原料。

(2)粳稻米(蓬莱米)。直链淀粉含量较低，18%～25%，黏性较籼米强，是日常米饭的主

要原料。

(3)糯稻米(糯米)。又分圆糯米与长糯米，几乎全由支链淀粉组成，黏性最强，是年糕、油饭、粽子等的原料。

3. 米成分的组成

(1)水分。米的水分含量平均约为14%。

(2)蛋白质。不同品种的米，蛋白质含量不同，但平均含量约为7%，包括碱溶性米谷蛋白(占80%)、水溶性白蛋白及盐溶性球蛋白(占15%)，而醇溶性谷蛋白占5%。

米蛋白质属于部分完全蛋白质，氨基酸对其他主食种类而言属于高营养价值，但仍缺乏赖氨酸等必需氨基酸，食用米饭最好与其他食物如蛋等一起食用，以达到氨基酸互补作用。

(3)脂质。糙米中约含2%油脂，但大部分存在于胚芽及米糠层，碾成白米后，脂质含量只有剩下0.6%。

米糠油中的脂肪酸主要为不饱和脂肪酸，其中油酸约占41%，亚麻油酸占36%；饱和脂肪酸中棕榈酸约占19%。

糙米较白米除含较高脂质外，亦含有较高量的钙、磷、钾等矿物质，维生素E、B_1、B_2及膳食纤维等多种成分。

米糠油中因含脂质分解酶，所以很快酸败。

完整的糙米中，因米糠中含有植酸，胚芽中含有维生素E，皆具有抗氧化性，所以反而不易酸败。

(4)糖类。淀粉为主要成分，含量约为75%，糙米含量较低，只71.9%。米的淀粉颗粒为多角形微粒，糊化温度约为60 ℃。粳米中直链淀粉与支链淀粉比例约为2∶8，而糯米几乎全部为支链淀粉。

(5)维生素。B族维生素几乎都含在胚芽及米糠层，碾成白米时皆不存在了。

(6)矿物质。米中矿物质皆含在米糠层及胚芽中，约占1.3%，但碾成白米后只剩0.6%。米中矿物质以磷含量较多，较缺乏钙、铁等。

(二)小麦

1. 小麦的结构

小麦的结构与米类似，由麸皮(占14.5%)、胚芽(占2.5%)及胚乳(占83%)组成。

小麦磨成粉后，称为面粉，主要由胚乳部分磨成。

面粉的主要成分为淀粉，含量为65.7%～74.7%；其次为蛋白质，称为面筋，含8%～16%。

2. 小麦的组成成分

(1)水分

小麦水分含量为10%～13%。

(2)蛋白质

蛋白质占8%～16%，主要蛋白质有四种：

①谷胶蛋白：约占40%，延展性佳而弹性较差。

②麦谷蛋白：约占40%，延展性差而弹性佳。

③白蛋白：占7%～10%。

④球蛋白：占6%～10%。

面粉中含有谷胶蛋白及麦谷蛋白，吸水后成为具延性及展性的网状结构，称为面筋，可包住空气，形成面粉产品的特性。

麦谷蛋白属于部分完全蛋白质，氨基酸中含有很高的谷氨酸及脯氨酸，而缺乏离氨酸、甲硫氨酸及组氨酸。

(3)脂质

占2%～3%，主要存在于胚芽中，其脂肪酸组成为多元不饱和脂肪酸亚麻油酸（占60%）、单元不饱和脂肪酸油酸（占17.3%）、饱和脂肪酸棕榈油酸（占17.2%）。

(4)糖类

糖类为小麦的主要成分，占70%～75%，主要含在胚乳中。糖类的主要成分为淀粉。

除淀粉外，可食部分还含有糊精及少量蔗糖、麦芽糖、葡萄糖及果糖等，而麸皮部分则含有纤维。

(5)维生素

以B族维生素为主，主要存在于麸皮及胚芽中。

(6)矿物质

含量1%～2%，以糊粉层中含量最多，愈接近乳胚中心部位含量愈少，钾、磷含量较多，钙含量较少。

3. 面粉的特性

(1)面粉的分类

依面粉中所含粗蛋白质含量分为四种。

表2-1 面粉分类及用途

项目/种类	粗蛋白/%	灰分/%	用途
特高筋粉	13.5	1.00	高级面包、春卷、面筋
高筋粉	11.5	0.70	发酵面包、油条
中筋粉	9.5	0.55	面条、水饺、包子、馒头
低筋粉	6.5	0.50	蛋糕、饼干、西点

(2)影响面筋形成的因素

①加糖：会与面粉竞争水分子，使面筋不易形成。

②加油：油脂会包裹在淀粉颗粒外围，阻碍淀粉粒子吸收水分，使面筋不易形成。

③加盐：少量盐可使盐溶性蛋白质溶出，但大量食盐则会导致结块，使面筋不易形成。

④液体添加物：面粉与液体添加物的使用比例会影响面筋形成。

(三)玉米

1. 玉米的结构

主要由胚乳(82%)、胚芽(11.5%)、谷皮(5.3%)及着生点(0.8%)组成。

2. 玉米成分组成

(1)蛋白质

玉米蛋白质含45%玉米蛋白、35%谷蛋白，而玉米蛋白中含50%～60%醇溶蛋白，常作为增稠剂及药品赋形剂。

玉米蛋白质属于不完全蛋白质，缺乏离氨酸、色氨酸、烟碱酸，所以完全以玉米为主食者易患癞皮病。

(2)脂质

脂质含量约为5%，主要存于胚芽中，其脂肪酸组合为多元不饱和亚麻油酸（占54.5%）、单元不饱和油酸（占29%）及饱和棕榈油酸（占11.5%）。

胚芽油为良好的调理油。

(3)糖类

糖类为玉米的主要成分，约含72%，以淀粉为主要成分。玉米淀粉中直链淀粉约占25%，支链淀粉约占75%。

(四)淀粉

谷类主要成分为淀粉，不同来源的淀粉，其加工特性也不同。淀粉又分为天然淀粉及修饰淀粉，天然淀粉又有来自地上的小麦淀粉、米淀粉、玉米淀粉及来自地下的甘薯淀粉、马铃薯淀粉及树薯淀粉。

1. 天然淀粉

淀粉由直链淀粉及支链淀粉组成。

(1)直链淀粉

直链淀粉为葡萄糖以α-D-1,4键连接成直链状，其中仅有少数支链，平均每500个葡萄糖分子才有1个支链。

(2)支链淀粉

支链淀粉在分支处为葡萄糖以α-D-1,6键连，而直链部分仍然为葡萄糖以α-D-1,4键连，平均每20～25个葡萄糖分子就有一个分支。

一般淀粉粒含20%～50%直链淀粉及75%～80%支链淀粉，而糯米淀粉则几乎100%为支链淀粉所组成。此两种淀粉的特性如表2-2所示。

表2-2　直链淀粉及支链淀粉的特性比较

项目/种类	黏度	老化速率	碘液反应
直链淀粉	较小	快	呈蓝紫色
支链淀粉	较大	慢	呈紫红色

2. 修饰淀粉

由于天然淀粉缺乏耐低温、耐回凝等特性，所以借由化学方法或物理方法修饰淀粉，以便改善其应用特性。修饰淀粉有酸修饰淀粉、安定化淀粉、预糊化淀粉及交链淀粉。

(1)酸修饰淀粉

添加盐酸，在50℃下使淀粉的非结晶区部分受到分解破坏，而结晶区的部分则保持完整不受影响。酸修饰淀粉可提高淀粉糊化温度及溶解度，且使其膨润度降低，黏度下降。

(2)安定化淀粉

安定化淀粉为以化学药剂使淀粉进行酯化及醚化反应，醚化后会使淀粉的碘亲和力增加，糊化温度下降及回凝作用减少。

(3)预糊化淀粉

将淀粉预先蒸煮糊化，再干燥所制得淀粉。此淀粉黏性下降，复水速率提高，并增强在热、酸条件下搅拌的特性。

(4)交链淀粉

利用多官能基试剂和淀粉分子中的不同位置羟基结合，使其形成分子间或分子内的架桥。交链淀粉可抵抗剧烈搅拌，在酸碱或盐浓度高时能有好的安定性，并在高压蒸气中具抵抗膨润的特性。

二、谷类的加工特性

(一)糊化

淀粉颗粒由排列整齐的结晶区及排列不整齐的非结晶区构成，当生淀粉(β-淀粉)加水、加热时，非结晶区先吸水、膨润，再继续加热经过一段时间则水分子能量增加，结晶区开始被破坏，到温度 70～75 ℃时，淀粉由于吸水膨润形成糊化淀粉(α-淀粉)，这过程称为糊化，又称为 α 化。淀粉糊化作用完成后黏度及透明度增加，淀粉颗粒大小、吸水率及结构亦发生改变。

(二)淀粉的水解

淀粉利用 α-淀粉分解酶(α-amylase)、β-淀粉分解酶(β-amylase)、葡萄糖淀粉分解酶及寡糖分解酶等酶来分解，可制成各种不同的产品。

α-淀粉分解酶可在淀粉分子内任意切断 α-D-1，4 键，产生许多大小不同的分子，如糊精、麦芽糖及葡萄糖等产物。

β-淀粉分解酶可将淀粉分解产生麦芽糖及糊精。

淀粉受葡萄糖淀粉分解酶作用后，可以破坏 α-D-1，3、α-D-1，4 及 α-D-1，6 等键连而产生葡萄糖。

(三)膨发率

淀粉加水加热时，淀粉颗粒会吸水膨胀而发生糊化，膨胀百分比称为膨发率。糯米淀粉因支链含量较多，膨发率较大，玉米及粳米淀粉的膨发率较小。

(四)老化

α-淀粉放置于常温下，水分不断蒸发，使淀粉又变为 β-淀粉，称为老化或回凝。直链淀粉含量是影响淀粉老化的主要因素。直链淀粉含量愈高时，淀粉愈容易老化，而添加油、食盐、蔗糖、乳化剂或界面活性剂等物质，可减低淀粉老化现象。

第二节　豆　类

一、豆类的分类

豆类依组成分不同，可分为三大类：

(1)蛋白质、脂质含量高而糖类含量少者，如黄豆、花生。

(2)蛋白质、糖类含量高而脂质含量少者，如红豆、绿豆。

(3)蛋白质、脂质及糖类含量皆少者，如豌豆、皇帝豆、敏豆。

二、各种豆类简介

(一)黄豆

其组成分及特性如下：

1. 蛋白质

黄豆固形物中约含 40%蛋白质。

黄豆蛋白质 90%为水溶性。黄豆蛋白质含有人体所需的八种必需氨基酸，而含硫氨基酸含量较低，离氨酸的含量相当丰富，与米、麦等离氨酸含量较低谷类混合食用，可提高米、麦的营养价值。

等电点为 pH 4.5，此时黄豆球蛋白会沉淀，上澄液为黄豆乳清蛋白。乳清蛋白中含多种生物活性物质，如胰蛋白脢抑制剂、红细胞凝集素、脂肪加氧酶、β-葡萄糖苷酶等。

黄豆蛋白中含有异黄酮、羟基异黄酮等成分，具有抗氧化作用。

2. 脂质

黄豆中含脂质约 16%。饱和脂肪酸占 15%；不饱和脂肪酸占 85%，其中大部分为多元不饱和脂肪酸亚麻油酸，占 55%，次亚麻油酸占 8%，单元不饱和脂肪酸油酸占 22%。

磷脂质含量为 1%～1.5%，其中卵磷脂是食品加工中很重要的乳化剂，也是机能性食品之一。

3. 糖类

黄豆含 20%糖类，几乎不含淀粉，蔗糖约含 5%，寡糖类的棉实糖约含 1.1%，水苏糖约含 3.8%。此寡糖类是食用黄豆后造成胀气的主要原因。

含纤维素 4%及半纤维 15%。

4. 维生素

黄豆富含维生素 E，也含 B 族维生素，但不含维生素 C。

5. 矿物质

黄豆中灰分约为 4.5%，以可溶性盐类为主。含丰富的磷、钾、铁，而磷大多以植酸形式存在。

6. 其他成分

(1)皂素:为豆浆煮沸产生泡沫的主要原因。

(2)植酸:大都存在于外皮,在精制过程中即被除去。

(3)胰蛋白酶抑制剂:会阻碍人体对蛋白质的消化,但经加热后易变性而失去活性。

(4)脂肪氧化酶:是豆臭味的主要原因。当黄豆进行磨碎时,脂肪氧化酶会作用于不饱和脂肪酸,产生醛、醇、酮等小分子,此小分子有挥发性,其中醛类就是造成黄豆臭的主要原因。

(二)花生

1. 蛋白质

花生蛋白质含量为25%~28%,大部分为球蛋白。

花生蛋白的氨基酸成分中缺乏离氨酸、甲硫氨酸、组氨酸及色氨酸。

2. 脂质

含量为41%~55%。

花生油中不饱和脂肪酸占80%,其中油酸占35%~40%,亚麻油酸占37%~43%。

3. 糖类

占17.4%,其中包含淀粉、蔗糖及半纤维素等成分。

4. 维生素

B族维生素含量多,但不含维生素A及C。

5. 矿物质

占2%~3%,其中以钾含量为最多。

(三)红豆

又叫小豆或赤小豆。

蛋白质含量22.4%,氨基酸组成中缺乏甲硫氨酸及色氨酸。

脂质含量甚低,只有约0.6%。

碳水化合物含量约57%,其中主要成分为淀粉。

含有0.3%皂素,加热时易起泡。

其主要用途为制作成甜食,如红豆馅、羊羹等。

(四)绿豆

碳水化合物含量与红豆类似,约为57.7%,以淀粉为主。

蛋白质含量23.4%,氨基酸组成中缺乏甲硫氨酸及色氨酸。

脂质含量低,约为0.9%。

在加工上常制成绿豆沙、绿豆馅等甜食。绿豆淀粉制成冬粉,亦可制成绿豆芽,当作蔬菜食用。

(五)豌豆

豌豆有青、白等品种。
蛋白质含量约12.1%，氨基酸组成中缺乏白氨酸。
碳水化合物占30.6%，主要成分为淀粉。
脂质含量低，仅约0.5%。
常用于煎豆、煮豆、豆馅、味噌、酱油等。

第三节　果蔬类

一、蔬菜类

(一)蔬菜的分类

蔬菜依食用部位不同分为：
1. 叶菜类
如菠菜、高丽菜、芹菜、空心菜等。
2. 茎菜类
如竹笋、大蒜、洋葱等。
3. 根菜类
如胡萝卜、牛蒡、甜菜等。
4. 花菜类
如花椰菜、金针、韭菜花等。
5. 果菜类
如辣椒、南瓜、小黄瓜、茄子等。
6. 种子类
皇帝豆、豌豆仁、毛豆等。

(二)蔬菜的一般成分

一般蔬菜中水分含量约90%。
蛋白质含量为1%～2%，氨基酸组成中较缺乏色氨酸及含硫氨基酸。
脂质含量一般低于1%。
糖类含量一般在8%以下。
矿物质主要为钾、磷、镁、钙等。
维生素主要为维生素A、C、B_1、B_2及烟碱酸等。

(三)蔬菜的特性

(1)蔬菜中糖类及有机酸含量比水果少,葡萄糖及果糖亦比水果少。蔬菜中含有一些水果中没有的酸,如草酸、葡萄糖醛酸、乳酸等。

(2)色素与香气成分较水果少。蔬菜的色素一般以叶绿素为主,变化较少,蔬菜也不具强烈的香气。

(3)蔬菜成分具有变化性。随着蔬菜种类不同,其所含主要成分亦不同,如根茎类以糖分含量较多,豆类蔬菜则以蛋白质含量较多,叶菜类则以水分、膳食纤维含量较多。

(4)贮藏性与呼吸率成反比,生长旺盛、呼吸率愈高的蔬菜其贮藏性愈低。

(四)加工原则

1. 防止维生素C破坏

维生素C最易受加工操作而破坏,可采用如下方法:

(1)杀菁:破坏氧化酶的活性。

(2)低温加热:防止维生素热破坏。

(3)脱氧贮存:抑制氧化酶的活性及避免氧化作用。

2. 减低矿物质流失

矿物质虽不会受热破坏,但在加工过程中容易流失。为减少损失,方法如下:

(1)缩短泡水时间。

(2)先洗后切。

(3)避免切得太细。

3. 防止香气成分的损失

为防止香气损失可利用冷杀菌或高温短时间杀菌(flash pasteurization)。

4. 避免变色或色素被破坏

(1)降低加热温度。

(2)调整pH。

(3)利用金属螯合剂。

5. 避免使用铁或铜材质的设备

铁或铜会催化蔬果劣变反应。

二、水果类

(一)水果的分类

水果种类很多,可分为如下五种:

1. 浆果类

如葡萄、草莓等。

2. 坚果类

如核桃、板栗等。

3. 核果类

如桃子、李子、梅子等。

4. 仁果类

如苹果、梨子、枇杷等。

5. 囊果类

如葡萄柚、柠檬、蜜柑等。

(二)水果成分组成

1. 水分

占85～90%。

2. 蛋白质

约含1%。

3. 脂质

除酥梨、橄榄含油量高达30%～75%外，一般水果类油脂含量在0.5%～1%以下。

4. 糖类

水果中的糖类含量约在10%，但不同种类的水果差异很大，如西瓜为5.9%，栗子则含39.4%。糖类含有单糖(果糖、葡萄糖)、蔗糖、果胶质、多糖(淀粉、半纤维、纤维)等。

5. 矿物质

含有钙、磷、钠、钾、镁、铁等。水果属于碱性食品。

6. 维生素

水果中含有丰富的维生素A、C，烟碱酸及叶酸。

7. 膳食纤维

水果中含有很多人体无法吸收的膳食纤维，它可促进肠胃蠕动，防止便秘，又可增加粪便体积，但过量的膳食纤维会阻碍营养素的吸收。

(三)水果类的特性

1. 特殊风味

水果中含有机酸，如柠檬酸、苹果酸、酒石酸等，赋予水果特殊的风味。此外，水果中所含的糖以葡萄糖、果糖居多，但香蕉、橘子则含蔗糖较多，水果中的糖酸比(所含糖量与酸量的比例)常作为判断水果风味的指标。

2. 色素种类繁多

尚未成熟的水果含叶绿素，木瓜含胡萝卜素，柿子及西瓜含番茄红素，草莓含花青素，柑橘类含类黄素母酮。

3. 香气成分多且复杂

水果香气成分多而且复杂，一般认为主要成分为酯类。

(1)香蕉香气：乙酸异戊酯。

(2)菠萝香气：丁酸乙酯。

(3)苹果香气：戊酸乙酯。

(4)葡萄香气：庚醇。

(5)柳橙香气:癸醇。

(6)柠檬及柑橘类香精油主要成分为萜烯类。

4. 富含维生素及矿物质

尤其富含维生素 A 及 C,水果一般直接生食,是维生素 C 的最佳来源。矿物质钾、磷、钙、镁等含量丰富。

5. 富含果胶质

(1)果胶是维持水果硬度及脆度的重要物质,也是凝胶化不可缺少的成分,但也会造成果汁浑浊。

(2)果胶的种类

①依水果的成熟度来区分

a. 未熟水果:含原果胶,呈现不溶性的状态,使水果呈现坚硬状态。

b. 成熟水果:在成熟过程中不溶性的原果胶受果胶甲酯酶、聚半乳糖醛酸酶等酶作用,原果胶变成可溶性的果胶质,而果胶甲酯酶能去除甲氧基,使原果胶依去甲氧基的程度变为可溶性的果胶、果胶酯酸及果胶等。蔬果在成熟过程中,原果胶逐渐分解而减少,小分子的可溶性物逐渐增加,所以造成硬度下降,是凝胶可形成的最佳状态。

c. 过熟水果:含有果胶酸,是果胶去除甲氧基的聚半乳糖醛酸,不宜作为凝胶使用。

②依果胶甲酯化程度来区分

分为高甲氧基果胶、低甲氧基果胶。

(3)判断凝胶强度的指标

①甲氧基含量:甲氧基含量愈高,凝胶强度愈大。

②果胶分子大小:分子愈大,凝胶强度愈大。

(4)凝胶最适条件

①应控制在 pH 2.8~3.5。酸能抑制果胶中的羟基(—OH)被解离致无法凝固,当 pH>3.5 时,虽添加适当量糖及果胶,亦无法胶凝;而当 pH<2.8 时,胶凝力减退,水分子易发生游离现象,称为离水。

②糖:应添加至 60%以上。糖可提供羟基作为果胶分子的架桥,形成稳定的网状结构。

③以果胶凝度来评估果胶形成果冻化的能力。果胶凝度=可溶性固形物/果胶量。

(5)容易发生褐变

水果容易发生酶促及非酶促褐变,例如水果在剥皮或切片时会引起多酚氧化酶活化而使水果产生酶促褐变。可将水果浸置于食盐水中以延缓褐变发生。

(6)具有后熟作用

有些水果在成熟时,会发生呼吸速率上升现象,具有此特性的水果称为呼吸跃变型果实,如苹果、桃子、香蕉、释迦、木瓜、芒果、酪梨、番茄、番石榴、奇异果等。

水果在成熟时,呼吸速率并无显著变化者称为非呼吸跃变型果实,如葡萄、柠檬、菠萝、草莓、荔枝、樱桃等。

呼吸跃变型果实采收后需经过催熟方可食用,而非呼吸跃变型果实采收后即可食用。

催熟作用中,水果发生变化:呼吸率上升,产生乙烯气体。

第四节　乳　类

乳类是指哺乳动物乳腺分泌的乳汁，其种类很多，如牛乳、羊乳、马乳及人乳，以牛乳及羊乳为主。乳类营养丰富，其蛋白质质量优良，又含丰富的钙质及B族维生素。

一、乳品的成分组成

（一）水分

水分含量约为88％

（二）蛋白质

牛奶蛋白质属于完全蛋白质，约占3.5％，主要可分为两类：

1. 酪蛋白

约占牛奶中蛋白质80％，为含量最多的蛋白质。酪蛋白中含有α、β、γ、κ等次单元，大部分酪蛋白与钙、无机磷酸盐结合形成胶质粒子，称为酪蛋白胶微粒。

光线照射酪蛋白胶微粒，造成反射，使牛奶呈现白色。

酪蛋白的等电点约为pH 4.6。

添加凝乳酶(rennin)或酸或乳酸菌可使酪蛋白沉淀，这是在制造干酪、乳酸饮料或发酵乳时常用的方法。

2. 乳清蛋白

乳清蛋白含量约占20％。乳清蛋白中含有α-乳白蛋白、β-乳球蛋白、免疫球蛋白、血清白蛋白、蛋白冻等。其中β-乳球蛋白含量最多，约占乳清蛋白的50％。

乳清蛋白对热敏感，经加热后，β-乳球蛋白会游离出巯基(—SH)，造成加热臭。

（三）脂质

牛乳中脂质含量随着乳牛品种、泌乳期、营养等状态而异，一般在3.0％～3.8％之间。

乳脂肪组成以饱和棕榈油酸(31％)、硬脂酸(13％)、肉豆蔻酸(11％)及单元不饱和脂肪酸油酸(26％)为主。

乳脂肪的脂肪酸大多由短链饱和脂肪酸组成，如丁酸、己酸、辛酸及癸酸等，这些成分构成牛乳特有的风味。

牛乳中尚有磷脂质、胆固醇等成分。

（四）糖类

牛奶中糖类约占4.4％，其中99.8％为乳糖，所以牛乳甜度较低。乳糖溶解度不高，易造成奶制品如冰淇淋等吃起来有沙沙的感觉。

人体若缺乏乳糖消化酶，则乳糖无法消化，易引起乳糖不耐症。

(五)维生素

牛奶中含脂溶性维生素A、D、E、K及水溶性B_1、B_2、B_{12}、烟碱酸等。维生素B_2含量最丰富，它也是脱脂乳呈黄色的主要原因。

脂溶性胡萝卜素是使奶油呈现黄色的色素。

维生素C是牛奶中含量最少的维生素之一。

(六)矿物质

奶中钙质含量丰富，是最好的钙质食物来源。

磷的含量亦高，牛乳中的钙磷比例为人体最易吸收的1∶1。

铜会催化牛乳中的氧化作用，使其产生氧化风味。

(七)酶

牛乳中含有多种酶，这些酶对质量影响极大。脂肪分解酶与蛋白质分解酶是引起牛乳变质的原因。

碱性磷酸酶活性检测是牛乳巴斯德杀菌完全与否的指标。

二、牛乳的加工特性

(一)加热处理

牛乳加热至40 ℃以上时，在表面会形成一层皮膜，其中含70%以上脂肪及20%～25%蛋白质。搅拌或防止水分蒸发可减少皮膜的形成。

加热会使酪蛋白胶微粒发生分散性变化，可溶性钙离子变成不溶性盐，乳清蛋白质的聚集增加了牛乳的白浊度。乳清蛋白中免疫球蛋白在70 ℃，30分或100 ℃，15秒及120 ℃，2秒加热会变性。

酪蛋白对热稳定，经125 ℃，30 min加热几乎没变化。

加热会造成牛奶产生加热臭、褐变、焦糖味、酸度上升及黏度提高等现象。

(二)低温处理

正常牛奶的冰点为－0.57～－0.53 ℃(平均－0.55 ℃)，若牛奶中加水则冰点会上升。

牛奶在低温下储藏会引起脂肪球聚集，促进奶油加速浮起。

冷冻会引起牛奶质量降低，使脂肪球皮膜不稳定，磷酸钙胶质溶液改变及酪蛋白组成不稳定等。

(三)均质化

牛奶中脂质以极微细的脂肪球形式存在，均质化可使脂肪球表面积提高6倍，使脂肪球细粒由3 μm变成2 μm以下。

均质化可以增加牛奶黏度、表面张力、起泡性等。

同时，均质化也可引起蛋白质相互作用及蛋白质变性，而造成蛋白质安定性下降。

(四)牛奶因添加酒精、酸、凝乳的作用

加热、酒精、酸、凝乳皆会造成牛乳凝固。

当牛乳发酵产生酸或添加酸时，在达等电点 pH 4.6 时，会使钙从酪蛋白胶微粒中游离出来，而使牛奶分成凝固的酪蛋白及乳清。

酸度高的牛乳、初乳、末期乳或乳房发炎乳等，若与等体积的 70%酒精混合，则牛乳会发生凝固现象，生产中常以此作为牛乳检定的标准。

(五)牛乳添加酶的作用

以胰蛋白分解酶来水解酪蛋白，当分子量下降至 3500 以下时，可减少婴儿对牛奶的过敏性，减少下痢的发生。

利用特殊条件将球状乳清蛋白改变成可溶性线状凝集物，可作为食品质地及结构的改善剂。

三、牛奶的理化性质

(一)颜色

白色：由酪蛋白微胶粒、脂肪球及磷酸钙受光线反射造成。牛奶经过均质化后脂肪球愈细小愈分散，牛奶颜色愈白。

黄色：由牛奶中所含胡萝卜素及叶黄素造成。

黄绿素：由乳清中所含核黄素造成。

青绿色：脂肪被去除的脱脂奶，因缺乏可反射光线、分散粒子而造成。

(二)pH

正常牛奶 pH 值为 6.4～6.8(平均 6.6)。酸度为 0.14%～0.18%(平均为 0.16%)。

(三)沸点

牛奶沸点为 100.55 ℃。

(四)比重

牛奶正常比重为 1.028～1.034(平均 1.032)。

添加水、脂肪或升高温度，比重会变小。添加脱脂奶、去除脂肪或降低温度，比重变大。

(五)比热

在 30～60 ℃时牛奶比热为 0.93，牛奶及奶油在 10～24 ℃时比热最大。

(六)表面张力

牛奶中因有脂肪、蛋白质、磷脂质、游离脂肪酸等物质，其表面张力比水小。

(七)浓稠度

造成牛奶浓稠度的成分为酪蛋白、脂肪及乳白蛋白。

牛奶浓稠的次序为：全脂乳＞脱脂乳＞乳清蛋白。

影响浓稠度的因素：

(1)温度：在 75 ℃以下，浓稠度与温度成反比；75 ℃以上，浓稠度与温度成正比。

(2)酸度：酸度高，浓稠度变大。

(3)脂肪含量：脂肪含量愈高，浓稠度愈大。

(4)均质化：全脂奶均质后，因脂肪球面积增大，所以浓稠度变大，唯脱脂奶均质后因为蛋白质粒子被破坏，阻力减小，浓稠度变小。

(5)异常乳：初乳、末期乳、高酸性乳、乳房炎乳等浓稠度皆较大。

(八)起泡性

含有蛋白质的食物经过搅拌，由于部分蛋白质变性，把空气包裹在薄层中，形成气泡，且由于薄层上的脂肪有一部分固化，可防止薄层的崩溃，并稳定气泡的结构。

影响牛乳起泡性的因素：

(1)温度：最佳起泡温度 16～32 ℃。

(2)均质化：温度为 4～27 ℃，牛奶均质化会增加起泡性。

(3)脂肪含量：脂肪太多会降低起泡性，尤其脂肪中的磷脂质及卵磷脂。

(4)无脂固形物：无脂固形物含量增加可增加起泡性。

(九)导电性

牛奶中水溶性盐类会分解成带电离子，因此，牛奶具导电性。

全脂奶的脂肪球会阻碍离子的移动，所以全脂奶的导电性低于脱脂奶。酸度增高的不新鲜奶及含氯增加的乳房炎乳，导电性皆增加。

第五节　肉　类

肉类包括家禽肉(鸡、鸭、鹅等)、畜肉(猪、牛、羊等)及鱼贝类。肉类中含有丰富蛋白质，其氨基酸的组成亦相当均衡，是人类膳食中动物性蛋白质的来源。

一、肉类的组织结构

动物体可分为结缔组织、肌肉组织、脂肪组织及骨骼四大部分。

(一)肌肉组织

肌肉组织蛋白质占总蛋白质的52%～56%。肌肉蛋白质为影响肉类中各种性质的最重要因素。

1. 肌肉蛋白质影响的性质

(1)保水性;

(2)乳化性;

(3)柔软度;

(4)肌肉收缩;

(5)死后僵直。

2. 肌肉组织蛋白质

(1)肌动蛋白:为水溶性分子量较小的细丝状,当肌肉收缩时与肌球蛋白形成肌动球蛋白。

(2)肌球蛋白:为结构长且粗的蛋白质,分子量较大,遇热会形成胶体,使肉的硬度增大。

(二)结缔组织

大部分存在于动物的筋、腱及肌纤维间,是影响肉类嫩度的重要因素。

结缔组织可分为三种:

(1)胶原蛋白:在肌肉中含量约为2%,加水加热后会形成胶状。胶原蛋白为形成皮肤、筋腱与骨骼等的主要基质物质。肌肉中的筋膜、外肌束鞘、肌周束鞘与肌肉衣鞘等分别由不同的胶原蛋白组成。

(2)弹性蛋白:是韧性极强的淡黄色蛋白质,不受酸、热影响,主要存在于韧带部分。

(3)网状蛋白:为形成细胞、血管壁、表皮及神经等的周围蛋白质。

二、肉类的组成成分

(一)水分

占60%～80%。

(二)蛋白质

占18%～20%,为质量优良的完全蛋白质。

(三)脂肪

含量约为13%,但受肉部位、种类、年龄、饲料等的影响,有很大差异。脂肪含量范围在5%～40%之间。

常见肉类脂肪含量排序,由高至低为:羊肉>牛肉>猪肉>鹅肉>鸭肉>鸡肉>鱼肉。

家畜肉脂肪酸组成以油酸、棕榈油酸及硬脂酸为主。猪肉以含油酸(41%)、亚麻油酸(15%)、棕榈油酸(39%)及硬脂酸(13%)为主。牛肉以油酸(39%)、棕榈油酸(29%)及硬脂酸(20%)为主。鸡肉以油酸(37%)、亚麻油酸(30%)及棕榈油酸(20%)为主。鸭肉以油酸(30%)、亚麻油酸(26%)及棕榈油酸(20%)为主。

家畜肉较家禽肉含有较高比例的饱和脂肪酸,且家禽肉脂肪酸以油酸、亚麻油酸及棕榈油酸为主。

(四)糖类

含量甚少,低于1%,主要以肝糖形式储存于肝脏中,但通常在捕捉或屠宰过程中都已消耗而转变为乳酸。

(五)维生素

肉类含有丰富的B族维生素,尤其维生素B_1、B_2及烟碱酸,而维生素C则含量较少。

(六)矿物质

平均含量为1%,磷、铜、铁、锌含量较多,钙含量较少。

三、肉类的质量变化

(一)死后僵直

屠体死后数小时,肌肉发生变硬、僵直无法伸缩的现象,称为死后僵直。这是因为肝糖含量下降,ATP分解消耗无法再提供能量,导致肌动蛋白与肌球蛋白结合成不可逆的肌动球蛋白。在此状态的肉类具有如下缺点:

(1)肌肉呈收缩状态。

(2)加热调理后质地比较硬。

(3)保水力降低。

(4)结着性不佳。

(5)pH值下降。屠宰前肉的pH为7.0~7.2,死后僵直中肉因乳酸产生而使pH降至5.3~5.5。

(二)自体消化

肉中因含有多种蛋白质分解酶(称为自分解酶),死后僵直的肉受此蛋白分解酶作用,而使屠体逐渐软化的现象,称为自体消化。

(三)成熟

屠体在低温下保持数日,使其经过死后僵直及自体消化的过程,称为成熟。屠体经过成熟,会产生如下的特点:

(1)保水性提高:因pH逐渐回升。

(2)柔软度增加:由于肌动球蛋白受酶作用而分解。

(3)风味增加:因蛋白质分解,风味物质的氨基酸、可溶性氮化合物增加。

四、肌肉的颜色变化

肌肉组织的颜色主要来自肌红蛋白。屠体刚切开时，肉色呈红紫色，与氧结合后，形成氧合肌红蛋白(oxymyoglobin，MbO_2)，呈鲜红色。肌肉长时间放置在空气中，则会发生氧化作用，使血基质中的 Fe^{2+} 变成 Fe^{3+}，形成变性肌红蛋白，呈褐色。

加热会使变性肌红蛋白变成失去活形的变性肌红蛋白。

肌肉中加入亚硝酸盐，则颜色由氧合肌红蛋白的鲜红色变成粉红色的亚硝基红蛋白，在经过加热烹调后，变成稳定粉红色的亚硝基血色质。

五、肉的嫩度

影响肉类嫩度的因素有：

(1)屠体。

①结缔组织含量：结缔组织多则肉较硬。

②脂肪含量：脂肪含量多肉较嫩。

③年龄：年龄大肉较硬。

④运动：运动多的部分，肉较硬。

(2)加热方式。过度加热使肉产生脱水，肉质会变硬。

(3)机械拍打。以机械使肌纤维与结缔组织断裂则可使肉质嫩化。

(4)酶处理。肉类以蛋白质分解酶浸泡，可使肉类嫩化，如木瓜酶、菠萝酶、无花果酶、胰蛋白分解酶等。

(5)pH 调整。肉类在 pH 5～6 之间硬度大，超过或低于此范围，肉质会变软，所以常加小苏打使肉变嫩，但会破坏 B 族维生素。

(6)盐类添加。肉类中添加 3%～5%的食盐，会增加蛋白质的溶解度、含汁性及保水性，而使肉类嫩度提高。

六、肉类的保水性

肉类的保水性会受如下因子影响：

(1)屠体种类。家畜中屠体保水性次序为：兔肉＞牛肉＞猪肉＞鸡肉＞马肉。

(2)肌肉部位。骨骼肌保水性较平滑肌好，后腿肉保水性较里肌肉好。

(3)屠体年龄。屠体年龄小者较年龄大者保水性好。

(4)屠宰后放置的时间。屠体在死后僵直期保水性下降，但经过熟成阶段后，保水性又开始回升。

(5)pH。肌肉蛋白质的等电点为 pH 5.0～5.5，此时保水性最低，加酸或加碱皆可以提高肉的保水性。

(6)盐类中金属离子种类。如钙、镁(Ca^{2+}、Mg^{2+})等，二价金属离子的盐类，会降低肉的保水性，而一价金属离子(如 Na^{+}、K^{+})的盐类，则会提高肉的保水性。

(7)食盐。添加3%～5%食盐,会发生盐溶作用,使肉保水性提高,但若添加太多食盐,则会发生盐析作用,反而使保水性降低。

(8)磷酸盐。磷酸盐可与二价金属离子(Ca^{2+}、Mg^{2+})结合,防止二价金属离子与蛋白质作用,而使蛋白质与水分子结合量增加,所以添加磷酸盐可提高肉的保水性及制成率。

(9)加热处理。肉类经过加热处理后,会导致保水性降低。

(10)冷冻处理。肉类经过冷冻、解冻后,常引起保水性降低,但急速冷冻法肉类其破坏性较小,保水性较佳。

第六节　蛋　类

一、蛋的结构

蛋可分为如下五部分:

(一)蛋壳

新鲜蛋壳表面粗糙,因含角皮层(cuticle)。

蛋壳含有很多小气孔(6000～8000个),钝端小气孔最多而尖端最少。

褐色蛋是由蛋壳中所含的原紫质色素经过紫外线照射后反射所产生的。

(二)蛋壳膜

主要由黏蛋白及角蛋白组成。

(三)气室

气室在蛋产生后6～60 min形成,外界气温越低,形成时间越短。

新鲜蛋的气室直径约为1.5 cm,高度约为0.3 cm。

(四)蛋白

蛋白中因有维生素B_2存在,所以呈淡黄色,而其有乳光乃因有CO_2存在。

蛋白可分为四部分:

(1)外稀蛋白:约占20%。

(2)浓厚蛋白:约占57%。

(3)内稀蛋白:约占3%。

(4)系带及系带层:用以固定蛋黄位置。

当蛋的新鲜度降低时,浓厚蛋白比例降低而稀蛋白比例增高。

(五)蛋黄

包括蛋黄膜、白蛋黄及黄蛋黄三部分。蛋黄膜用以固定蛋黄位置并保持蛋黄的完整性。白蛋黄位于蛋黄中心厚约 0.4 mm 的部位。黄蛋黄厚约 2 mm,占绝大部分。

蛋黄含有胡萝卜色素、少量玉米黄素,及属于叶黄素的叶黄体和玉米黄体。

各个部分在蛋中所占比例为:蛋壳约 11.6%,蛋黄约 28.7%,蛋白约 59.7%,三者的比例为蛋壳∶蛋黄∶蛋白=1∶3∶6。

二、蛋的成分组成

(一)水分

占 76.8%。

(二)蛋白质

占 12%。

1. 蛋白

蛋白中含 10.2%蛋白质,蛋白中主要蛋白质如下:

(1)卵白蛋白:占 60%以上,是蛋白中含量最多的蛋白质,为含磷蛋白质。

(2)伴白蛋白:占 14%,为多糖蛋白,是蛋白质中最易变性者,常与蛋内的阳离子结合。

(3)卵黏蛋白:与蛋白的起泡性有关,具降低蛋白质表面张力的功能,且为维持浓厚蛋白的主要成分。

(4)卵类黏蛋白:为一种糖蛋白,一种胰蛋白酶抑制剂,可抑制家畜猪、牛、羊胰蛋白酶,但对人类胰蛋白酶无抑制作用,于 pH 7.0,90 ℃加热 15 min,其活性会被破坏。

(5)卵球蛋白:可分为 G_1、G_2、G_3,其中 G_1 为溶菌酶。

(6)溶菌酶:具有保护蛋新鲜度的作用,因它可溶解由蛋壳入侵细菌的细胞壁。

(7)抗生物素蛋白:含量极少,会与 B 族维生素中的生物素(biotin)结合,而使人体无法吸收,不过借由加热可破坏抗生物素。

2. 蛋黄

蛋黄由浅色的白蛋黄与深色的黄蛋黄交互分层而成。

(1)低脂卵磷蛋白和高脂卵黄磷蛋白约占蛋黄蛋白质的 80%。

(2)卵黄球蛋白。

(3)卵黄磷蛋白。

(三)脂质

蛋中的脂质几乎都存在于蛋黄中,约含有 29%。其中:

中性脂肪占 62.8%,磷脂质占 32.8%,胆固醇占 4.9%。脂质的脂肪酸主要为不饱和脂肪酸的油酸(占 43.6%)、多元不饱和脂肪酸的亚麻油酸(占 13.4%)及饱和脂肪酸的棕榈油酸(占 27%)。

蛋黄中脂质主要与蛋白质结合，或形成水中油(o/w)微粒。蛋黄中所含脂质包括：

(1)三酸甘油酯。

(2)磷脂质：卵磷脂具有乳化作用。

(3)胆固醇：一个蛋中约含 250 mg 胆固醇。

(四)糖类

蛋黄中含糖量很少，约只含 0.9%，其中 0.6%为游离状，其余与磷蛋白、磷脂质及糖蛋白结合。

(五)矿物质

(1)约含 11%，几乎都存在于蛋壳中，主要成分为碳酸钙。

(2)卵黄中含多量铁，在煮蛋时，易造成铁与蛋白的硫化氢作用产生黑色的硫化铁而使卵黄表面黑变。

(六)维生素

(1)蛋白中只含少量维生素 B_1 及 B_2。

(2)蛋中维生素几乎都存在于蛋黄中，包括脂溶性 A、D、E 及水溶性的 B 族。

三、蛋类新鲜度判断方法

(一)蛋壳粗糙程度

越粗糙表示蛋越新鲜。

(二)光照法

利用光线照射透视下列内容物：

(1)气室大小：气室越大蛋越不新鲜。

(2)蛋黄位置：蛋黄维持在中央，表示蛋新鲜。

(3)异物存在：新鲜蛋中不应有胚胎或血存在。

(三)振动法

将蛋加以振动，若有声音表示蛋已不新鲜。

(四)比重法

新鲜比重为 1.08～1.0，在 6%盐水(比重 1.027)中新鲜蛋应下沉，蛋不新鲜则上浮。

(五)pH

(1)蛋黄 pH 为 6.2～6.6，蛋不新鲜则 pH 下降。

(2)新鲜蛋白 pH 为 7.6，随着新鲜度降低，起初因 CO_2 流失而使 pH 上升至 9.0～9.5，

之后因微生物污染产酸而使 pH 下降。

(六)蛋黄指数

蛋黄指数＝蛋黄高度÷蛋黄直径。蛋越新鲜蛋黄指数越大。新鲜蛋蛋黄指数为 0.361～0.42,低于 0.3 者,表示不新鲜。

四、蛋白起泡

影响蛋白起泡的因素：

(1)蛋的鲜度：新鲜蛋起泡性差,但稳定性高,不新鲜的蛋则相反。

(2)搅拌方法：以中速搅拌,蛋白起泡性及稳定性皆较好。

(3)温度：蛋白最佳起泡温度在 17～22 ℃。

(4)pH：在 pH 6.5 时,起泡性及稳定性皆较好。

(5)水分：加水稀释,有利于泡沫形成,但稀状超过 40%以上,则蛋白起泡性和稳定性皆较差。

(6)食盐：食盐会降低蛋白起泡性及稳定性,但可增加蛋白的韧性及泡沫的柔软性。

(7)糖：太早加糖会延缓泡沫形成,在第二阶段(所谓湿性发泡期)加入时,则有稳定及增加泡沫浓稠功能。

(8)油脂：会降低泡沫稳定性,阻碍蛋白起泡。

五、影响蛋白质凝固的因素

蛋白的凝固温度为 60 ℃,蛋黄为 65 ℃,全蛋为 68 ℃。而影响蛋白质凝固温度有：

(1)温度：温度越高,凝固速度越快。

(2)稀释程度：稀释程度越高,凝固温度也越高。

(3)糖：加糖,凝固温度升高。

(4)盐：加盐使凝固温度降低。

(5)酸：加酸,使接近蛋白质等电点,凝固温度降低。

(6)碱：加碱,当 pH 超过 11.9 以上时,蛋白质凝固温度也会降低。

六、蛋的加工特性

(1)凝固性：加热、酸、碱等皆会引起蛋中蛋白质脱折叠作用(unfolding),增加蛋白质分子间疏水性吸引力及氢键、双硫键形成,这是蛋的蛋白质凝固的原因。

(2)起泡性：蛋白质有良好的起泡性。

(3)乳化性：蛋黄中卵磷脂具乳化效力,常用于蛋黄酱、冰淇淋中作乳化剂。

第七节　鱼贝类

常见的鱼贝类可分为淡水鱼、海水鱼、头足类、贝类及甲壳类等。淡水鱼以鲈鱼、鲢鱼、草鱼、吴郭鱼、鲤鱼为主。海水鱼可分为养殖海水鱼、表层海水鱼及底栖性海水鱼。养殖海水鱼主要有虱目鱼、鲈鱼、石斑鱼等；表层海水鱼有旗鱼、鲭鱼、鲣鱼及乌鱼，多属于红色肉类，含组氨酸较多，在不新鲜状态下食用易造成过敏症状；底栖性海水鱼主要有狗母鱼、海鳗、白带鱼、鲳鱼等。头足类头部长在身体中间，足部呈现很多肢腕围绕于头部而得名，主要有花枝、鱿鱼、小管、章鱼等。贝类以牡蛎、文蛤及蚬为主。甲壳类则包含虾类、蟹等。

一、成分组成

(一)水分

水分含量约为80%。

(二)蛋白质

含量在14%～20%之间，氨基酸组成较缺乏色氨酸、胱氨酸。

鱼贝类结缔组织含量较少(3%～5%)，所以比畜肉易消化。

鱼肉蛋白质含有：

(1)肌原纤维蛋白：主要有肌凝蛋白、原肌凝蛋白、肌动蛋白及肌钙蛋白等，是盐溶性蛋白质，为引起肌肉收缩及形成凝胶的功能性蛋白质。

(2)肌浆蛋白：为水溶性，包括肌凝蛋白、肌红蛋白及肌白蛋白。

(3)基质蛋白：为不溶性，包含胶原蛋白、弹性蛋白及类弹性蛋白等。

(三)脂质

鱼贝类的脂质含量一般在5%以下，属于动物性油脂，因含有大量高度不饱和脂肪酸(约占80%)，所以在常温下为液状。

脂肪酸以单元不饱和脂肪酸及多元不饱和脂肪酸为主。鱼油中含大量的ω-3系列脂肪酸，其中以DHA(C22:6，二十二碳六烯酸)及EPA(C20:5，二十碳五烯酸)含量最丰富。DHA有降血压、防止动脉硬化及抗癌之效。EPA可抑制血小板凝集，降低血液中低密度脂蛋白含量，提高高密度脂蛋白含量，抑制肿瘤形成。

蟹虾类外壳由几丁质组成。

(四)糖类

鱼贝类的糖类含量在1%以下。

(五)维生素

鱼贝类含有 B_1、B_2、烟碱酸及 A 等维生素。

(六)矿物质

鱼贝类中含有大量的钾、钠、磷、钙、镁、铁等矿物质。

二、新鲜鱼应具备的条件

(1)肉质有弹性,质量下降时肉质逐渐软化。
(2)鱼鳃呈淡红色或暗红色,无异味,品质下降时,鱼鳃呈红紫色,且产生腥臭味。
(3)眼球凸出,透明状,质量下降时,眼球呈凹陷及浑浊状。
(4)鳞片紧附鱼身,质量下降时,鳞片松散,容易脱落。
(5)腹部坚实完整,质量下降时,腹部破裂,内脏会外流。
(6)可以测定挥发性盐基态氮、鱼体硬度、鱼汁黏度等作为鱼肉鲜度的化学性指标。
(7)组织胺含量增加:海水鱼类死亡后,其所含的组织胺酸会受中温菌作用,转变为组织胺,成为食物中毒的主要原因,所以,当海水鱼类鲜度降低时,组织胺含量会渐渐增加。

三、鱼贝类死后质量变化

鱼贝类与畜肉类相同,死后会经过“死后僵直”及“自体消化”两个时期,但与畜肉不同的是,鱼贝类在“自体消化期”后立刻进入“腐败期”,新鲜度及质量会逐渐下降,所以鱼贝类应在死后僵直前食用,肉的鲜度及嫩度才会很好。

第八节　油脂类

一、油脂的分类

(一)依来源不同来分

(1)植物性油脂。一般植物性油脂在常温下为液态,但棕榈油、可可脂因饱和脂肪酸含量高,常温下呈现固态。
(2)动物脂。
(3)水产动物脂油。

(二)依用途不同来分

(1)食用油:常温下呈液状。
(2)食用脂:常温下呈固体或软膏状。

(三)依碘价不同来分

(1)干性油:碘价在130以上者,如鱼油、鱼肝油、红花籽油、胡桃油、亚麻仁油。
(2)半干性油:碘价在100~130者,如菜籽油、麻油、米油、棉籽油、黄豆油、米糠油。
(3)不干性油:碘价在100以下者,如橄榄油、椰子油、花生油等。

二、油脂的加工特性

(一)色素

精制油脂为无色,但天然油脂因有胡萝卜素、叶绿素或因脂肪酸被分解、氢化、聚合等而具有颜色。

(二)熔点

熔点为油脂由固态转变成液态的温度。影响熔点的因素有:
(1)脂肪酸碳链的长度:碳链越长,熔点越高。
(2)脂肪酸的饱和程度:脂肪酸饱和度越高,熔点越高。
(3)脂肪酸分子量大小:分子量越大,熔点越高。
(4)三酸甘油酯中脂肪酸连接位置。

(三)比重

油脂比重为0.90~0.95,但脂肪酸越不饱和,比重越大。已经劣变的油脂因产生的聚合物增加,比重亦增大。

(四)屈折率

用来判断油脂氢化的程度。影响屈折率的因素有:
(1)同一油脂,游离脂肪酸越多,屈折率越小。
(2)碳链越长,屈折率越大。
(3)脂肪酸双键越多,屈折率越大。

(五)发烟点

油脂加热,刚冒烟时的温度,即发烟点。
(1)可当作油脂精制程度的指标:油脂精制程度高时,甘油含量少,发烟点高;游离脂肪酸含量增加,则发烟点降低。
(2)发烟点太低的油脂不适合用来当油炸用油。表2-3列出几种常见油脂的发烟点。

表 2-3　几种常见油脂的发烟点

油脂种类	猪油	玉米油	牛油	红花籽油	大豆油	蓬莱米油	雪白油
发烟点	220	207	209	229	220	250	232

三、油脂的特性

(一)油脂饱和与不饱和程度

1. 依构成油脂的脂肪酸分类

(1)液态油类的不饱和脂肪酸:以油酸(C18:1)及亚麻油酸(C18:2)为主。

(2)固态脂类的饱和脂肪酸:以棕榈酸(C16:0)及硬脂酸(C18:0)为主。

2. 以脂肪酸的碳数分类

(1)液态油类:含碳数较少的低级脂肪酸。

(2)固态脂类:含碳数较多的高级脂肪酸。

(二)油脂水解

1. 酶水解:由脂肪分解酶将油脂分解为脂肪酸及甘油。

2. 化学性水解:加入碱性物质,如氢氧化钠或氢氧化钾使油脂发生水解,又称为皂化。

(三)油脂氢化

将氢加入油脂不饱和脂肪酸中,使其变成饱和脂肪酸,熔点提高,在常温下液态油转变为固态脂,称为氢化。

氢化需催化剂,加热至 180 ℃,压力 206.85 kPa 下,通入 H_2。

氢化后油脂性质改变:

(1)油脂硬度提高,熔点提高。

(2)安定性增加。

(3)油脂会产生顺式及反式。

(4)减少油脂因氧化而产生劣变。

(5)营养价值降低。

(四)油脂氧化酸败

含不饱和脂肪酸的油易受空气中氧的作用,在氧化初期,过氧化物含量低,产生不愉快的油杂味。油脂劣变中期、后期,过氧化物含量增加,醛类生成量增加,产生不愉快味道,称为油耗味。

金属离子如铁、铜等会加速氧化作用。

四、判定油脂特性的指标

(一)皂化价

皂化 1 g 油脂所需氢氧化钾毫克数,称为皂化价。皂化价用以判定油脂中所含脂肪酸的平均分子量。

(二)碘价

每 100 g 油脂与碘作用后所吸收碘的克数。碘价用来判定油脂的不饱和程度,碘价越高,表示脂肪酸中双键越多,不饱和度越高。

(三)酸价

中和 1 g 油脂中所含游离脂肪酸所需的氢氧化钾毫克数。酸价用来判定油脂中所含游离脂肪酸的量,以间接判定油脂酸败程度。

(四)过氧化价

1 kg 油脂中所含过氧化物的毫当量数。用来作为油脂发生氧化酸败初期指标,过氧化价高,表示油脂已开始发生酸败。

(五)硫巴比妥酸价

多元不饱和脂肪酸氧化分解产生的丙二醛,可与 TBA 作用,产生红色物质,以 538 nm 测定所产生红色物质的吸光度,称为硫巴比妥酸价。用来作为油脂发生氧化酸败的后期指标。

本章小结

本章分八节,主要介绍各类食品原料,包括谷类、豆类、蔬菜水果类、乳类、肉类、蛋类、鱼贝类及油脂类。通过学习,了解各类食品原料的加工特性。

思考题

1. 米的成分组成有哪些?
2. 果蔬加工原则有哪些?
3. 何为淀粉的老化和糊化?
4. 简述肉的成熟过程。
5. 简述油脂的特性。

第三章

果蔬制品加工技术

【教学目标】

通过对本章的学习，了解果蔬原料的成分以及加工特性，掌握果蔬罐头、果脯蜜饯以及果酱的加工工艺，掌握果蔬制品加工中关键控制点及预防措施。

第一节　果蔬原料

一、水分

果蔬中的水分所占的质量百分比最大。一般为70%～90%。主要存在于根、茎、叶、花、果实、果肉、果心、种子中，果肉的水分含量最高，其余部分含量较少。

含水量的多少是衡量果蔬的新鲜度、饱满度、营养价值、商品价值的重要指标。采后至加工前，由于环境条件的改变，含水量降低，出现萎蔫、变色，严重者出现生理失调，引起病菌的感染，造成大量的腐烂，经济上受到损失。

在果蔬加工过程中，干制品需要脱除大量的水分，从而使干制品得到长期的保持；糖制品、汁制品、酒制品、腌制品、罐制品需要保存原料的含水量，提高加工品的成品率。正常的含水量可以提高产品的工艺以及加工品的质量。

二、有机物质

果蔬中的有机物质有淀粉、维生素、油脂以及蛋白质。

(一)淀粉

未成熟的果实含淀粉较多。果蔬中的香蕉(淀粉含量26%)、马铃薯(淀粉含量14%～25%)、藕(淀粉含量12.8%)、荸荠、芋等淀粉含量较高。其次是豌豆(淀粉含量6%)、苹果(淀粉含量1%～1.5%)，其他果蔬含量较少。在后熟时，淀粉转化为糖，含量逐渐降低，使甜味增加。淀粉含量高，多数不利于加工，容易引起半成品的褐变，造成汁液的沉淀。

(二)维生素

维生素是人和动物为维持正常的生理机能而必须从食物中获得的一类微量有机物质。果蔬富含维生素,是人体所需维生素的主要来源。果蔬中的维生素有两类,即水溶性维生素和脂溶性维生素,水溶性包括维生素 B_1、维生素 B_2、维生素 B_5、维生素 B_6、维生素 B_{12},维生素 C、维生素 H、维生素 P;脂溶性包括维生素 A、维生素 D、维生素 E、维生素 K。

维生素 A 是植物体中胡萝卜素在动物体内转化的产物。维生素 A 主要来源于果蔬中的胡萝卜素。果品中含维生素 A 较多的是黄橙色果蔬,这类果蔬也是含胡萝卜素较多的果蔬,如柑橘、枇杷、芒果、柿子、杏、胡萝卜、菠萝等,在加工中不宜损失。

维生素 C 易溶于水,很不稳定。在酸性条件下较碱性条件下稳定,贮藏中注意避光,保持低温,低氧环境中可以减缓维生素 C 的氧化损失。随着贮藏时间的延长,维生素 C 的含量逐渐降低。含维生素 C 含量较多的果品种类有刺梨、鲜枣、猕猴桃、山楂、石榴、荔枝、草莓和柑橘等。维生素 C 在果品和薯类中含量虽较高,但在任何贮藏条件下,维生素 C 都会降低,而且贮藏前期的降低速度比后期要快得多。在果品加工过程中,维生素 C 容易氧化损失或随水流失,不宜保存。

干果类果品中维生素 E 含量较高,贮藏加工中也不宜损失。

(三)油脂

油脂主要存在于含油果实和一般果蔬的种子中,在普通果实中含量很少。各种果蔬的种子均有丰富的油脂,一般在 15%～30%之间,油料作物花生可达 45%,核桃可达 65%。含油果实及果蔬种子是提取油脂的良好原料。

油脂是甘油和高级脂肪酸形成的酯,不溶于水,而溶于各种有机溶剂。据其饱和链的多少,其稳定性和性质相差很大。油脂在空气和氧气中易发生氧化变质,铜、铁、光线、温度及水汽等均有催化作用。果蔬加工制品不应混入各种油脂,否则会影响制品的质量。

(四)蛋白质

蛋白质在含氮物质中概述。

三、含氮物质

果蔬中的含氮物质主要是蛋白质和氨基酸,也含有少量的酰胺、铵盐及亚硝酸盐等,前两者主要以结构蛋白形式存在,也是酶的组成部分。

果蔬中的蛋白质含量普遍较低,含量各不相同。果品可从浆果类、核果类、仁果类的 0.5%左右到海枣、鳄梨、黑树莓、番茄、香蕉的 1%以上。蔬菜的蛋白质含量一般比果品要高,如姜、藕、芋、茄子等可高达 2%～3%。

果蔬特别是蔬菜含有丰富的氨基酸,氨基酸的种类较多,但绝对含量不高,因此从营养角度出发,这些氨基酸并非人类蛋白和氨基酸的主要来源,但其成分对果蔬及其制品的风味有着重要的影响。如果蔬本身所含的谷氨酸、天门冬氨酸等都具有特殊的风味,与产品的口味有关。

在果蔬中氨基酸是游离的，大部分为结合状态的，加热能使部分蛋白质变成游离状态的氨基酸。蛋白质能在酸、碱或酶的作用下加热水解成氨基酸的混合物及肽链片段，因此，加工后的制品中游离氨基酸的含量上升。

蛋白质与单宁结合产生沉淀，利用此原理澄清果汁和果酒。氨基酸中的酪氨酸可在酪氨酸氧化酶的作用下被氧化，进一步变成深色的褐变物质，这是马铃薯的褐变原因。在柑橘类果汁的生产和销售中，脯氨酸的含量及一些其他特殊氨基酸的比例类型常被作为检测柑橘汁掺假的一个参考指标。

四、单宁物质

绝大部分果品含有多酚物质，蔬菜除了茄子、蘑菇等外，含量较少。在多酚类物质中，主要为单宁物质。它是一大类具有儿茶酚及黄酮醇和黄烷酮醇结构的物质，普遍存在于未成熟的果品中，果皮部的含量多于果肉。不同种类的果蔬所含单宁物质的结构不同，涩柿一般认为含有无色飞燕草素-3-葡萄糖苷，而葡萄的单宁前体则被认为有儿茶酚、棓儿茶酚、无色矢车菊素和无色飞燕草素。单宁则是这些物质以各种形式聚合而成的大分子物质。单宁具有涩味，在成熟过程中，经过一系列的氧化或与酮、醛等进行反应，失去涩味。柿子的涩味消失被认为是由于可溶性的单宁物质与其他物质作用变成不溶性之故。

单宁物质的特性很多，其与果蔬加工有密切的关系。单宁具有特有的味觉，其收敛味对果蔬制品的风味影响很大，红葡萄酒正因为其含有适量的单宁才有饱满的酒味。单宁与合适的糖酸共存时，可表现出良好的风味，但单宁含量过多则会使风味过涩，而且单宁能强化有机酸的酸味。单宁物质遇铁变黑色，与锡长时间共热呈玫瑰色，遇碱变蓝色，这些特性与保护果蔬的良好色泽有关。单宁具有一定的抑菌作用，红葡萄酒在发酵过程中有一定的单宁含量对于抑制杂菌生长很重要。单宁易与蛋白质结合发生沉淀，被用来澄清和稳定果汁、果酒。

果品在采后受到机械伤或贮藏后期，果品衰老时，单宁物质都会出现不同程度的褐变。因此，在采收前后应尽量避免机械损伤，控制衰老，防止褐变，保持品质，延长贮藏寿命。单宁在加工过程中，也容易引起加工产品的褐变，但在果酒加工过程中，适量加入单宁，可使果酒爽口。

五、酶

酶是由生物的活细胞产生的具有催化能力的蛋白质。它决定着有机体新陈代谢进行的强度和方向。它是引起果蔬品质变劣和营养成分损失的重要因素之一。

果蔬中酶多种多样。主要有两大类：一类是氧化酶类，如多酚氧化酶、抗坏血酸氧化酶、过氧化物酶等；另一类是水解酶类，如果胶酶、淀粉酶、蛋白酶等。

果蔬在生长与成熟以及贮藏后熟过程中均有各种酶进行活动，在加工中，酶是影响制品品质和营养成分的重要因素。在果蔬贮藏过程中，主要是抑制或杀灭这些酶的活性，减少营养成分的氧化、水解，延长果蔬贮藏寿命。在果蔬加工中，一方面酶可以引起加工半成品及成品的褐变，另一方面果蔬的加工也常利用酶，如利用果胶酶来澄清果汁与果酒。因此，利用和抑制酶是果蔬加工的两个方面，应合理掌握。

六、色素物质

果蔬在成熟时或生长时均有鲜艳悦目的色彩，这些色彩是由色素物质赋予的。依溶解性能及在植物体中的存在状态可分为两类。

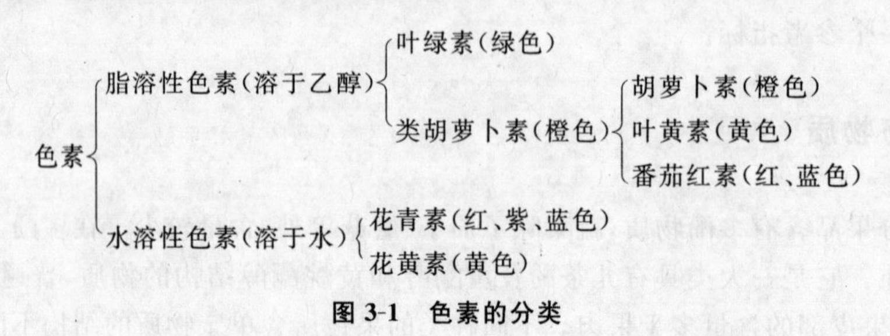

图 3-1　色素的分类

叶绿素是所有绿色蔬菜和果品所含的主要色素，它不溶于水，易溶于乙醇、乙醚等有机溶剂。叶绿素不耐光不耐热，果品中绿色逐渐减退，表明果品已进入衰老。它是由吡咯组成的卟吩族化合物，由叶酸、叶绿醇及甲醇所构成的二醇酯，由于其在 C_3 位上的取代基不同，叶绿素有 a、b 之分。

果蔬中的类胡萝卜素为一种橙黄色至橙红色甚至红色的非水溶性色素，包括许多结构不同的组分，主要由胡萝卜素、番茄红素及叶黄素组成。目前已证实的动植物类胡萝卜素达130 多种。

类胡萝卜素耐高温，在碱性介质中比在酸性介质中稳定，在果蔬加工中相对较稳定。但在有氧的条件下会发生氧化，氧化的程度依类胡萝卜素的种类而异。在一般干制品中，类胡萝卜素较稳定，当水分干到一定程度时，稳定性突然下降，氧化速度飞速增长，在冷冻干燥低水分制品中常见。

花青素又称花色素、花色苷，是自然界中一类广泛存在于植物中的水溶性天然色素。属黄酮类化合物，是植物和果实中的一种主要的呈色物质。目前发现花青素类色素广泛存在于紫甘薯、葡萄、血橙、红球甘蓝、蓝莓、茄子皮、樱桃、红橙、红莓、草莓、桑葚、山楂皮、紫苏、牵牛花等植物组织中。

花青素的色彩受 pH 值的影响，在酸性条件下呈红色，中性、微碱性下为紫色，碱性条件下变蓝色，故宜在酸性条件下以保持红色。花青素能被亚硫酸及其盐褪色，此反应可逆，一旦加热脱硫，又可复色。因此，含花青素水果半成品用亚硫酸保藏会褪色，但去硫后仍有色。

除上述影响因素外，影响花青素的环境因素还包括氧气、光线（特别是紫外光）、高温及维生素 C 的含量。氧气和紫外光可促使大部分花色素发生分解并形成沉淀，大部分浆果类的果汁，如杨梅汁、树莓汁会出现这种现象，因此脱气非常重要。许多含花青素的果蔬制品在透明玻璃瓶内贮藏发生褪色也是由于光照加速分解所造成的。果汁中的抗坏血酸或人工加入作为抗氧化剂的抗坏血酸会促使花色素的分解。花青素与金属离子反应生成盐类，大多数为灰紫色，与锡、铁、铜等离子反应生成蓝色或紫色。因而，含花青素的产品应采用涂料罐装，加工器具宜用不锈钢制成。

随着果蔬的贮藏，叶绿素逐渐减退，叶黄素逐渐增加；在果蔬加工过程中，叶绿素也会逐渐减少，花青素和花黄色素溶于水，因此容易损失。果蔬中的色素是果蔬新鲜度、外观品质、商品价值的重要标志，也是加工产品天然色素的重要来源。

第二节　果蔬罐头加工技术

果蔬罐头的加工是食品工业中最重要的加工工艺之一，是将果蔬原料经过预处理后装入容器中脱气、密封，再经过加热杀菌处理，杀死能引起食品腐败变质的微生物，破坏原料中的酶活性，防止微生物再次污染，在维持密封状态条件下，能够在室温下长期保存的方法。

一、工艺流程

罐头食品之所以能长期保藏，主要是由于在加工过程中杀灭罐内能引起败坏、产毒、变质的微生物，破坏原料组织中自身的酶活性，并保持密封状态使罐头不再受外界微生物的污染。

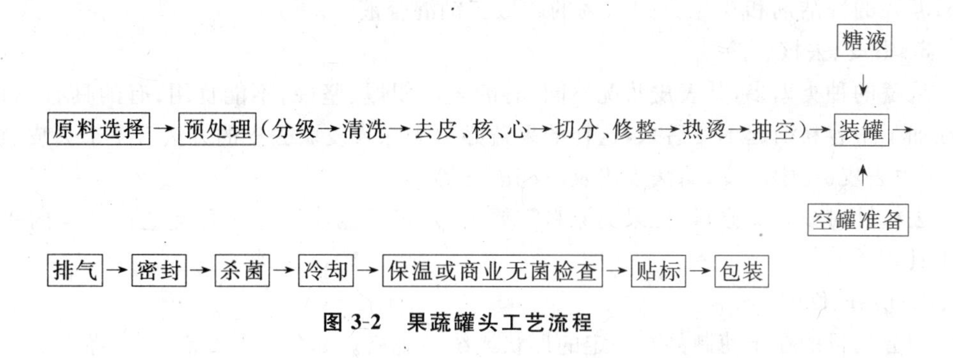

图 3-2　果蔬罐头工艺流程

二、操作要点

(一)原料选择

果蔬罐头的原料总的要求是新鲜，成熟适度，形状整齐，大小适当，果肉组织致密，可食部分大，糖酸比例恰当，单宁含量少；蔬菜罐藏原料要求色泽鲜明，成熟度一致，肉质丰富，质地柔嫩细致，纤维组织少，无不良气味，能耐高温处理。

罐头制作用果蔬原料均要求有特定的成熟度，这种成熟度即称罐藏成熟度或工艺成熟度。不同的果蔬种类品种要求有不同的罐藏成熟度。如果选择不当，不但会影响加工品的质量，而且会给加工处理带来困难，使产品质量下降。如青刀豆、甜玉米、黄秋葵等要求幼嫩，纤维少；番茄、马铃薯等则要求充分成熟。

果蔬原料越新鲜，加工品的质量越好。因此，从采收到加工，间隔时间愈短越好，一般不要超过24 h。有些蔬菜如甜玉米、豌豆、蘑菇、石刁柏等应在2～6 h内加工。

(二)原料前处理

包括挑选、分级、洗涤、去皮、切分、去核(心)、抽空以及热烫。

1. 挑选、分级

果蔬原料在投产前需先进行选择，剔除不合格的和虫害、腐烂、霉变的原料，再按原料的大小、色泽和成熟度进行分级。原料的分级可以手工分级也可以机械分级，手工分级使用刀具时要注意采用不锈钢制品。机械分级一般采用振动筛式及滚筒式分级机，对于一些具有不同特性或形状特别的原料还有专业分级机。机械分级主要是按大小分级，成熟度和色泽的分级主要靠感官分级。对于一些不需要保持原料形态的制品，则无须按大小分级。

2. 洗涤

洗涤的目的是除去其表面附着的尘土、泥沙、部分微生物及可能残留的农药等。洗涤果蔬可采用漂洗法，一般在水槽或水池中用流动水漂洗或用喷洗，也可用滚筒式洗涤机清洗。可根据原料形状、质地、表面状态、污染程度以及加工方法等制定。对于杨梅、草莓等浆果类原料应小批淘洗或在水槽中通入压缩空气翻洗，防止机械损伤及在水中浸泡过久而影响色泽和风味。有时为了较好地去除附在果蔬表面的有害化学药品，常在清洗用水中加入少量的洗涤剂，常用的有0.1%的高锰酸钾溶液、0.06%的漂白粉溶液、0.1%～0.5%的盐酸溶液、1.5%的洗洁剂和0.5%～1.5%的磷酸三钠混合液。

3. 去皮、去核(心)

果蔬的种类繁多，其表皮状况不同，有的表皮粗厚、坚硬，不能食用；有的具有不良风味或在加工中容易引起不良后果，这样的果蔬必须去除表皮。去皮的方法有手工去皮、机械去皮、热力去皮、化学去皮、酶法去皮及冷冻去皮等。

去核针对核果类原料，仁果类原料需要去心，可根据实际原料种类选择适当的去核、去心工具。

4. 切分、修整

切分的目的在于使制品有一定的形状或统一规格。如胡萝卜等需切片，荸荠、蘑菇也可以切片。甘蓝常切成细条状，黄瓜等可切丁。切分可根据原料的性质、形状以及加工要求，采用不同的切分工具进行。

很多果蔬在去皮、切分后需进行整理，以保持产品的良好外观形状，主要是修整形状不规则、不美观的地方以及除掉未除净的皮、病变组织和黑色斑点等。

5. 抽空

可排除果蔬组织内的氧气，钝化某些酶的活性，抑制酶促褐变。抽空效果主要取决于真空度、抽空的时间、温度与抽空液四个方面。一般要求真空度大于79 kPa以上。按照抽空操作的程序不同，抽空法可分为干抽法和湿抽法两种。

6. 热烫

热烫又称预煮、烫漂。生产上为了保持产品的色泽，使产品部分酸化，常在热烫水中加入一定浓度的柠檬酸。

热烫的温度和时间需根据原料的种类、成熟度、块形大小、工艺要求等因素而定。热烫

后需迅速冷却，不需漂洗的产品应立即装罐；需漂洗的原料，则于漂洗槽（池）内用清水漂洗，注意经常换水，防止变质。

（三）装罐

1. 空罐的准备

不同的产品应按合适的罐形、涂料类型选择不同的空罐。一般来说属于低酸性的果蔬产品，可以采用未用涂料的铁罐（又称素铁罐）。但番茄制品、糖醋、酸辣菜等则应采用抗酸涂料罐。花椰菜、甜玉米、蘑菇等应采用抗硫涂料铁，以防产生硫化斑。

空罐在装罐前应清洗干净，蒸汽喷射，清洗后不宜堆放太久，以防止灰尘、杂质再一次污染。装罐前要对空罐进行清洗和消毒及空罐的检查。

2. 灌注液的配制

(1)水果罐头

我国目前生产的糖水果品罐头一般要求开罐糖度为14%～18%。每种水果罐头装罐的糖液浓度可根据装罐前水果本身的可溶性固形物含量、每罐装入果肉重量及每罐实际注入的糖液重量，按下式计算

$$Y=\frac{W_3Z-W_1X}{W_2} \tag{3-1}$$

式中，W_1—每罐装入果肉重量(g)；

W_2—每罐加入糖液重(g)；

W_3—每罐净重(g)；

X—装罐前果肉可溶性固形物含量(%)；

Z—要求开罐时的糖液浓度(%)；

Y—需配制的糖水浓度(%)。

糖液的配制方法有直接法和稀释法。直接法就是根据装罐所需要的糖液浓度，直接按比例称取砂糖和水，置于溶糖锅中加热搅拌溶解并煮沸5～10 min，以驱除砂糖中残留的SO_2并杀灭部分微生物，然后过滤，调整浓度。

配制糖液的主要原料是蔗糖，要求纯度在99%以上，色泽洁白，清洁干燥，不含杂质和有色物质。除了蔗糖外，如转化糖、葡萄糖、玉米糖浆也可使用。配制糖液用水也要求清洁无杂质，符合饮用水质量标准。蔗糖溶解调配时，必须煮沸10～15 min，然后过滤，保温85 ℃以上备用。如需在糖液中加酸，必须做到随用随加，防止积压，以免蔗糖转化为转化糖促使果肉色泽变红。荔枝、梨等罐头所用糖液，加热煮沸后迅速冷却到40 ℃再装罐，对防止果肉变红有明显效果。

(2)蔬菜罐头

很多蔬菜制品在装罐时加注淡盐水，浓度一般在1%～4%。目的在于改善制品的风味；加强杀菌、冷却期间的热传递；能较好地保持制品的色泽。

配制盐液的水应为纯净的饮用水，配制时煮沸，过滤后备用。食盐纯度要求在98%以上，不含铁、铝、镁等杂质。有时，为了操作方便，防止生产中因盐水和酸液外溅而使用盐片，盐片可依罐头的具体用量专门制作，内含酸类、钙盐、EDTA-2Na盐、维生素C以及谷氨酸钠和香辛料等。

(3)调味液的配制

蔬菜罐头调味液的种类很多,但配制的方法主要有两种:一种是将香辛料先经一定的熬煮制成香料水,再与其他调味料按比例制成调味液;另一种是将各种调味料、香辛料(可用布袋包裹,配成后连袋去除)一起一次配成调味液。

3. 装罐

原料应根据产品的质量要求按不同大小、成熟度、形态分开装罐,装罐时要求重量一致,符合规定的重量。质地上应做到大小、色泽、形状一致,不混入杂质。装罐时应留有适当的顶隙。

装罐可采用人工方法或机械方法进行。在装罐时应注意以下问题:

(1)要确保装罐量符合要求。装入量因产品种类和罐形大小而异,罐头食品的净重和固形物含量必须达到要求。一般要求每罐固形物含量为45%～65%。各种果蔬原料在装罐时应考虑其本身的缩减率,通常按装罐要求多装10%左右。另外,装罐后要把罐头倒过来倾水10 s左右,以沥净罐内水分,保证开罐时的固形物含量和开罐糖度符合规格要求。

(2)罐内应保留一定的顶隙。所谓顶隙即食品表面至罐盖之间的距离。顶隙过大则内容物不足,且由于有时加热排气温度不足,空气残留多会造成氧化;顶隙过小内容物含量过多,杀菌时食物膨胀而使压力增大,造成假胖罐。一般装罐时罐头内容物表面与翻边相距4～8 mm,在封罐后顶隙为3～5 mm。

(3)保证内容物在罐内的一致性。同一罐内原料的成熟度、色泽、大小、形状应基本一致,搭配合理,排列整齐。

(4)保证产品符合卫生要求。装罐时注意卫生,严格操作,防止杂物混入罐内,保证罐头质量。此外,装罐时还应注意防止半成品积压,特别是在高温季节,注意保持罐口的清洁。

(四)排气

排气即利用外力排除罐头产品内部空气的操作。它可以使罐头产品有适当的真空度,利于产品的保藏和保质,防止氧化;防止罐头在杀菌时由于内部膨胀过度而使密封的卷边破坏;防止罐头内好气性微生物的生长繁殖;减轻罐头内壁的氧化腐蚀;真空度的形成还有利于罐头产品进行打检和在货架上确保质量。打检目的是明了罐内所装内容重量情形(过轻或过重)及真空度是否良好。打检棒通常用铸铁或不锈钢制成,其重量为30～50 g,长为20～25 cm,先端球直径为1 cm,以打检棒轻击罐盖或罐底,根据所发出音响及打检棒振动的感触以判别罐的良否。

目前,我国常用的排气方法有加热排气法、真空封罐排气法及蒸汽喷射排气法。加热排气法能较好地排除食品组织内部的空气,获得较好的真空度,还能起到某种程度的脱臭和杀菌作用。但是加热排气法对食品的色香味有不良影响,对于某些水果罐头有不利的软化作用,且热量利用率较低。真空封罐排气法已广泛应用于肉类、鱼类和部分果蔬类罐头等的生产。凡汤汁少而空气含量多的罐头,采用此法的效果比较好。蒸汽喷射排气法适用于大多数加糖水或盐水的罐头食品和大多数固态食品等,但不适用于干装食品。

排气影响真空度的因素有:

(1)排气时间与温度。加热排气时的温度越高,密封时的温度也越高,罐头的真空度也就高。一般要求罐头中心温度达到 70～80 ℃。

(2)顶隙大小。顶隙大的真空度高;否则,真空度反而低。

(3)其他。原料的酸度、开罐时的气温、海拔高度等均在一定程度上影响真空度。真空度太高,易使罐头内汤汁外溢,造成不卫生和装罐量不足,因而应掌握在汤汁不外溢时的最高真空度。

(五)密封

罐头密封可以阻止罐内外空气、水等流通,防止罐外部微生物渗入罐内,通过杀菌处理能杀灭罐内腐败菌,能防止罐头食品的败坏、变质,进而能长期贮存。若密封不完全,则所有杀菌、包装等操作就没有意义。所以,密封在罐头食品制造过程中是最为重要的基本作业之一,隔绝食品与外界的接触,防止二次污染,这是罐头生产工艺中至关重要的一环。封罐方法因罐藏容器种类不同而异,本书不再详述。

(六)杀菌

罐头食品杀菌,不仅可以杀死一切对罐头食品起败坏作用和产毒致病的微生物,而且起到一定的调煮作用,可改进食品质地和风味,使其更符合食用要求。罐头食品杀菌目的不同于细菌学上的杀菌,后者是杀死所有的微生物,而前者则只要求达到"商业无菌"状态。所谓商业无菌,是指罐头杀菌之后,不含有致病微生物和在常温下能够繁殖的非致病微生物。

1. 杀菌公式

选择耐热性最强并有代表性的腐败菌或引起食品中毒的细菌作为主要的杀菌对象菌。罐头食品的酸度(或 pH)是选定杀菌对象菌的重要因素。杀菌计算的程序并不是一个简单的问题,它取决于一系列因素,包括产品的性质、稠度、颗粒大小、罐头的规格、罐藏工序、污染细菌的来源、数量、腐败微生物的耐热性等。

罐头食品杀菌规程包括杀菌温度、杀菌时间和反压,表达杀菌工艺条件和要求的杀菌式。杀菌工艺条件制定的原则是在保证罐藏食品安全性的基础上,尽可能地缩短杀菌时间,以减少热力对食品品质的影响。杀菌温度的确定是以杀菌对象为依据,一般以杀菌对象的热力致死温度作为杀菌温度。杀菌时间的确定则受多种因素的影响,在综合考虑的基础上,通过计算确定。

杀菌条件确定后,通常用杀菌公式来表示,即把杀菌温度、杀菌时间排列成共识的形式,一般的杀菌公式为:

$$\frac{T_1-T_2-T_3}{t} \tag{3-2}$$

式中,T_1—从初温升到杀菌温度所需的时间,即升温时间(min);

T_2—保持恒定的杀菌温度所需的时间(min);

T_3—从杀菌温度降到所需温度的时间,即降温时间(min);

t—规定的杀菌温度(℃)。

初温是指杀菌器中开始升温前罐头内部的温度,对杀菌的目的效果影响很大。初温高,达到杀菌温度所需时间短。从排气、封罐至杀菌的时间间隔越短越好。

中心温度就是罐头食品内最迟加热点的温度。杀菌所需时间必须从中心温度达到杀菌所需温度时算起。

2. 杀菌方法

依杀菌加热的程度分,果蔬罐头的杀菌方法有下述三种:

(1)巴氏杀菌法。一般采用65～95 ℃,用于不耐高温杀菌而含酸较多的产品,如一部分水果罐头、糖醋菜、番茄汁、发酵蔬菜汁等。

(2)常压杀菌法。所谓常压杀菌即将罐头放入常压的热沸水中进行杀菌,凡产品 pH＜4.5 的蔬菜罐头制品均可用此法进行杀菌。常见的如番茄酱、酸黄瓜罐头。一些含盐较高的产品如榨菜、雪菜等也可用此法。

(3)加压杀菌法。将罐头放在加压杀菌器内,在密闭条件下增加杀菌器的压力,由于锅内的蒸汽压力升高,水的沸点也升高,从而维持较高的杀菌温度。大部分蔬菜罐头,由于含酸量较低,杀菌需较高的温度,一般需 115～121 ℃。特别是那些富含淀粉、蛋白质及脂肪类的蔬菜,如豆类、甜玉米及蘑菇等,必须在高温下较长时间处理才能达到目的。

罐头杀菌设备根据其密闭性可以分成开口式和密闭式两种,常压杀菌使用前者,加压则使用后者。按照杀菌器的生产连续性又可分为间歇式和连续式。目前我国大部分工厂使用的为间歇式杀菌器,这种设备效率低,产品质量差。

3. 影响杀菌效果的因素

杀菌是罐藏工艺中的关键工序。影响杀菌的因素是多方面的。

(1)微生物

微生物的种类、抗热力和耐酸能力对杀菌效果有不同的影响,但杀菌还受果蔬食品中细菌的数量以及环境条件的影响。

(2)果蔬原料

果蔬原料营养丰富,其组织结构和化学成分是复杂的,对杀菌以及以后的贮存期限有不同的影响。从杀菌的角度来看,应着重考虑以下几个方面的因素:

①原料的酸度(pH 值)。这是影响细菌耐热性的一个重要因素。绝大多数细菌在中性介质中有最大的耐热性,细菌的孢子在低 pH 值条件下是不耐热的。pH 值愈低,酸度愈高,芽孢杆菌的耐热性愈弱。pH 值对微生物活动的影响在罐头杀菌的实际应用中有重要的意义。

②糖。糖对孢子有保护作用。一般认为,糖使孢子的原生质部分脱水,防止蛋白质的凝结,使细胞处于更稳定的状态。微小的糖浓度差异则不易看出这种作用。装罐的食品和填充液的糖浓度较高,则杀菌时间应较长。

③无机盐。浓度不高于 4%的食盐溶液对孢子有保护作用,高浓度的食盐溶液则降低孢子的耐热性。食盐也可有效地抑制腐败菌的生长,亚硝酸盐会降低芽孢的耐热性,磷酸盐能影响孢子的耐热性。

④酶。酶是一种蛋白质,具有生物催化活性,在酸性和高酸性食品中常引起风味色泽和质地的败坏。在较高温度下,酶蛋白结构受破坏而失去活性。一般来讲,过氧化物酶系统的钝化常作为酸性罐头食品杀菌的指标。

(3)传热的方式和传热速度

罐头杀菌时，热的传递主要以热水或蒸汽为介质，因此杀菌时必须使每个罐头都能直接与介质接触。热量由罐头外表传至罐头中心的速度对杀菌效果有很大影响，影响罐头食品传热速度的因素主要有以下几方面：

①罐头容器的种类和形式。马口铁罐比玻璃罐具有较大的传热速率，其他条件相同时，玻璃罐的杀菌时间需稍延长。罐型越大，则热由罐外传至罐头中心所需时间越长，而以传导为主要传热方式的罐头更为显著。

②食品的种类和装罐状态。流质食品由于对流作用使传热较快，但糖液、盐水等传热进度随其浓度的增加而降低。各种食品含水量的多少、块状大小、装填的松紧、汁液的多少等都直接影响到传热速度。

③罐头的初温。初温的高低影响罐头中心达到所需杀菌温度的时间，因此在杀菌前注意提高和保持罐头食品的初温。装罐时提高食品和汤汁的温度，排气密封后及时杀菌，就容易在预定时间内达到杀菌效果，对于不易形成对流和传热较慢的罐头更为重要。

④杀菌锅的形式和罐头在杀菌锅中的位置。静止间隙的杀菌锅不及回转式杀菌锅效果好，在杀菌过程中由于旋转，可使罐内食品形成机械对流，将提高传热性能，加快罐内中心温度上升，缩短杀菌时间。

4. 杀菌操作时的注意事项

(1)罐头装筐或装篮时应保证每个罐头所有的表面都能经常和蒸汽接触，即注意蒸汽的流通。

(2)升温期间，必须注意排气充足，控制升温时间。

(3)严格控制保温时间和温度，此时要求杀菌锅的温度波动不超过±0.5 ℃。

(4)注意排除冷凝水，防止它的积累，降低杀菌效果。

(5)尽可能保持杀菌罐头有较高的初温，因此不要堆积密封之后的罐头。

(6)杀菌结束后，杀菌锅内的压力不宜过快下降，以免罐头内外压力差急增，造成密封部位漏气或永久膨胀。对于大型罐和玻璃瓶要注意反压，需加压缩空气或高压水后，关闭蒸汽阀门，使锅内温度下降。

(七)冷却

罐头食品加热杀菌结束后应当迅速冷却，因为热杀菌结束后的罐内食品仍处于高温状态，还在继续对它进行加热作用，如不立即冷却，食品质量就会受到严重影响，如蔬色泽变暗，风味变差，组织软烂，甚至失去食用价值。此外，冷却缓慢时，在高温阶段(50～55 ℃)停留时间过长，还能促进嗜热性细菌繁殖活动，致使罐头变质腐败。继续受热也会加速罐内壁的腐蚀作用，特别是含酸高的食品。因此，罐头杀菌后冷却越快，对食品的品质越有利；但对玻璃罐的冷却速度不宜太快，常采用分段冷却的方法，即80 ℃、60 ℃、40 ℃三段，以免爆裂受损。

罐头杀菌后一般冷却到38～43 ℃即可。因为冷却到过低温度时，罐头表面附着的水珠不易蒸发干燥，容易引起锈蚀，冷却只要保留余温足以促进罐头表面水分的蒸发而不致影响败坏即可，实际操作温度还要看外界气候条件而定。

1. 冷却方法

常压杀菌的罐头在杀菌完毕后，即转到另一冷却水池中进行冷却。玻璃罐冷却时水温要分阶段逐渐降温，以避免破裂损失。金属罐头则可直接进入冷水中冷却，高压杀菌下的罐头需要在加压的条件下进行冷却。高压杀菌的罐头在开始冷却时，由于温度下降、外压降低，而内容物的温度下降比较缓慢，内压较大，会引起罐头卷边松弛和裂漏，还会发生突角、爆罐事故。为此，冷却时要保持一定的外压以平衡其内压。目前最常用的是用压缩空气打入来维持外压，然后放入冷水，随着冷却水的进入，杀菌锅压力降低。因此，冷却初期压缩空气和冷水同时不断地进入锅内。冷却水进锅的速度，应使蒸汽冷凝时的降压量能及时地从同时进锅的压缩空气中获得补偿，直至蒸汽全部冷凝后，即停止进压缩空气，使冷却水充满全锅，调整冷水进出量，直至罐温降低到 40～50 ℃为止。

2. 冷却用水

罐头冷却过程中有时由于机械原因或因罐盖胶圈暂时软化会造成暂时性或永久性隙缝，尤其是当罐头在水中冷却时间过长，以致罐内压力下降到开始形成真空度的程度时，罐头就可能在内外压力差的作用下吸入少量冷却水，并因冷却水不洁而导致微生物污染，成为罐头今后贮运过程中出现腐败变质的根源。因而，加压冷却使用清洁水(即微生物含量极低的水)的问题必须充分重视。一般认为用于罐头的冷却水含活的微生物为每毫升不超过 50 个为宜。为了控制冷却水中微生物含量，常采用加氯的措施。次氯酸盐和氯气为罐头工厂冷却水常用的消毒剂。只有在所有卷边质量完全正常后才可在冷却水中采用加氯措施。加氯必须小心谨慎并严格控制，一般控制冷却水中含游离氯 3～5 mg/kg。

(八)保温与商业无菌检查

为了保证罐头在货架上不发生因杀菌不足引起败坏，传统的罐头工业常在冷却之后采用保温处理。具体操作是将杀菌冷却后的罐头放入保温室内，中性或低酸性罐头在 37 ℃下最少保温一周，酸性罐头在 25 ℃下保温 7～10 d，然后挑选出胀罐，再装箱出厂。但这种方法会使罐头质地和色泽变差，风味不良。同时有许多耐热菌也不一定在此条件下发生增殖而导致产品败坏。因而，这一方法并非万无一失。

目前推荐采用所谓的“商业无菌检验法”，此法首先基于全面质量管理，其方法要点如下：

(1)审查生产操作记录，如空罐检验记录、杀菌记录、冷却水的余氯量等。

(2)按照每杀菌锅抽两罐或千分之一的比例进行抽样。

(3)称重。

(4)保温。

低酸性食品在(36±1) ℃下保温 10 d，酸性食品在(30±1) ℃下保温 10 d。预定销往 40 ℃以上热带地区的低酸性食品在(55±1) ℃下保温 10 d。

(5)开罐检查。开罐后留样、涂片，测 pH，进行感官检查。此时如发现 pH、感官质量有问题，即进行革兰氏染色，镜检。显微镜观察细菌染色反应、形态、特征及每个视野的菌数，与正常样品对照，判别是否有明显的微生物增殖现象。

(6)结果判定

①通过保温发现胖听或泄漏的为非商业无菌。

②通过保温后正常罐开罐后的检验结果可参照表 3-1 进行。

表 3-1 正常罐保温后的结果判定

pH 值	感官检查	镜检	培养	结果
—	—			商业无菌
+	+			非商业无菌
+	—	+	+	非商业无菌
+	—	+	—	商业无菌
—	+	+	+	非商业无菌
—	+	+	—	商业无菌
—	+	—		商业无菌
+	—	—		商业无菌

注：—代表正常，+代表不正常。

(九)贴标签、贮藏

经过保温或商业无菌检查后，未发现胀罐或其他腐败现象，即检验合格，贴标签。标签要求贴得紧实、端正，无皱折。

合格的产品贴标、装箱后，贮藏于专用仓库内。要求罐头的贮存条件为温度 10～15 ℃，相对湿度 70%～75%。

三、关键控制点及预防措施

(一)常见的罐头败坏现象及其原因

1. 罐头胀罐

罐头底或盖不像正常情况下呈平坦状或向内凹，而出现外凸的现象称为胀罐，也称胖听。根据底或盖外凸的程度，又可分为隐胀、轻胀和硬胀三种情况。根据胀罐产生的原因又可分为三类，即物理性胀罐、化学性胀罐和细菌性胀罐。

(1)物理性胀罐

①胀罐原因：罐制品内容物装得太满，顶隙过小；加压杀菌后，降压过快，冷却过速；排气不足或贮藏温度过高等。

②预防措施：严格控制装罐量；装罐时顶隙控制在 3～8 mm，提高排气时罐内中心温度，排气要充分，封罐后能形成较高的真空度；加压杀菌后反压冷却速度不能过快；控制罐制品适宜的贮藏温度。

(2)化学性胀罐(氢胀罐)

①胀罐原因：高酸性食品中的有机酸与罐藏容器(马口铁罐)内壁起化学反应，产生氢气，导致内压增大而引起胀罐。

②预防措施：空罐宜采用涂层完好的抗酸全涂料钢板制罐，以提高罐对酸的抗腐蚀性能；防止空罐内壁受机械损伤，出现露铁现象。

(3)细菌性胀罐

①胀罐原因:杀菌不彻底或密封不严使细菌重新侵入而分解内容物,产生气体,使罐内压力增大而造成胀罐。

②预防措施:罐藏原料充分清洗或消毒,严格注意加工过程中的卫生管理,防止原料及半成品的污染;在保证罐制品质量的前提下,对原料进行热处理,以杀灭产毒致病的微生物;在预煮水或糖液中加入适量的有机酸,降低罐制品的 pH,提高杀菌效果;严格控制封罐质量,防止密封不严;严格控制杀菌环节,保证杀菌质量。

2. 玻璃罐头杀菌冷却过程中的跳盖现象以及破损率高

(1)跳盖及破损率高原因

罐头排气不足;罐头内真空度不够;杀菌时降温、降压速度快;罐头内容物装得太多,顶隙太小;玻璃罐本身的质量差,尤其是耐温性差。

(2)预防措施

罐头排气要充分,保证罐内的真空度;杀菌冷却时,降温降压速度不要太快,进行常压冷却时,禁止冷水直接喷淋到罐体上;罐头内容物不能装太多,保证留有一定的空隙;定做玻璃罐时,必须保证玻璃罐具有一定的耐温性;利用回收的玻璃罐时,装罐前必须认真检查罐头容器,剔除所有不合格的玻璃罐。

3. 果蔬罐头加工过程中变色现象

(1)变色原因

果蔬中固有化学成分引起的变色,如:果蔬中的单宁、色素、含氮物质、抗坏血酸氧化引起的变色;加工罐头时,原料处理不当引起的变色;罐头成品贮藏温度不当引起的变色。

(2)预防措施

控制原料的品种和成熟度,采用热烫进行护色时,必须保证热烫处理的温度与时间;采用抽空处理进行护色时,应彻底排净原料中的氧气,同时在抽空液中加入防止褐变的护色剂,可有效地提高护色效果;果蔬原料进行前处理时,严禁与铁器接触。绿色蔬菜罐头罐注液的 pH 调至中性偏碱并选用不透光的包装容器。

4. 果蔬罐头固形物软烂及汁液浑浊

(1)果蔬罐头固形物软烂及汁液浑浊产生的原因

果蔬原料成熟度过高;原料进行热处理或杀菌的温度高,时间长;运销中的急剧震荡,内容物的冻溶,微生物对罐内食品的分解。

(2)预防措施

选择成熟度适宜的原料,尤其是不能选择成熟度过高而质地较软的原料;热处理要适度,特别是烫漂和杀菌处理,要求既起到烫漂和杀菌的目的,又不能使罐内果蔬软烂;原料在热烫处理期间,可配合硬化处理;避免成品罐头在贮运与销售过程中的急剧震荡、冻溶交替以及微生物的污染等。

第三节　果脯蜜饯加工技术

糖制是果脯蜜饯类加工的主要工艺。糖制过程是果蔬原料排水吸糖过程,糖液中糖分

依赖扩散作用进入细胞间隙，再通过渗透作用进入细胞内，最终达到要求的含糖量。

糖制方法有蜜制(冷制)和煮制(热制)两种。蜜制适用于皮薄多汁、质地柔软的原料；煮制适用于质地紧密、耐煮性强的原料。

一、果脯加工的工艺流程

(一)果脯的分类

1. 果脯

去皮切分(或不切分)的块状果蔬经糖渍后晾晒或烘制而成的棕黄色或琥珀色、果体透明、表面干燥而不粘手的制品。

2. 不透明糖衣果脯

去皮切分(或不切分)的块状果蔬经糖渍后烘制，然后在表面包被一层粉末状糖衣，呈不透明状的制品。

3. 透明糖衣果脯

去皮切分(或不切分)的块状果蔬经糖渍后烘制，然后在表面包被一层透明似蜜的糖质薄膜，呈半透明状的制品。

(二)果脯的加工

1. 工艺流程

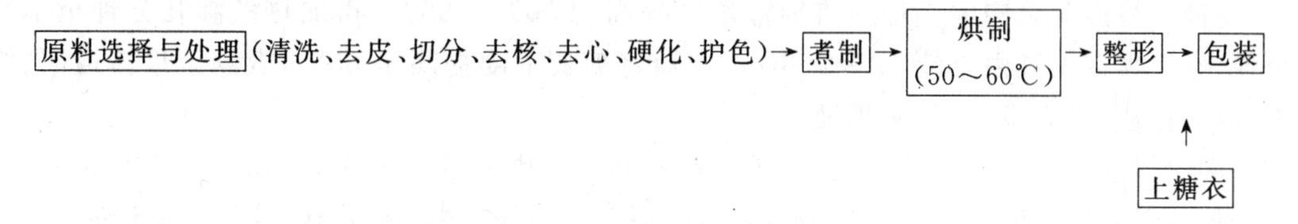

图 3-3　果脯加工的工艺流程

2. 操作要点

(1)原料的选择与处理

加工果脯蜜饯类制品的原料处理包括清洗、去皮、切分、去核、去心、硬化、护色等工序。选择原料应特别注意成熟度，成熟度太高，易煮烂；成熟度太低，组织致密，不利于糖扩散。

(2)煮制

加糖煮制作用是使糖渗透到果实内部，煮制时间、温度、加糖次数以及煮制液的糖浓度都直接影响成品质量。按照煮制过程的操作不同，煮制方法可分为常压煮制和真空煮制。常压煮制是指处理后的原料于常压条件下在糖液中煮制的过程；真空煮制是指处理后的原料于真空条件下在糖液中煮制的过程。常压煮制法又可分为一次煮成法、先浸后煮法与多次煮成法。

①一次煮成法

将40%～50%的糖液倒入夹层锅内，再将处理好的果实倒入盛有糖液的锅中(处理后的原料25～30 kg需加糖液35～40 kg)，猛火加热使糖液沸腾，然后分次加白砂糖煮制，每次加糖量为5～7 kg，使糖液浓度缓慢升至65%以上，糖煮至果体透明、肉质肥厚、内无白心，即可出锅。分次加糖的目的是保持果实内外糖液浓度差异不要过大，使糖逐渐渗透到果蔬组织内部；反之，如果一次加糖过多，糖液浓度骤然升高，果蔬组织在较短的时间内失水太多而急剧收缩，而且高浓度糖液的黏度较高，这就使糖液中的糖不易渗入果蔬组织内部，从而导致制品干缩而不饱满。

在煮制过程中适当地配合加入冷糖液，使锅内糖液温度降低，正在糖煮的半成品也因降温导致果蔬内部蒸气变得稀薄，内压降低，促进糖的渗透。一次煮成法适用于苹果、沙枣等品种的糖制。

一次煮成法快速省工，但果实受热时间较长，容易软烂，长时间加热影响产品的色、香、味，而且维生素损失较多。

②先浸后煮法

配制50%的糖溶液，倒入夹层锅内，加热至80～90 ℃，然后将热的浓糖液倒入盛有处理后原料的容器内，浸渍12～24 h。浸渍完毕后，将糖液过滤，弃去沉淀，将糖液与浸渍的果实置于加热的夹层锅内，文火加热至微沸，分次加糖使糖液浓度缓慢升至60%，煮制至果体透明、果实饱满、内无白心，出锅。

先浸后煮法缩短了煮制时间，避免果实煮烂，但需要长时间浸渍，适于较易煮烂的果实。

③多次煮成法

配制30%～40%的糖溶液，倒入夹层锅内，加热至沸腾，将处理后的原料倒入盛有糖液的夹层锅内(果实40～60 kg需糖液25～50 kg)，煮制2～5 min，然后将果实与糖液一同导入缸中，浸渍12～24 h。在上述煮制和浸渍的过程中，果肉细胞膜与细胞壁变性，增加了透性，使糖缓慢渗入果肉中。加糖将糖液浓度提高到50%～55%，再加热煮沸几分钟至十几分钟，然后再在大缸内浸渍12～24 h；再加糖将糖液浓度提高至65%，煮制至果体透明、饱满、内无白心，捞出果实，沥去糖液。

多次煮成法与一次煮成法相比，果实在煮制过程中受热时间短，不易产生煮烂现象，有利于保持果实原有的色、香、味以及营养成分，糖的渗透扩散协调平衡，制品不易干缩。但浸渍时间较长，操作复杂，加工时间较长。该法适用于桃、梨、杏等易煮烂的果实。

④真空煮制

真空煮制是将处理的果实在真空条件下(真空度83.545 Pa)依次由低浓度糖液到高浓度糖液(60%～70%)中煮制与浸渍的过程，煮制的温度为55～70 ℃。在真空条件下煮制时，果实内部的压力低，解除真空并放入空气时，形成果实内外的压力差，促使糖渗入果肉内部。这种煮制方法采用的温度低，所以能较好地保持原料原有的色、香、味与营养成分，有效地防止煮烂。此法适用于易煮烂果蔬原料的糖制。

(3)烘制

烘制处理的原料糖煮后捞出，沥干表面糖液，铺在烘盘上，在50～60 ℃烘房内烘制至水分含量为18%～20%，果体饱满透明，不粘手，不皱缩，表面无结晶，质地柔软。

(4)整理果脯

经烘制后，对果块要进行整理，去除不整齐的棱角，需要特定形状的制品需整形。例如，柿饼为扁平状，即柿饼烘制后期应压制为扁平状，使其外观整齐一致。

(5)上糖衣

透明糖衣果脯的上糖衣是将蔗糖、淀粉糖浆与水按 3∶1∶2 的比例在锅内混合，加热至沸（103～114.5 ℃），冷却至 93 ℃，将烘制整形后的制品倒入上述糖液中浸渍 1 min 后捞出，散放在烘盘上，50 ℃条件下烘至不粘手，且表面形成一层透明的糖质薄膜，最后用塑料袋包装。不透明糖衣果脯要求糖煮烘制后的制品表面粘一层白糖粉，或在糖煮时，使糖液达到过饱和程度，冷却后表面形成一层糖结晶即可。最后采用塑料袋包装。

（6）包装

整形后的果脯应采用玻璃纸包装，然后装入塑料袋内密封，也可直接装入塑料袋内，最后装箱。

二、蜜饯类加工的工艺流程

（一）蜜饯的分类

1. 蜜饯

去皮切分（或不切分）的块状果蔬经糖渍后，在其表面粘一层透明似蜜的浓糖浆的制品。

2. 带汁蜜饯

去皮切分的块状果蔬经糖渍后，保存于浓糖液中的制品。

（二）蜜饯的加工

1. 工艺流程

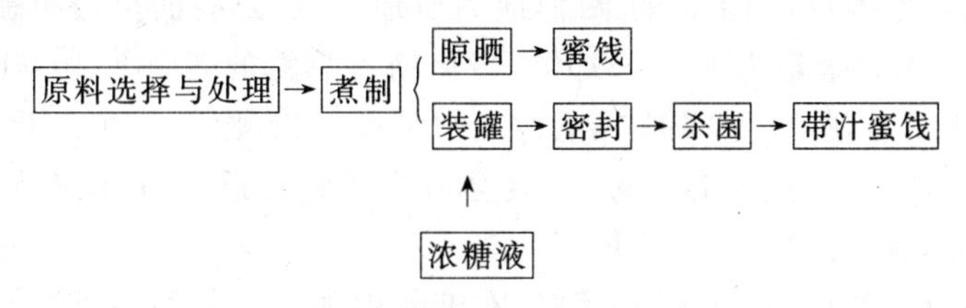

图 3-4　蜜饯的工艺流程

2. 操作要点

蜜饯或带汁蜜饯的原料选择与处理、煮制的工艺过程同果脯的加工。

（1）蜜饯是经糖煮后的制品捞出后，稍加晾晒，即用塑料袋包装的制品。

（2）带汁蜜饯是经糖煮后的制品与浓糖液一起装入罐头瓶内，然后密封、杀菌、冷却而得的制品。将煮制后捞出的果块装入罐内，然后灌入过滤后的浓糖液，糖液量为总净重的 45%～55%，真空封罐，在 90 ℃的条件下杀菌 20～40 min，冷却，贴标，即为成品。

三、关键控制点及预防措施

（一）褐变

糖制品在加工过程及贮存期间都可能发生变色，原因主要有：①果实中的酚类物质氧化引起的酶褐变。②糖液与原料中的含氮物质发生缩合反应，引起的羰氨反应褐变。③糖煮、烘烤干燥的条件及操作方法不当，导致的焦糖化褐变。

控制措施：

(1)亚硫酸处理。亚硫酸及其盐类是一种强氧化剂，常用浓度一般为0.3%～0.6%。必须严格控制用量，否则不仅影响制品的风味，而且不符合食品卫生要求。

(2)热烫处理。生产常用沸水或蒸汽处理原料2～5 min。但应注意热烫后必须迅速冷却，以减少营养物质的损失。

(3)护色液浸泡。原料去皮切分处理后，应将原料迅速放入护色液中，避免酚类物质接触空气而氧化变色。生产上常用的护色液有0.1%的Na_2SO_3、1%的柠檬酸，或使用1%～2%稀盐水。

(4)排除氧气，减少氧气供给。减少氧气供给是防止褐变的主要方法之一。在整个加工工艺中尽可能地缩短与空气接触的时间，防止氧化。生产上可采用脱氧剂，或抽气充氮等措施来减少氧气的含量。

(5)改善糖煮和干燥的条件。糖煮或干燥时，在达到热烫和煮制或干燥目的前提下，应尽可能缩短煮制时间或干燥时间。在糖煮干燥时，应经常翻动，避免糖的焦化。在加工中要尽可能缩短受热处理的过程，特别是果脯类在贮存期间要控制在较低的温度，如12～15 ℃，对于易变色品种最好采用真空包装。在销售时要注意避免阳光暴晒，减少与空气接触的机会。注意加工用具一定要用不锈钢制品。

(二)返砂和流汤

果脯的"返砂"原因：质量正常的果脯，应为质地柔软，鲜亮而呈透明感。果脯中的总糖含量为68%～70%，含水量为17%～19%，转化糖占总糖的30%～40%时，在适当的贮藏条件下，不会产生返砂现象。如果在糖煮过程中掌握不当，原料含酸太低，转化糖含量不足(<30%)，比例失调，加上贮藏温度过低，就会造成果脯的返砂，造成产品质地变硬而且粗糙，表面失去光泽，容易破损，品质降低。

解决果脯"返砂"的措施：首先，糖煮时，在糖液中加入部分饴糖或淀粉糖浆，转化糖(一般不超过20%)；或添加明胶、果胶、动物胶、蛋清，以减缓和抑制糖的晶析。其次，糖煮时在糖液中加入适量的柠檬酸，以保持糖液的pH值在2.5～3之间，促进蔗糖转化，保持糖煮液和制品中转化糖含量达66%左右。再次，果脯蜜饯贮藏温度以12～15 ℃为宜，切勿低于10 ℃，相对湿度应控制在70%以下。最后，对于已返砂的果脯，可将它放在15%的热糖液中烫一下，然后再烘干即可。

果脯的"流汤"原因：主要原因是果脯中转化糖含量太高(高于70%)，特别是在高温高湿季节，容易使产品潮解，表面发黏而出现"流汤"现象，使产品易受微生物侵染而变质。

解决果脯"流汤"的措施：糖煮时加酸不宜过多，煮制时间不宜过长，以防蔗糖过度转化；烘烤初温不宜过高(50～60 ℃)，防止表面干缩而阻碍内部水分向外扩散。在成品贮藏时，应采用密闭贮藏。

(三)煮烂和皱缩

由于原料选择不当，预处理方法不当，糖渍时间太短，加热煮制时间和温度掌握不当，均

会引起煮烂和干缩现象。

煮烂原因：主要是原料品种选择不当，或成熟度过高；原料中的原果胶水解成果胶、果胶酸；在加工过程中，糖煮温度过高，或时间过长，划纹太深等均会出现煮烂现象。

解决煮烂措施：首先，选择成熟度为七八成、耐热煮的原料。其次，在预处理过程中加适量的硬化剂（明矾、氯化钙、石灰等），使其组织硬化，防止煮烂。

干缩原因：主要原因是原料成熟度不够，太生；或糖渍时间太短，糖分未被原料吸收或吸收极少；糖煮时糖度不够，糖煮时间太短，致使产品不饱满等。

解决措施：首先，适当延长糖渍时间，使果实充分吸收糖分后再进行糖煮，掌握适当糖煮时间。其次，在煮制糖液中添加亲水性胶体，如在糖液中添加 0.3% CMC-Na（羧甲基纤维素钠）、0.3% LMP（低甲氧基果胶）或 0.3%海藻酸钠，或添加 0.2%海藻酸钠和 0.1% $CaCl_2$，或添加 0.2% LMP 和 0.1% $CaCl_2$，均可使果脯的饱满度增加，防止干缩。

（四）应当返砂却不返砂

返砂蜜饯，其质量应是产品表面干爽有结晶糖霜析出，不黏不燥。造成不返砂的主要原因是：第一，原料处理没有添加硬化剂。第二，原料烫漂时间不够，果胶没有除尽。第三，糖渍时，糖液发稠。第四，糖煮时间太长，糖浆发黏，糖液的浓度太低。第五，原料本身含酸量太高。第六，在糖煮时，半成品有发酵现象。

解决的办法：第一，在处理原料时，应添加一定数量的硬化剂（0.1%～0.2%$CaCl_2$）。第二，延长烫漂时间，并在漂洗时尽量漂除残留的硬化剂。第三，延长糖煮时间，使糖液浓度保持在 42～44°（波美度）。第四，糖煮时尽量采用新糖液，或添加适量白砂糖。第五，保持糖液 pH 值在 7.0～7.5 之间。第六，密切注意糖渍的半成品，防止发酵。增加用糖量或添加防腐剂，防止半成品发酵。

（五）废水、废汁、废糖液的利用

果脯和蜜饯加工过程中，所产生的废水、废汁、废糖液常被作为废弃液倒掉，不但导致资源浪费，而且会引起环境污染。如经过收集、过滤溶液等处理，即可制成果冻、果汁、果酒等。对于糖煮过的废糖液，可多次使用，最后不能再用时，糖液中所含某一加工原料的营养成分很多，仍可把它加工成果汁、果酒等，不但营养丰富，而且具有原料的典型风味。

第四节　果酱加工技术

果酱类制品以果蔬的汁、肉加糖及配料，经加热浓缩制成。原料在糖制前需先进行破碎、软化、磨细、筛滤或压榨取汁等预处理，然后按照产品的不同要求，进行加热浓缩及其他处理。

果酱类制品包括果酱、果泥、果冻、果糕以及果丹皮等。果酱类制品呈糊状，含糖 55%以上，含酸 1%左右，甜酸适口，口感细腻，如苹果酱、草莓酱等。果泥制品呈酱糊状，含糖 60%以上，酸含量稍微低于果酱，如枣泥、胡萝卜泥等。果冻是用含果胶丰富的果品为原料，经压榨取汁，加糖、酸合煮浓缩冷却成型而成的。果糕是果蔬经软化后打浆，然后加糖、酸、果胶(酸和果胶含量高的原料可不加)浓缩而成的半固体状凝胶制品。果丹皮是将制取的果泥刮片，经烘制而制成的薄皮。

一、工艺流程

(一)工艺流程

原料处理 → 加热软化 → 打浆 → 配料浓缩 → 装罐密封 → 杀菌 → 冷却

图 3-5　果酱加工的工艺流程

(二)操作要点

1. 原料选择

生产果酱类制品(除果泥外)的原料要求果胶与酸含量高，芳香味浓，成熟度适宜，加热不易产生异味，对于含果胶与酸少的原料，要求浓缩时适量添加果胶与柠檬酸，或与富含果胶与酸的原料复配。

2. 原料处理

剔除霉烂变质、病虫害严重的果实，对原料进行洗涤、去皮、切分、去心等处理，为软化打浆做准备。

3. 软化打浆

软化的目的是破坏酶的活性；防止变色和果胶水解；软化果肉组织，便于打浆；促使果肉中果胶渗出。加热软化用水或糖液为原料的 20％～50％，热处理温度为 95 ℃以上，也可以用蒸汽软化，软化时间为 10～20 min。若用糖液对原料进行软化处理，则糖的浓度为 10％～35％。软化后的原料与软化用水或糖溶液一并用打浆机打浆，制得果肉浆液，该果肉浆液用于加工果酱、果泥或果丹皮。

4. 配料

果酱的配方依原料分类及产品标准要求而异，一般要求果肉占总原料量的 40％～55％，砂糖占 45％～60％。必要时原料中可适量添加柠檬酸及果胶。柠檬酸补加量一般以控制成品含酸量 0.5％～1％，果胶补加量以控制成品含果胶量 0.4％～0.9％为宜。

注意配料使用前应配成浓溶液过滤后备用。白砂糖配成 70％～75％的溶液，柠檬酸配成 50％的溶液。果胶粉不易溶于水，可先与其质量 4～6 倍的白砂糖充分混合均匀，再以 10～15 倍的水在搅拌下加热溶解。

5. 加糖浓缩

浓缩是果酱类产品的关键工艺，其目的是排除果肉原料中的大部分水分；破坏酶的活性及杀灭有害微生物，有利于制品的保存；同时糖、酸和果胶等配料与果肉煮制，渗透均匀，改善组织状态及风味。常用的浓缩方法有常压浓缩法和真空浓缩法。

(1)常压浓缩

将原料置于夹层锅内，在常压下加热浓缩。将原料与糖液充分混合后，用蒸汽加热浓

缩。前期蒸汽压力较大，后期为防止糖液变褐焦化，蒸汽压力要降低。每次蒸汽量不要过多。再次下料量以控制出品 50～60 kg 为宜，浓缩时间以 30～60 min 为宜。操作时注意不断搅拌，终点温度为 105～108 ℃，含糖量达 60%以上。

(2)真空浓缩(又称减压浓缩)

原料在真空条件下加热蒸发一部分水分，提高可溶性固形物浓度，达到浓缩的目的。浓缩有单效浓缩和双效浓缩两种。具体操作为先通入蒸汽于锅内赶出空气，再开动离心泵，使锅内形成真空，当真空度达 0.035 MPa 以上时，开启进料阀，待浓缩的物料靠锅内的真空吸力吸入锅中，达到容量要求后，开启蒸汽阀门和搅拌器进行浓缩。加热蒸汽压力保持在 0.098～0.147 MPa 时，锅内真空度为 0.087～0.096 MPa，温度为 50～60 ℃。浓缩过程中若泡沫上升剧烈，可开启锅内的空气阀，使空气进入锅内抑制泡沫上升，待正常后再关闭。浓缩时应保持物料超过加热面，防止焦锅。当浓缩接近终点时，关闭真空泵开关，解除锅内真空，在搅拌下将果酱加热升温至 90～95 ℃，然后迅速关闭进气阀，出锅。

6. 装罐与封口

装罐前，清洗、消毒并检查罐装容器。将浓缩后的果酱、果泥直接装入清洗消毒后的容器中密封，在常温或高压下杀菌，冷却后为成品。一般要求每锅在 30 min 左右装完，装罐时不能将果酱粘于罐口，留 3～8 mm 的顶隙，酱体的温度应该保持在 80～90 ℃，装罐后迅速封口并及时杀菌。果酱类大多数以玻璃瓶或防酸涂料铁皮罐为包装容器，果丹皮、丹糕等干制品采用玻璃纸包装。

7. 果酱杀菌

可采用沸水或蒸汽杀菌。杀菌温度和时间根据罐头品种与罐形的不同而不同，一般在 96～100 ℃下热处理 10～15 min。杀菌后迅速冷却至 38～40 ℃，擦干罐盖与罐身，贴标签即为成品。

二、关键控制点及预防措施

(一)果酱类产品的汁液分泌

由于果块软化不充分、浓缩时间短或果胶含量低未形成良好凝胶。

控制措施：原料软化充分，使果胶水解而溶出果胶；对果胶含量低的可适当增加糖量，添加果胶或其他增稠剂，增强凝胶作用。

(二)微生物败坏

糖制品在贮藏期间最易出现的微生物败坏是长霉和发酵产生酒精味。这主要是由于制品含糖量没有达到要求的浓度(65%～70%)。

控制措施：加糖时一定按要求添加糖量。但对于低糖制品一定要采取防腐措施，如添加防腐剂，真空包装，必要时加入一定的抗氧化剂，保证较低的贮藏温度等。对于罐装果酱一定要注意封口严密，以防止表层残氧过高为霉菌提供生长条件，另外杀菌要彻底。

第五节　蔬菜腌制技术

蔬菜腌制是利用食盐及其他物质渗入蔬菜组织内部，降低水分活度，提高渗透压，有选择地控制微生物的发酵作用，抑制腐败菌的生长繁殖，从而防止蔬菜的腐败变质。蔬菜腌制是一种传统的加工保藏方法，并不断得到改进和推广，产品质量不断提高。现代蔬菜腌制品的发展方向是低盐、增酸和微甜。腌制品具有增进食欲、帮助消化、调节肠胃功能等作用，被誉为健康食品。

一、腌制品的分类

蔬菜腌制品的种类繁多，根据腌制工艺和食盐用量、成品风味等的差异，可分为发酵性腌制品和非发酵性腌制品两大类。

（一）发酵性腌制品

在腌制过程中，利用低浓度的盐分，经过乳酸发酵，并伴有轻微的酒精发酵，利用乳酸菌发酵所产生的乳酸与加入的食盐及调味料等一起达到防腐的目的，同时改善品质，增进风味。代表产品为泡菜和酸菜等。

发酵性腌制品根据原料、配料含水量不同，一般分为半干态发酵和湿态发酵两种。湿态发酵是原料在一定的卤水中腌制，如酸菜。半干态腌制是让蔬菜失去一部分水分，再用食盐及配料混合后腌渍，如榨菜。由于这类腌制品本身含水量较低，故保存期较长。

（二）非发酵性腌制品

在腌制过程中，不经发酵或微弱发酵，主要利用高浓度的食盐、糖及其他调味品进行保藏并改善风味。非发酵性腌制品依据所含配料及风味不同，分为咸菜、酱菜和糖醋菜三大类。

1. 咸菜类

利用较高浓度的食盐溶液进行腌制保藏，并通过腌制改变风味，由于味咸，故称为咸菜。代表品种有咸萝卜、咸雪里蕻、咸大头菜等。

2. 酱菜类

将蔬菜经盐渍成咸坯后，再经过脱盐、酱渍而成的制品。如什锦酱菜、扬州八宝菜、乳黄瓜等。制品不仅具有原产品的风味，同时吸收了酱的色泽、营养和风味，因此酱的质量和风味对酱菜有极大的影响。

3. 糖醋菜类

将蔬菜制成咸坯并脱盐后，再经糖醋渍而成。糖醋汁不仅有保藏作用，同时使制品酸甜可口。代表产品有糖醋萝卜、糖醋蒜头等。

二、腌制原理

蔬菜腌制主要是利用食盐的保藏、微生物的发酵及蛋白质的分解等一系列生物化学作用，达到抑制有害微生物的效果。

（一）食盐的保藏作用

1. 高渗透压作用

食盐溶液具有较高的渗透压，1%的食盐可产生 618 kPa 的渗透压，腌渍时食盐用量在 4%～15%时，能产生 2472～9271 kPa 的渗透压，远远超过大多数微生物细胞的渗透压。由于食盐溶液渗透压大于微生物细胞渗透压，微生物细胞内的水分会外渗导致生理脱水，造成质壁分离，从而使微生物活动受到抑制，甚至会由于生理干燥而死亡。不同种类的微生物耐盐能力不同，一般对蔬菜腌制有害的微生物对食盐的抵抗力较弱。表 3-2 为几种微生物能耐受的最大食盐浓度。

表 3-2　几种微生物能耐受的最大食盐浓度

菌种名称	食盐浓度/%	菌种名称	食盐浓度/%	菌种名称	食盐浓度/%
肉毒杆菌	6	变形杆菌	10	短乳杆菌	8
植物乳酸菌	13	发酵乳	8	酵母菌	25
大肠杆菌	6	霉菌	20	甘蓝酸化乳	12

从表 3-2 中可以看出，霉菌和酵母对食盐的耐受力比细菌大得多，酵母菌的耐盐性最强，达到 25%，而大肠杆菌和变形杆菌在 6%～10%的食盐溶液中就可以受到抑制。这种耐受力均是溶液呈中性时测定的，若溶液呈酸性，则所列的微生物对食盐的耐受力就会降低。如酵母菌在中性溶液中，对食盐的最大耐受浓度为 25%，但当溶液的 pH 降为 2.5 时，只需 14%的食盐浓度就可抑制其活动。

2. 降低水分活度

食盐溶于水就会电离成 Na^+ 和 Cl^-，每个离子都迅速和周围的自由水分子结合成水合离子，随着溶液中食盐浓度的增加，自由水的含量会越来越少，水分活度会下降，大大降低微生物利用自由水的程度，微生物生长繁殖受到抑制。

3. 抗氧化作用

与纯水相比，食盐溶液中的含氧量较低，对防止腌制品的氧化具有一定作用，可以减少腌制时原料周围氧气的含量，抑制好氧微生物的活动，同时通过高浓度食盐的渗透作用可排除组织中的氧气，从而抑制氧化作用。

食盐的防腐效果随浓度的提高而加强。但浓度过高会延缓有关生物化学作用，当盐浓度达到 12%时，会感到咸味过重且风味不佳。因此，在生产上可采用压实、隔绝空气、促进有益微生物菌群快速发酵等措施来共同抑制有害微生物的败坏，控制食盐的用量，以生产出优质的蔬菜腌制品。

（二）微生物的发酵作用

在腌制品中有不同程度的微生物发酵作用，有利于保藏的发酵作用有乳酸发酵、微量的酒精发酵和醋酸发酵，不但能抑制有害微生物的活动，同时对制品形成特有风味起到一定的作用；也有不利于保藏的发酵作用，如丁酸发酵等，腌制时要尽量抑制。

1. 乳酸发酵

乳酸发酵是发酵性蔬菜腌制品加工中最重要的生化过程，它是在乳酸菌的作用下将单糖（葡萄糖、果糖等）和双糖（蔗糖、麦芽糖等）分解生成乳酸等物质。常见的乳酸菌有植物乳杆菌、德氏乳杆菌、肠膜明串珠菌等。根据发酵生成产物的不同可分为正型乳酸发酵和异型乳酸发酵。正型乳酸发酵的乳酸菌又称同型乳酸发酵，这种乳酸发酵只生成乳酸，而且产酸量高。参与正型乳酸发酵的乳酸菌有植物乳杆菌和乳酸片球菌等，在适宜条件下可积累乳酸量达 1.5%～2.0%。此外还有异型乳酸发酵，蔬菜腌制前期，由于蔬菜中含有空气，并存在大量微生物，使异型乳酸发酵占优势，中后期以正型乳酸发酵为主。在蔬菜腌制过程中同时伴有微弱的酒精发酵和醋酸发酵。酒精发酵对腌制品在后熟中进行酯化反应生成芳香物质起到很重要的作用。

2. 影响乳酸发酵的因素

蔬菜腌制品加工中乳酸发酵占主导地位，在生产中应充分满足乳酸菌生长所需要的环境条件，以达到提高质量和保藏产品的目的。影响乳酸发酵的因素很多，主要有以下几个方面。

(1)食盐浓度

食盐溶液可以起到防腐作用，对腌制品的风味有一定影响，更影响到乳酸菌的活动能力。实验证明，随着食盐浓度的增加，乳酸菌的活动能力下降，乳酸产生量减少。在食盐浓度为 3%～5%时，发酵产酸量最为迅速，乳酸的生成量最多；浓度在 10%时，乳酸发酵作用大为减弱，乳酸生成较少；浓度达 15%以上时，发酵作用几乎停止。腌制发酵性制品一定要把握好食盐的用量。

(2)温度

乳酸菌的生长适宜温度是 20～30 ℃，在此温度范围内，腌制品发酵快，成熟早，但此温度也利于腐败菌的繁殖，因此，发酵温度最好控制在 15～20 ℃，使乳酸发酵更安全。

(3)pH 值

微生物的生长繁殖均要求在一定的 pH 条件下，由表 3-3 可看出，不同微生物所适应的最低 pH 是不同的，其中乳酸菌耐酸能力较强，在 pH 为 3 时仍可生长，而霉菌和酵母虽耐酸，但缺氧时不能生长。因此发酵前加入少量酸，并注意密封，可使正型乳酸发酵顺利进行，减少制品的腐败和变质。

表 3-3　几种主要微生物生长的最低 pH

种类	腐败菌	丁酸菌	大肠菌	乳酸菌	酵母	霉菌
最低 pH	4.4～5.0	4.5	5.0～5.5	3.0～4.4	2.5～3.0	1.2～3.0

(4)空气

乳酸发酵需要在厌氧条件下进行，这种条件能抑制霉菌等好氧性腐败菌的活动，且有利于乳酸发酵，同时减少维生素 C 的氧化。所以在腌制时，要压实密封，并立即使盐水淹没原料以隔绝空气。

(5)含糖量

乳酸发酵是将蔬菜原料中的糖转变成乳酸。1 g 糖经过乳酸发酵可生成 0.5～0.8 g 乳酸，一般发酵性腌制品中含乳酸量为 0.7%～1.5%，蔬菜原料中的含糖量常为 1%～3%，基本可满足发酵的要求。有时为了促进发酵作用的顺利进行，发酵前可加入少量糖。

在蔬菜腌制过程中，微生物发酵作用主要为乳酸发酵，其次是酒精发酵，醋酸发酵极轻微。腌制泡菜和酸菜要利用乳酸发酵，腌制咸菜及酱菜则必须抑制乳酸发酵。

(三)蛋白质的分解作用

蛋白质的分解及氨基酸的变化是腌制过程和后熟期中重要的生化反应，是蔬菜腌制品色、香、味的主要来源。蛋白质在蛋白酶作用下，逐步分解为氨基酸，而氨基酸本身具有一定的鲜味和甜味。如果氨基酸进一步与其他化合物作用可形成更复杂的产物。

1. 鲜味的形成

蛋白质分解所生成的各种氨基酸都具有一定的鲜味，但蔬菜腌制品的鲜味还主要在于谷氨酸与食盐作用生成的谷氨酸钠。除了谷氨酸钠有鲜味外，另一种鲜味物质天冬氨酸的含量也较高，其他的氨基酸如甘氨酸、丙氨酸、丝氨酸等也有助于鲜味的形成。

2. 香气的形成

蔬菜腌制品香气的形成是多方面的，且形成的芳香成分较为复杂。氨基酸、乳酸等有机酸与发酵过程中产生的醇类相互作用，发生酯化反应形成具有芳香气味的酯，如氨基酸和乙醇作用生成氨基丙酸乙酯，乳酸和乙醇作用生成乳酸乙酯，氨基酸还能与戊糖的还原产物 4-羟基戊烯醛作用生成含有氨基的烯醛类香味物质，都为腌制品增添了香气。此外，乳酸发酵过程除生成乳酸外，还生成双乙酰。十字花科蔬菜中所含的黑芥子苷在酶的作用下分解产生的黑芥子油，也给腌制品带来芳香。

3. 色泽的形成

蛋白质水解生成的酪氨酸在酪氨酸酶或微生物的作用下，可氧化生成黑色素，这是腌制品在腌制和后熟过程中色泽变化的主要原因。同时，氨基酸与还原糖作用发生非酶促褐变形成的黑色物质不但色深而且有香气，其程度与温度和后熟时间有关。一般腌制和后熟时间越长，温度越高，制品颜色越深，香味越浓。还有在腌制过程中叶绿素也会发生变化而逐渐失去鲜绿色泽，特别是在酸性介质中叶绿素脱镁呈黄褐色或黑褐色，也使腌制品色泽改变。另外，在蔬菜腌制中添加香辛料也可以赋予腌制品一定的香味和色泽。

(四)质地的变化

质地脆嫩是蔬菜腌制品的重要指标之一。在腌制过程中如处理不当会使腌制品变软。蔬菜脆度主要与鲜嫩细胞和细胞壁的原果胶变化有密切关系。腌制初期蔬菜失水萎蔫，细胞膨压下降，脆性减弱，在腌制过程中，由于盐液的渗透平衡，又能使细胞恢复一定的膨压而保持脆度。保脆的方法主要是选择成熟适度的蔬菜原料，并在腌制前添加 $CaCl_2$、$CaCO_3$ 等保脆剂，其用量为菜重的 0.05%。

总之，由于食盐的高渗透压作用和有益微生物的发酵作用，蔬菜腌制虽没有进行杀菌处理，但许多有害微生物的活动均被抑制，加之本身所含蛋白质的分解作用，不仅能使制品得以长期保存，而且还形成一定的色泽和风味。在腌制加工过程中，掌握食盐浓度与微生物活动及蛋白质分解各因素间的相互关系，是获得优质腌制品的关键。

三、腌制品的加工工艺

(一)泡菜的加工工艺

1. 工艺流程

卤水配制 ↓

原料选择 → 清洗、预处理 → 泡制与管理 → 成品管理

图 3-6 泡菜的加工工艺流程

2. 工艺要点

(1)原料选择

凡组织紧密、质地脆嫩、肉质肥厚、不易发软、富含一定糖分的幼嫩蔬菜均可作泡菜原料,如子姜、萝卜、胡萝卜、青菜头、辣椒、黄瓜、莴笋、甘蓝等。

(2)预处理

适宜原料进行整理,去掉不可食及病虫腐烂部分,洗涤晾晒。晾晒程度可分为两种:一般原料晾干明水即可,对含水较高的原料,要使其晾晒表面脱去部分水,表皮萎蔫后再入坛泡制。

(3)卤水配制

泡菜卤水根据质量及使用的时间可分为不同的种类。

按水量加入食盐 6%～8%,为了增进色、香、味,可加入 2.5%黄酒、0.5%白酒、1%米酒、3%白糖或红糖、3%～5%鲜红辣椒,直接与盐水混合均匀。香料如花椒、八角、甘草、草果、陈皮、胡椒,按盐水量的 0.05%～0.1%加入,或按喜好加入,香料可磨成粉状,用白布包裹或做成布袋放入,为了增加盐水的硬度还加入 0.5%$CaCl_2$。

应该注意泡菜盐水浓度的大小取决于原料是否出过坯,未出坯的用盐浓度高于已出坯的,以最后平衡浓度在 4%为准。为了加速乳酸发酵,可加入 3%～5%陈泡菜水以接种。糖的使用是为了促进发酵,调味及调色,一般成品的色泽为白色,如白菜、子姜就只能用白糖,为了调色可改用红糖。香料的使用也与产品色泽有关,因而使用中也应注意。

(4)泡制与管理

①入坛泡制

将原料装入坛内一半,要装得紧实,放入香料袋,再装入原料,离坛口 6～8 cm,闸竹片将原料卡住,加入盐水淹没原料,切忌原料露出液面,否则原料因接触空气而氧化变质。盐水注入至离坛口 3～5 cm。1～2 d 后原料因水分的渗出而下沉,可再补加原料,让其发酵。如果是老盐水,可直接加入原料,补加食盐、调味料或香料。

②泡制中的管理

注意水槽的清洁卫生,用清洁的饮用水或 10%的食盐水,放入坛沿槽 3～4 cm 深处,坛内的发酵后期,易造成坛内部分真空,使坛沿水倒灌入坛内。虽然槽内为清洁水,但常暴露于空间,易感染杂菌甚至蚊蝇滋生,如果被带入坛内,一方面可增加杂菌,另一方面也会降低

盐水浓度，以加入盐水为好。使用清洁的饮用水，应注意经常更换，在发酵期中注意每天轻揭盖1～2次，以防坛沿水倒灌。

(5)成品管理

只有较耐贮的原料才能进行保存，在保存中一般一种原料装一个坛，不混装。要适量多加盐，在表面加酒，即宜咸不宜淡，坛沿槽要经常注满清水，便可短期保存，随时取食。

3. 泡菜腌制的关键控制点及预防措施

(1)失脆及预防措施

①失脆原因

蔬菜腌制过程中，促使原果胶水解而引起脆性减弱的原因有两方面：一是原料成熟度过高，或者原料受到了机械损伤；二是由于腌制过程中一些有害微生物分泌的果胶酶类水解果胶物质，导致果蔬变软。

②预防措施

a. 原料选择：原料预处理时剔除过熟及受过损伤的蔬菜。

b. 及时腌制与食用：收获后的蔬菜要及时腌制，防止品质下降；不宜久存的蔬菜应及时取食；及时补充新的原料，充分排出坛内空气。

c. 抑制有害微生物：腌制时注意操作及加工环境，尽量减少微生物的污染。

d. 使用保脆剂：把蔬菜在铝盐或钙盐的水溶液中进行短期浸泡，然后取出再进行腌制。

e. 泡菜用水的选择：泡菜用水与泡菜品质有关，以用硬水为好，井水和泉水是含矿物质较多的硬水，用以配制泡菜盐水，效果最好，硬度较大的自来水也可以使用。

f. 食盐的使用：食盐宜选用品质良好，含苦味物质如硫酸镁、硫酸钠及氯化镁等极少，而氯化钠含量至少在95%以上者为佳，最宜制作泡菜的是井盐，其次为岩盐。

g. 调整腌制液的pH值与浓度：果胶在pH值为4.3～4.9时水解度最小，所以腌制液的pH值应控制在这个范围。另外，果胶在浓度大的腌渍液中溶解度小，菜不容易软化。

(2)生花及预防措施

①生花原因

在泡菜成熟后的取食期间，有时会在卤水表面形成一层白膜，俗称“生花”，实为酒花酵母菌繁殖所致。此菌能分解乳酸，降低泡菜酸度，使泡菜组织软化，甚至导致腐败菌生长而造成泡菜败坏。

②预防措施

a. 注意水槽内的封口水，务必不可干枯。坛沿水要常更换，始终保持洁净，并可在坛沿内加入食盐，使其含盐量达到15%～20%。

b. 揭坛盖时，勿把生水带入坛内。

c. 取泡菜时，先将手或筷子清洗干净，严防油污。

d. 经常检查盐水质量，发现问题，及时处理。

补救办法就是先将菌膜捞出，加入少量白酒或酒精，或加入切碎洋葱或生姜片，将菜和盐水加满后密封几天，花膜即可消失。

(二)酱菜的加工工艺

1. 工艺流程

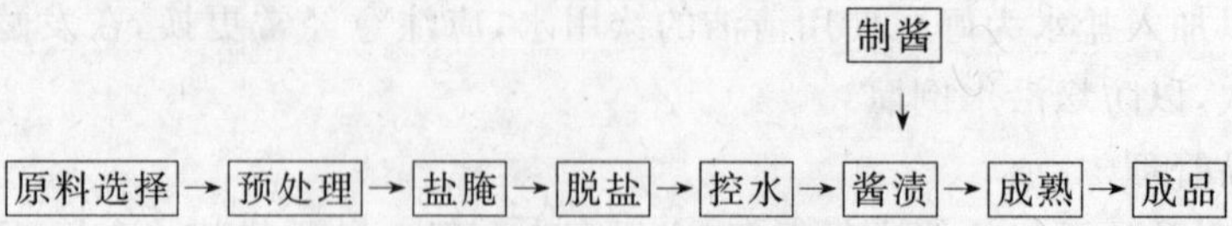

制酱 → 酱渍

原料选择 → 预处理 → 盐腌 → 脱盐 → 控水 → 酱渍 → 成熟 → 成品

图 3-7　酱菜的加工工艺流程

2. 工艺要点

(1)原料选择与预处理

参照泡菜的原料选择与预处理。

(2)盐腌

食盐浓度控制在15%～20%,要求腌透,一般需 20～30 d。对于含水量大的蔬菜可采用干腌法,3～5 d要倒缸,腌好的菜坯表面柔熟透亮,富有韧性,内部质地脆嫩,切开后内外颜色一致。

(3)切制

蔬菜腌成半成品咸坯后,有些咸坯根据需要切制成各种形状,如片、条、丝等。

(4)脱盐

由于半成品成坯的盐分很高,不利于吸收酱液,同时还带有苦味,因此,首先要进行脱盐处理。脱盐时间依腌制品盐分大小来决定。一般放在清水中浸泡 1～3 d,也有泡半天即可的,浸泡时需换水 1～3 次。脱出一部分盐分后,才能吸收酱汁,并减除苦味和辣味,使酱菜的口味更加鲜美。但浸泡时仍要保持半成品相当的盐分,以防腐烂。

(5)控水

浸泡脱盐后,捞出,沥去水分,进行压榨控水,除去咸坯中的一部分水,以保证酱渍过程中有一定的酱汁浓度。一种方法是把菜坯放在袋或筐内用重石或杠杆进行压榨,另一种方法是把菜坯放在箱内用压榨机压榨控水。但无论采用哪种方法,成坯脱水不要太多,咸坯的含水量一般为 50%～60%即可,水分过小,酱渍时菜坯膨胀过程较长或根本膨胀不起来,导致酱渍菜外观难看。

(6)酱渍

把脱盐后的菜坯放在酱内进行酱渍。酱制时间依各种蔬菜的不同而有所不同,但酱制完成后,要求其程度一致,即菜的表皮和内部全部变成酱黄色,原本色重的菜酱色更深,而色浅的或白色的(萝卜、大头菜等)酱色较浅,并且菜的表里口味与酱一样鲜美可口。

在酱制期间,白天每隔 2～4 h 搅拌一次,搅拌可以使缸内的菜均匀地吸收酱液。搅拌时用酱耙在酱缸内上下搅动,使缸内的菜(或袋)随着酱耙上下更替旋转,把缸底的翻到上面,把上面的翻到缸底,使缸上的一层酱体由深褐色变成浅褐色。经 2～4 h,缸面上一层又变成深褐色,即可进行第二次搅拌。依此类推,直到酱制完成。

(三)糖醋蒜加工工艺

1. 工艺流程

糖醋卤的配制 ↓

原料选择 → 整理 → 浸洗 → 晾干 → 贮存 → 糖醋卤浸渍 → 成品

图 3-8　糖醋蒜加工工艺流程

2. 工艺要点

(1)原料选择

选择鳞茎整齐、肥厚色白、鲜嫩干净的蒜头作原料。成熟度在八九成，直径在 3.5 cm 以上，一般在小满前后一周内采收。如果蒜头成熟度低，则蒜瓣小，水分大；成熟度高，蒜皮呈紫红色，辛辣味太浓，质地较硬，都会影响产品质量。

(2)整理

先将蒜的外皮剥 2～3 层。与根须扭在一起，然后与蒜根一起用刀削去，要求削三刀，使鳞茎盘呈倒三棱锥状。蒜假茎过长部分也要去除，留 1 cm 左右，要求不露蒜瓣，不散瓣。同时挑除带伤、过小等不合格的蒜头。

(3)浸洗

将整理好的蒜头放入瓦质大缸内，用自来水浸泡，每缸 200 kg 左右。一般的浸洗原则是“三水倒两遍”，即将整理好的蒜头放入缸内，加水浸没，第二天早上(用铁捞耙捞出)倒缸，放掉脏水，重换自来水，继续浸泡 1 d，第三天重复第二天的操作，第四天早上就可捞出，可基本达到浸泡效果。

(4)晾干

将蒜头捞出，摊放于大棚下等阳光不能直射到的竹帘上，沥干水分，自然晾干阴干。晾干时要进行 1～2 次翻动，以便加快晾干速度，一般 2～3 d 就可以达到效果。

(5)贮存

将干燥的大缸放于空气流通的阴凉处(阳光不能直射)，地面上铺少许干燥细沙，将缸盛满晾好的蒜头(冒尖)，在缸沿上涂抹上一层封口灰，用另一同样的缸口对口倒扣在上面，合口处外面用麻刀灰密封，防止大缸受到日晒和雨淋。

(6)糖醋卤的配制

先将食醋的酸度控制在 2.6%，放入容器内。若高于 2.6%，则加入煮沸过的水；若低于 2.6%，则可加热蒸发浓缩，调至要求酸度。然后将红糖加入，食盐、糖精等各以少许醋液溶解，再加入容器内，轻轻搅动，使之加速溶解。

(7)糖醋卤浸渍

将配制好的糖醋卤注入盛蒜的大缸内浸渍，由于此时卤汁尚没有浸入蒜体组织内，蒜体密度较卤汁小，呈悬浮态，有部分蒜头浮在液面上。若上浮则不能浸到卤汁，易变黏，要每天压缸一次，直至都沉到液面以下为止，要 15 d 左右，以后就可以 2～3 d 压缸一次直到成熟。

四、蔬菜腌制加工中常见质量问题及预防措施

在腌制过程中，若出现有害的发酵和腐败作用，会降低制品品质，因此要严格控制。

(一)丁酸发酵

由丁酸菌引起,这种菌为专性厌氧细菌,寄居于空气不流通的污水沟及腐败原料中,可将糖和乳酸发酵生成丁酸、CO_2和氢气,可使制品产生强烈的不愉快气味。

预防措施:保持原料和容器的清洁卫生,防止带入污物,原料压紧压实。

(二)细菌的腐败作用

腐败菌分解原料中的蛋白质及其含氮物质,产生吲哚、硫化氢等恶臭物质。此种菌只能在浓度为6%以下的食盐中活动,腐败菌主要来自于土壤。

预防措施:保持原料的清洁卫生,减少病原菌。可加入6%以上的食盐加以抑制。

(三)有害酵母的作用

一种为在腌制品的表面生长一层灰白色有皱纹的膜,称为"生花";另一种为酵母分解氨基酸生成高级醇,并放出臭气。

预防措施:隔绝空气和加入3%以上的食盐、大蒜等可以抑制此种发酵。

(四)起旋生霉腐败

腌制品较长时间暴露于空气中,好氧微生物得以滋生,产品起旋,并长出各种颜色的霉,如绿、黑、白等色,由青霉、黑霉、曲霉、根霉等引起。这类微生物多为好氧性,耐盐能力强,在腌制品表面或菜坛上部生长,能分解糖、乳酸,使产品品质下降。

预防措施:使原料淹没在卤水中,防止接触空气,使此菌不能生长。

(五)盐渍原料发霉或腐烂

原料在盐腌制过程中,一周后经常发生原料表面发霉、腐烂等不良现象。主要原因是:第一,原料本身的成熟度过高,经不起盐渍,导致腐烂。第二,原料与食盐的比例不当,用盐量不足。第三,腌制时,没有将原料和食盐充分拌匀。第四,未添加硬化剂或添加量不足。第五,盐水没有淹没原料,造成原料暴露在空气中。

预防措施:检查容器有无漏水现象,如有则立即将原料连同盐水移入另一容器中;加一倍的食盐,继续腌制时上下翻动,使之充分拌匀;等原料盐渍饱和以后,捞出晒干。

本章分五节,主要包括果蔬原料、果蔬罐头加工技术、果脯蜜饯加工技术、果酱加工技术、蔬菜的腌制技术。通过学习,对果蔬原料的生产加工有一个全面的了解,熟练掌握果蔬罐头、果品蜜饯、果酱的加工工艺以及蔬菜的腌制技术。

思考题

1. 果蔬原料的主要特点是什么?
2. 果品蜜饯类制品的加工工艺与操作要点是什么?

3. 果酱类制品的加工工艺与操作要点是什么？
4. 果蔬罐头的加工工艺与操作要点是什么？
5. 简述果蔬罐头常见的败坏现象及原因。
6. 罐头食品杀菌的方法有哪些？为什么杀菌后要立即进行冷却？
7. 罐头食品的检验方法有哪些？
8. 果脯蜜饯常见的质量问题及控制措施有哪些？
9. 食盐的保藏作用是什么？
10. 分析蔬菜腌制品色香味形成的机理？

【实验实训一】　糖水梨罐头制作

一、实验目的

了解并掌握糖水梨罐头的一般工艺流程、工艺参数及操作要点。

二、实验材料及用具

新鲜梨、白砂糖、柠檬酸、天平、烧杯、玻璃棒、电炉、竹筐、糖度计、锅、玻璃瓶等。

三、工艺流程

原料选择→清洗→去皮→切片→修正、护色→预煮→装罐→注糖水→排气→密封→杀菌→冷却→检罐→成品。

四、操作要点

选择七八成熟，甜酸适口，风味浓郁的梨为原料。果实无病虫害及霉烂等。雪花梨、慈梨、秋白梨及洋梨系统的巴梨等都是生产梨罐头的好原料。

1. 清洗

用清水洗净梨果表面的泥沙及污物。对采前喷施农药的，应将梨放入 0.1%盐酸溶液中浸泡 5～6 min，再用清水冲洗干净。

2. 去皮

先摘除果梗，然后用旋皮机或手工逐个去皮（去掉的皮及下道工序挖去的果心可用作酿造、饲料等的原料）。去皮后的原料要浸泡在 1%～2%的食盐水中，防止果面变色。

3. 切分、去心

用不锈钢水果刀纵切两半，并挖去果心。

4. 修整、护色

用小刀将梨块上的机械伤、斑点及残留果皮削去，并投入1%～2%食盐水或0.1%的柠檬酸溶液中护色。

5. 抽空

为尽量排出果肉组织中的空气，防止梨块变色和提高罐内的真空度，需进行梨块的抽空处理。尤其生装罐的梨罐头，此工序尤为重要。其做法是在密闭的容器罐中，将梨块浸泡在1%～2%食盐水中，或此浓度食盐水中加入0.1%～0.2%柠檬酸，在20～50 ℃的温度下抽空5～10 min，罐上压力表的真空度控制在66.7kPa以上。抽空后的梨块可直接装罐，或再经预煮后装罐。

6. 预煮

预煮水根据原料含酸量的高低，可酌情加0.1%～0.2%的柠檬酸，沸水投料，煮5～10 min；以煮透不夹白心为度。预煮后迅速将梨块冷却并进行修整。

7. 空罐及罐盖消毒

将用清水冲洗过的空罐及罐盖放入85 ℃水中消毒5 min。

8. 装罐

选择片形完整、色泽一致、无伤疤、无斑点的扇形片分别装罐，要求果肉排列整齐。

9. 糖水配制

将原料挤汁，用手持糖度仪测定含糖量，根据测定值用下式计算加入糖液的浓度：

$$Y=\frac{W_3Z-W_1X}{W_2}$$

式中，Y—糖液浓度(%)；W_1—每罐装入果肉量(g)；W_2—每罐加入糖液量(g)；W_3—每罐净重(g)；X—果肉含糖量(%)；Z—要求开罐时糖液浓度(14%～18%)。

取所需砂糖和水，置于锅内加热溶解并煮沸后，用200目滤布过滤，柠檬酸按0.1%加入糖水中。注入糖水，注糖水时要注意留8～10 mm顶隙。

10. 排气、密封

将已装好罐的罐头放入沸水中，加热至罐中心温度至80～85 ℃，取出后用手动封罐机进行卷边密封。

11. 杀菌及冷却

将密封后的罐头在沸水中杀菌15～20 min，然后冷却至38～40 ℃。

12. 检罐

在20 ℃的保温室中贮存1周，对罐头进行检验。

五、思考题

要提高和保证梨罐头质量，加工过程中要注意哪几个主要环节？有哪些措施？

【实验实训二】 糖水橘子罐头制作

一、实验目的

了解并掌握糖水橘子罐头的一般工艺流程、工艺参数及操作要点。

二、实验材料及用具

新鲜橘子、白砂糖、柠檬酸、天平、烧杯、玻璃棒、电炉、竹筐、糖度计、锅、玻璃瓶等。

三、工艺流程

原料拣选→清洗→剥外皮→去筋络、分瓣→酸碱处理去囊衣→清水漂洗→分选→装罐→排气→封罐→杀菌→冷却→检罐→成品。

四、操作要点

1. 原料选择与分级

应选择果皮薄、大小基本一致、无损伤、新鲜度高、肉质致密、色泽鲜艳、香味浓郁、含糖量高、糖酸比适度、无核的原料。如温州蜜柑、本地早及红橘等均为制罐品种。按大小分级，横径每差 10 mm 为一级。

2. 洗涤

清水洗涤，洗净果面的尘土及污物。

3. 剥皮、去络、分瓣

经挑选橘子用清水清洗表面后，手工去掉外果皮；然后立即进行分瓣，分瓣要求手轻，以免囊瓣因受挤压而破裂，并把橘络去除干净。

4. 去囊衣

将橘瓣浸泡在温度为 40～45 ℃浓度为 1%的盐酸溶液中，橘瓣与水之比为 1∶2，浸泡时间一般为 10 min，具体浸泡时间视橘瓣囊衣厚薄而定。当浸泡到囊衣呈松软状、浸泡液呈乳浊状时，即可取出果瓣放入流动清水中漂洗至不浑浊为止；然后进行碱液处理，在浓度为 1%，温度 35～40 ℃的氢氧化钠溶液中浸泡 5 min 左右，以大部分囊衣易脱落，橘肉不起毛、不松散、软烂为准。碱液处理结束后立即用清水漂洗，沥干水滴。

5. 漂洗

将处理后的橘瓣放入清水盆中，除去残留的囊络、橘络、橘核，剔除软烂的缺角橘瓣。

6. 空罐及罐盖消毒

将用清水冲洗过的空罐及罐盖放入85 ℃水中消毒5 min。

7. 装罐

称取260 g橘瓣，小心地装入罐内。

8. 糖液配制

将原料挤汁用手持糖度仪测定含糖量，根据测定值用下式计算加入糖液的浓度：

$$Y=\frac{W_3 Z-W_1 X}{W_2}$$

式中，W_1—每罐装入果肉量(g)；W_2—每罐加入糖液量(g)；W_3—每罐净重(g)；X—橘子果肉含糖量(%)；Y—糖液浓度(%)；Z—要求开罐时糖液浓度(14%～18%)。

9. 糖水注入

称取所需砂糖和用水量，置于锅内加热溶解并煮沸后，用200目滤布过滤，酸浓度为0.1%，注入糖水，注糖水时要注意留8～10 mm的顶隙。

10. 排气

采用热力排气法(水浴)，加热至罐中心温度至85 ℃。

11. 封罐

排气完毕后立即封罐。

12. 杀菌和冷却

在沸水中杀菌10 min，取出后立即放入流动水中冷却。

13. 保温检验

擦干罐身水分，在20 ℃保温室中存放1周，观察罐头是否胀罐。

五、思考题

1. 酸碱去囊衣的原理是什么？
2. 要保证和提高橘子罐头质量，加工过程中要注意哪几个主要环节？有哪些措施？

【实验实训三】 苹果脯的制作

一、实验目的

了解并掌握果脯蜜饯的一般工艺流程、工艺参数及操作要点。

二、实验材料及用具

苹果、白砂糖、柠檬酸、$CaCl_2$、Na_2SO_3、天平、烧杯、玻璃棒、电磁炉、糖度计、锅、玻璃瓶等。

三、工艺流程

原料选择→去皮→切分→去心→硫处理和氧化处理→糖煮→糖渍→烘干→包装。

四、操作要点

1. 原料选择

选用果形大而圆整、果心小、果肉疏松、不易煮烂和成熟度适当的苹果。

2. 去皮

按损伤程度分级后，削去果皮，挖去损伤部位果肉。

3. 切分、去心

沿缝合线对半切开，挖去果心。

4. 硫处理和硬化

将果块投入浓度 0.1%的 $CaCl_2$ 和 0.2%～0.3%的 Na_2SO_3 混合液中浸泡约 8 h，进行硬化和硫处理，肉质较硬的品种只需进行硫处理。每 100 kg 混合液可浸泡 120～130 kg 原料。浸泡时上压重物，防止原料上浮。浸后捞起，用清水漂洗 2～3 次，沥干水分。

5. 糖煮

配制浓度为 40%的糖液 25 kg 置于锅中，加适量 0.2%柠檬酸，倒入苹果片 60 kg，以旺火煮沸后，添加制作上批产品时余留下的糖液 1.5～2.5 kg，重新煮沸，如此反复三次，历时 30～40 min。再进行四次加糖煮制，此时，果肉软而不烂，并随糖液沸腾而膨胀，表面出现细小裂纹后，每隔 5 min 加 1 次白砂糖。第一次加糖 5 kg，第二次加糖 5.5 kg，第三次加糖 6 kg，第四次加糖 7 kg，再煮 20 min。加糖总量为果实重量的 2/3。全部糖煮过程需要 1～1.5 h。待果块被糖液浸透呈透明状时，出锅。

6. 糖渍

趁热将果块连同糖液倒入缸内，浸渍 2 d。

7. 烘干

将果坯捞出，铺在竹帘或烘盘上，送入烘房，在 50～60 ℃温度下烘烤 36 h。也可晒干。

8. 包装

剔除有伤疤、发青、色泽不匀的果脯，用塑料薄膜食品袋分装。

五、思考题

在果脯制作过程中，如何进行硬化处理？

【实验实训四】 蜜枣的制作

一、实验目的

了解蜜枣的一般工艺流程、工艺参数及操作要点。

二、实验材料及用具

枣、白砂糖、天平、烧杯、玻璃棒、电磁炉、糖度计、锅、玻璃瓶等。

三、工艺流程

原料选择→分级→切缝→熏硫→糖煮→糖渍→烘烤→整形→回烤→包装。

四、工艺要点

1. 原料选择

选用果形大、果肉肥厚疏松、果核小、无虫蛀、无破损的枣。在果实由青变白时采收，过熟则制品色暗。

2. 切缝

按枣果大小分级分别加工。为使糖液易于渗入，在果面上切缝。切缝要透彻且整齐，不要重复。

3. 熏硫

切缝后的枣果装筐，入熏硫室（硫黄用量为果实重量的 0.3%）熏硫 30～40 min。

4. 糖煮、糖渍

南方蜜枣用小锅糖煮，每锅鲜枣 9～10 kg，白糖 6 kg，水 1 kg，采用分次加糖一次煮成法，煮制时间 1～1.5 h。先用 3 kg 白糖 1 kg 水，于锅内溶化煮沸，加入枣果，大火煮沸 10～15 min，再加白糖 2 kg，迅速煮沸后，加枣汤（上次煮枣后的糖水）4～5 kg，煮沸至 105 ℃，含糖 65%时停火。带汁倒入另一枣锅，糖渍 40～50 min，使糖液徐徐渗入，每隔 10～15 翻拌一次，最后滤去糖液，进行烘焙。

北方蜜枣以大锅糖煮，先配制浓度为 40%～50%的糖液 35～40 kg，与枣 50～60 kg 同时下锅，大火煮沸，加枣汤 2.5～3.5 kg，煮沸。如此反复三次后，再进行六次加糖煮制。第一至三次，每次加糖 5 kg 和枣汤 2 kg，第四至五次，每次加糖 7 kg，第六次加糖 10 kg 左右。每次加糖（枣汤）均在沸腾时进行。最后一次加糖后，继续煮约 20 min，而后连同糖液倒入缸中浸渍，使枣充分吸收糖液。全部煮制时间为 1.5～2 h，浸渍 48 h 后，取出沥干。

5. 烘烤

沥干的枣果送入烘房烘烤 12 h。前 4 h 烘房温度为 55～65 ℃，后 8 h 控制在 70 ℃。烘至枣韧性增强不粘手，即可出烘房。此时枣脯含水量为 20%～25%。

6. 整形、回烤和包装

待果肉变软后整形，将枣捏成扁平状成为整齐的长椭圆形，再放到烘盘上继续干燥，在 65 ℃温度下烘 24 h。冷却后以塑料食品袋包装。

五、思考题

蜜枣的制作过程中，分几次加糖？为什么要分次加糖？

【实验实训五】 果冻的制作

一、实验目的

了解并掌握果冻的制作技术。

二、实验材料及用具

山楂、白砂糖、细布袋、食用明胶、温度计、不锈钢锅、折射仪等。

三、操作过程

1. 原料选择

选择成熟度适宜，含果胶、酸多、芳香味浓的新鲜山楂，不宜选用充分成熟果。

2. 预处理

将选好的山楂用清水洗干净，并适当切分。

3. 加热软化

将山楂放入锅中，加入等量的水，加热煮沸 30 min 左右并不断搅拌，使果实中糖、酸、果胶及其他营养素充分溶解出来，以果实煮软便于取汁为标准。为提高可溶性物质的提取量，可将山楂煮制 2～3 次，每次加水适量，最后将各次汁液混合在一起。加热软化可以破坏酶的活力，防止变色和果胶水解，便于榨汁。

4. 取汁

软化的山楂果用细布袋揉压取汁。

5. 加糖浓缩

山楂汁与白糖的混合比例为 1∶(0.6～0.8)，再加入山楂汁和白砂糖总量的 0.5%～

1.0%研细的明矾。先将白砂糖配成75%的糖液过滤，将糖液和山楂汁一起倒入锅中加热浓缩，要不断搅拌，浓缩至终点，加入明矾搅匀，然后倒入消毒过的盘中，静置凝冻。

6. 终点判断

当可溶性固形物达65%～70%时即可出锅(折射仪测定法)，或当溶液的沸点达到103～105 ℃时，浓缩结束(温度计测定法)，或用搅拌的竹棒从锅中挑起浆液少许，横置，若浆液呈现片状脱落，即为终点(经验挂片法)。

7. 切块包装

凝冻达到要求的果冻，用刀切成3.3 cm左右的方块，或根据需要切成其他形状的小块，用玻璃纸把切块包好，再装入其他容器里。

四、质量标准

色泽呈玫瑰红色或山楂红色，半透明，有弹性，块形完整，切面光滑，组织细腻均匀，软硬适宜，酸甜可口。可溶性固形物含量≥65%。

五、思考题

制作中加入明胶有何作用？是否可以不加明胶？

【实验实训六】 苹果酱的制作

一、实验目的

了解果酱制作的基本原理，掌握苹果酱制作的工艺流程及工艺要点。

二、实验材料及用具

苹果、白砂糖、果胶、柠檬酸、天平或秤、盆、烧杯、玻璃棒、电炉、糖度计、不锈钢锅、玻璃瓶、打浆机等。

三、工艺流程

原料选择→原料处理→预煮→打浆→浓缩→装罐→封罐→冷却。

四、操作要点

1. 原料选择

选用新鲜良好，成熟适度，含果胶量多，肉质致密、坚韧，香味浓的果实。

2. 原料处理

将原料苹果放入流水槽中清洗，注意清洗时间要短，随放随洗，洗净后捞出，防止可溶性果糖果酸溶出。将洗净后的苹果去皮，挖去核仁去掉果柄，再切块。注意环境卫生。

3. 预煮

将处理后的果肉置于夹层锅中，加入占果肉重10%～20%的清水，煮沸10～20 min，并不断搅拌，使上、下层的果块软化均匀。预煮工序直接影响到成品的胶凝程度，若预煮不足，果肉组织中渗出的果胶较少，虽加糖熬煮，成品也欠柔软，并有不透明的硬块影响风味与外观；若预煮过度，则果肉组织中果胶大量水解，会影响胶凝能力。

4. 打浆

预煮后的果块，用孔径为0.7～1.0 mm的打浆机打成浆状，再经搓滤，分开果渣。

5. 浓缩

将100 kg果浆倒入铝锅(有条件最好用夹层锅)中熬煮，并分1或2次加入浓度75%左右的糖液，继续浓缩，并用木棒不断搅拌。火力不可太猛或集中在一点，否则会使果酱焦化变黑。浓缩时间为30～50 min。用木棍挑起少量果酱，当果酱向下流成片状时或温度达105～106 ℃时即可出锅。

6. 装罐

将浓缩后的苹果泥趁热装入经洗净消毒的玻璃罐中，罐盖和胶圈先经沸水煮5 min。

7. 封罐

垫入胶圈，放正罐盖旋紧，倒置3 min杀菌。封罐时罐中心温度不得低于85 ℃。

(8)冷却

在热水池中分段冷却至40 ℃以下，擦罐入库。

五、苹果酱的质量标准

果泥呈红褐色或琥珀色，色泽均匀一致；具有苹果泥应有的风味，无焦煳味，无其他异味；浆体呈胶黏状，不流散，不分泌液汁，无糖结晶，也无果皮、果梗及果心；总糖量不低于57%(以转化糖计)，可溶性固形物达65%～70%。

六、思考题

苹果酱制作时如何防止果肉的褐变？

【实验实训七】 草莓酱的制作

一、实验目的与要求

了解草莓酱制作的基本原理，掌握草莓酱制作的基本工艺流程和工艺要点。

二、实验材料与用具

新鲜草莓、白砂糖、果胶、柠檬酸、天平、烧杯、玻璃棒、电磁炉、糖度计、锅、玻璃瓶等。

三、工艺流程

选料→原料预处理→原料调配→煮软→配料→浓缩→冷却→充填→密封杀菌→成品。

四、操作要点

1. 选料

果实要求相当成熟并富有色泽，不能用未熟果、过熟果及腐败果。

2. 原料预处理

原料选择好后要求去蒂，去不良原料，然后水洗，洗净后装竹筐沥干，要求尽快加工，防止原料堆积影响色泽和风味。

3. 配方

加糖量为原料的 80%～100%，浓缩率为 70%，流动果胶 0.4%～0.5%，柠檬酸 0.2%～0.3%，制品糖度在 65 °Bx。

4. 浓缩

草莓先用沸水煮软后加 1/3 砂糖；果粒上浮时，又加 1/3 糖，溶解后再加 1/3 糖。果胶、柠檬酸等添加剂也同时加入，同时不断搅拌，尽量在 20～30 min 内完成并除去表面泡沫。

5. 冷却

浓缩后果酱冷却至 85～90 ℃，趁热充填。在 85 ℃以上温度密封时可不用杀菌，但盛装容器应预先杀菌，否则密封后应再杀菌。一般在 85 ℃～90 ℃下杀菌 10 min，取出冷却即可。

五、思考题

果酱制品制作时为什么要添加一定的食用酸和果胶？

【实验实训八】　泡菜的制作

一、实验目的

了解并掌握泡菜等腌菜的制作原理与工艺流程。

二、实验材料与用具

甘蓝、白菜、萝卜、青椒、花椒、生姜、尖红辣椒、白糖、茴香、干椒、生姜、八角、花椒、其他香料、氯化钙、泡菜坛、不锈钢刀、砧板、盆等。

三、工艺流程

原料选择→清洗、预处理→配制盐水入坛→密封→发酵→成品。

四、操作要点

1. 清洗、预处理

将蔬菜用清水洗净，剔除不适宜加工的部分，如粗皮、老筋、须根及腐烂斑点。对块形过大的，应适当切分。稍加晾晒或沥干明水备用，避免将生水带入泡菜坛中引起败坏。

2. 盐水(泡菜水)配制

泡菜用水最好使用井水、泉水等饮用水。如果水质硬度较低，可加入0.05%的$CaCl_2$。一般配制与原料等重的5%～8%的食盐水(最好煮沸溶解后用纱布过滤一次)，再按盐水量加入1%的白糖或红糖、3%的尖红辣椒、5%的生姜、0.1%的八角、0.05%的花椒、1.5%的白酒，还可按各地的喜好加入其他香料，将香料用纱布包好。为缩短泡制的时间，常加入3%～5%的陈泡菜水，以加速泡菜的发酵过程，黄酒、白酒或白糖更好。

3. 装坛发酵

取无砂眼或裂缝的坛子洗净，沥干明水，放入半坛原料，压紧，加入香料袋，再放入原料至离坛口5～8 cm，注入泡菜水，使原料被泡菜水淹没，盖上坛盖，注入20%的食盐水，将泡菜坛置于阴凉处发酵。发酵最适温度为20～25 ℃。成熟后便可食用。成熟所需时间，夏季一般5～7 d，冬季一般12～16 d，春秋季介于两者之间。

五、质量标准

清洁卫生，色泽美观，香气浓郁，质地清脆，组织细嫩，咸酸适度；含盐量为2%～4%，含

酸量(以乳酸计)为0.4%～0.8%。

六、注意事项

泡菜如果管理不当会败坏变质,必须注意以下几点:

1. 保持坛沿清洁,经常更换坛沿水,或使用20%的食盐水作为坛沿水。揭坛盖时要轻,勿将坛沿水带入坛内。

2. 取食泡菜时,用清洁的筷子取食,取出的泡菜不要再放回坛中,以免污染。

3. 如遇长膜生花,可加入少量白酒或苦瓜、紫苏、红皮萝卜或大蒜头,以减轻或阻止长膜生花。

4. 泡菜制成后,一面取食,一面加入新鲜原料,适当补充盐水,保持坛内一定的容量。

七、思考题

1. 如何提高泡菜的脆性?

2. 中国式泡菜与韩国式泡菜在腌制原料和工艺上有何异同点?

第四章

肉制品加工技术

【教学目标】

通过本章学习，了解肉制品加工的原料及特性、常用辅料及加工特性，掌握肉制品罐头、干肉制品的加工技术，了解速冻肉制品的加工技术。

第一节　肉制品加工的原料及特性

罐头肉制品通常称为肉类罐头，是肉制品中非常重要的一类。它以其携带方便，营养价值高，能较好地保存食物的色、香、味以及贮存期长而深受人们的喜爱。罐头食品从产生到现在，经历了200多年的历史，其加工技术日趋成熟，机械化、自动化程度也日趋提高，罐头食品具有广阔的发展前景。

一、肉的化学组成

肉主要由水、蛋白质、脂肪、浸出物、维生素、矿物质和少量碳水化合物组成。

（一）水分

不同组织水分含量差异很大（肌肉、皮肤、骨骼的含水量分别为72%～80%、60%～70%和12%～15%）。肉品中的水分含量和持水性直接关系到肉及肉制品的组织状态、品质，甚至风味。

1. 肉中水分的存在形式

结合水：吸附在蛋白质胶体颗粒上的水，约占5%。无溶剂特性，冰点很低（－40 ℃）。

易流动水：存在于纤丝、肌原纤维及膜之间的一部分水，占水分总量的80%。能溶解盐及溶质，冰点－1.5～0 ℃。

自由水：存在于细胞外间隙中能自由流动的水，约占15%。

2. 肉的持水性

指肉在冻结、冷藏、解冻、腌制、绞碎、斩拌、加热等加工处理过程中，肉的水分以及添加到肉中的水分的保持能力。肉的持水性主要取决于肌肉对不易流动水的保持能力。

(二)蛋白质

肌肉中蛋白质约占20%,分为肌原纤维蛋白(40～60%)、肌浆蛋白(40～60%)、间质蛋白(10%)。

(三)脂肪

肌肉中脂肪的多少直接影响肉的多汁性和嫩度,脂肪酸的组成则在一定程度上决定了肉的风味。家畜的脂肪组织90%为中性脂肪,7%～8%为水分,3%～4%为蛋白质,还有少量的磷脂和固醇脂。

(四)浸出物

指除蛋白质、盐类、维生素外能溶于水的浸出性物质,包括含氮浸出物和无氮浸出物。

(五)维生素

肉中主要有B族维生素,动物器官中含有大量的维生素,尤其是脂溶性维生素。

(六)矿物质

肌肉中含有大量的矿物质,尤以钾、磷最多。

(七)碳水化合物

碳水化合物含量少,主要以糖原形式存在。

二、肉的组织构成

广义上讲,畜禽胴体就是肉。胴体是指畜禽屠宰后除去毛、皮、头、蹄、内脏(猪保留板油和肾脏)后的部分。因带骨又称其为带骨肉或白条肉。从狭义上讲,原料肉是指胴体中的可食部分,即除去骨的胴体,又称为净肉。肉(胴体)主要由肌肉组织、脂肪组织、结缔组织和骨组织四大部分构成。这些组织的构造、性质直接影响肉品的质量、加工用途及其商品价值,它依动物的种类、品种、年龄、性别、营养状况及各种加工条件而异。在四种组织中,肌肉组织和脂肪组织是肉的营养价值所在,这两部分占全肉的比例越大,肉的食用价值和商品价值越高,质量越好。结缔组织和骨组织难于被食用吸收,占比例越大,肉质量越低。

(一)肌肉组织

肌肉组织是构成肉的主要组成部分,可分为横纹肌、心肌和平滑肌三种,占胴体50%～60%。横纹肌是附着在骨骼上的肌肉,也叫骨髓肌。横纹肌除由许多肌纤维构成外,还有少量的结缔组织、脂肪组织、腱、血管、神经纤维和淋巴等。

(二)脂肪组织

脂肪组织在肉中的含量变化较大,占5%～45%,所占比例取决于动物种类、品种、年龄、性别及肥育程度。

(三)结缔组织

结缔组织是构成肌腱、筋膜、韧带及肌肉内外膜、血管和淋巴结的主要成分，分布于体内各部，起到支持、连接各器官组织和保护组织的作用，使肉保持一定硬度，具有弹性。结缔组织由细胞纤维和无定形基质组成，一般占肌肉组织的 9%～13%，其含量与嫩度有密切关系。结缔组织的纤维主要有胶原纤维、弹性纤维、网状纤维三种，以前二者为主。

(四)骨组织

骨组织占猪胴体 5%～9%，牛胴体 15%～20%，羊胴体 8%～17%，兔胴体 12%～15%，鸡胴体 8%～17%。骨由骨膜、骨质及骨髓构成。骨髓分红骨髓和黄骨髓。红骨髓为造血器官，幼龄动物含量多，黄骨髓主要是脂肪，成年动物含量多。

三、肉的性质

肉的物理性质主要指肉的容重、比热、导热系数、色泽、气味、嫩度等。这些性质与肉的形态结构、动物种类、年龄、性别、肥度、部位、宰前状态和冻结程度等因素有关。

(一)肉的颜色

肉的颜色对肉的营养价值影响不大，但在某种程度上影响食欲和商品价值。微生物引起的色泽变化会影响肉的卫生质量。

1. 影响肉颜色的内在因素

影响肉颜色的内在因素包括动物种类、年龄及肌肉部位、肌红蛋白(Mb)及血红蛋白(Hb)含量。

2. 影响肉颜色的外部因素

影响肉颜色的外部因素包括环境中的氧含量、湿度、温度、pH 值及微生物。

(二)肉的风味

肉的风味指生鲜肉的气味和加热后肉制品的香气和滋味，由肉中固有成分经过复杂的生物化学变化，产生各种有机化合物所致。其特点是成分复杂多样，含量甚微，用一般方法很难测定。除少数成分外，多数无营养价值。

(三)肉的热学性质

肉的比热和冻结潜热随含水量、脂肪比例的不同而变化。一般含水量越高，比热和冻结潜热越大；含脂肪越高，则比热和冻结潜热越小。

冰点以下开始结冰的温度称作冰点，也叫冻结点。它随动物种类、死后所处环境条件的不同而不完全相同。另外还取决于肉中盐类的浓度。盐浓度越高，冰点越低。通常猪肉和牛肉的冰点在－1.2～－0.6 ℃之间。肉的导热性弱，大块肉煮沸半小时，其中心温度只能达到 55 ℃，煮沸几小时亦只能达到 77～80 ℃。肉的导热系数大小取决于冷却、冻结和解冻时温度升降的快慢,也取决于肉的组织结构、部位、肌肉纤维的方向和冻结状态等。它随温度的下降而增大,这是因为冰的导热系数比水大两倍多,故冻结之后的肉类更易导热。

(四)肉的嫩度

肉的嫩度指肉在咀嚼或切割时所需的剪切力,表明肉在被咀嚼时柔软、多汁和容易嚼烂的程度。影响肉嫩度的因素很多,除与遗传因子有关外,主要取决于肌肉纤维的结构和粗细、结缔组织的含量及构成、热加工和肉的 pH 值等。

肉的柔软性取决于动物的种类、年龄、性别,以及肌肉组织中结缔组织的数量和结构形态。例如,猪肉就比牛肉柔软,嫩度高。阉畜由于性特征不发达,其肉较嫩。幼畜由于肌纤维细胞含水分多,结缔组织较少,肉质脆嫩。役畜的肌纤维粗壮,结缔组织较多,因此质韧。研究证明,牛胴体上肌肉的嫩度与肌肉中结缔组织胶原成分的羟脯氨酸有关,羟脯氨酸含量越高,肉的嫩度越小。

(五)肉的保水性

肉的保水性即持水性、系水性,是指肉在压榨、加热、切碎搅拌时保持水分的能力,或向其中添加水分时的水合能力。这种特性对肉品加工的质量有很大影响。

肌肉的系水力决定于动物的种类、品种、年龄、宰前状况、宰后肉的变化及肌肉部位。家兔肉保水性最好,其次依次为牛肉、猪肉、鸡肉、马肉。就牛肉来讲,仔牛好于老牛,去势牛好于成年牛和母牛。成年牛随体重的增加而保水性降低,不同部位的肌肉系水力也有差异。肌肉的系水力在宰后的尸僵和成熟期间会发生显著的变化。刚宰后的肌肉,系水力很高,几小时后,就会开始迅速下降,一般经过 24~28 h 系水力会逐渐回升。

影响肉系水力的因素包括 pH 值及尸僵和成熟时间。pH 值对肌肉系水力的影响实质上是蛋白质分子的静电荷效应。蛋白质分子所带有的静电荷对系水力有双重意义,一是静电荷是蛋白质分子吸引水分子的强有力的中心;二是由于静电荷增加了蛋白质分子间的静电排斥力,使其网格结构松弛,系水力提高。静电荷数减少时,蛋白质分子间发生凝聚紧缩,系水力降低。肌肉 pH 值接近等电点 pH 值 5.0~5.4 时,静电荷数达到最低,此时肌肉的系水力也最低。

四、肉的成熟

(一)肉的成熟过程

尸僵持续一段时间后,即开始缓解,肉的硬度降低,持水性有所恢复,肉变得柔嫩多汁,并具有良好风味,最适加工食用,这个变化过程称为肉的成熟。

肉的成熟过程分为三个阶段:僵直前期、僵直期、解僵期。

1. 僵直前期

肌肉组织柔软,但因糖原通过糖酵解 EMP 途径生成乳酸,pH 由刚屠宰时的正常生理值 7.0~7.4 降低到屠宰后的酸性极限值 5.4~5.6。

影响 pH 下降的因素:动物的种类、个体差别、肌肉部位、屠宰前的状况、环境温度。环

境温度越高,pH 下降越快。

2. 僵直期

肌肉 pH 下降至肌原纤维主要蛋白质肌球蛋白的等电点时,因酸变性而凝固,导致肌肉硬度增加,且变僵硬。僵直期肉的持水性差,风味低劣。僵直期的长短与动物种类、宰前状态等因素相关。

3. 解僵期

乳酸、磷酸积聚到一定程度,组织蛋白酶活化,肌肉纤维酸性溶解,分解成氨基酸等呈味浸出物。肌肉间的结缔组织在酸作用下膨胀、软化,肉的持水性逐渐回升。解僵也称为自溶,是指肌肉死后僵直达到顶点,并保持一定时间,其后肌肉又逐渐变软,解除僵直状态的过程。

(二)加速肉的成熟方法

1. 抑制宰后僵直发展

通过宰前给予胰岛素、肾上腺素等,减少体内糖原含量,抑制宰后僵直发展,加快肉的成熟。

2. 加速宰后僵直发展

用高频电或电刺激(60Hz,550～700V/5A),可在短时间内达到极限 pH 和最大乳酸生成量,从而加速肉的成熟。

3. 加速肌肉蛋白分解

宰前静脉注射蛋白酶,使肌肉中胶原蛋白和弹性蛋白分解,使肉嫩化。

4. 机械嫩化法

通过机械的方法使肉嫩化。

五、肉类在加工过程中的变化

(一)在腌制过程中的变化

1. 色泽变化

硝酸盐还原成亚硝酸盐,后分解为 NO,肌红蛋白和 NO 作用使肉成为亮红色。

2. 持水性变化

食盐和聚合磷酸盐形成一定离子强度的环境,使肌动球蛋白结构松弛,提高了肉的持水性。

(二)在加热过程中的变化

1. 风味变化

热导致肉中的水溶性成分和脂肪发生变化。

2. 色泽变化

肉中的色素蛋白肌红蛋白(Mb)的变化及焦糖化和美拉德反应等均引起色泽变化。

3. 肌肉蛋白质变化

肌纤维蛋白加热后变性凝固，使汁液分离，肉体积缩小。

4. 浸出物变化

汁液中含有的浸出物溶于水，易分解，赋予煮熟肉特征口味。煮制形成肉鲜味的主要物质有谷氨酸和肌苷酸。

5. 脂肪的变化

部分脂肪加热熔化后释放挥发性物质，能补充香气。

6. 维生素和矿物质的变化

维生素C和维生素D受氧化影响，其他维生素都不受影响。水煮过程矿物质损失较多。

第二节　肉制品加工的辅料

在肉制品加工中除以肉为主要原料外，还使用各种辅料。辅料的添加使得肉制品的品种形形色色。不同的辅料在肉制品加工过程中发挥不同的作用，如赋予产品独特的色、香、味，改善质构，提高营养价值等。常见的辅料有调味料、香辛料、发色剂、品质改良剂及其他食品添加剂。

一、调味料和香辛料

在肉制品加工中，凡能突出肉制品口味，赋予肉制品独特香味和口感的物质统称为调味料。有些调味料也有一定的改善肉制品色泽的作用。调味料的种类多，范围广，有狭义和广义之分。狭义调味料专指具有芳香气和辛辣味道的物质，称为香辛料，如大料、胡椒、丁香、桂皮等；广义调味料包括咸、甜、酸、鲜等赋味物质，如食盐、酒、醋、酱油、味精等。

调味料在肉制品加工中虽然用量不多，但应用广泛，变化较大。其原因之一是每种调味料都含有区别于其他调味料的特殊成分，这一点是调味料中应注意的重要因素。在肉制品加热过程中，通过这些特殊成分的理化反应，改善肉制品滋味、质感和色泽等，从而导致肉制品形成众多的特殊风味，有助于提高食欲，增加营养，有的还起到杀菌和防腐的作用。

肉制品中使用调味料的目的，在于产生特定的风味。所用的调味料的种类及分量应视制品及生产目的的不同而定。由于调味料对风味的影响很大，因此，添加量应以达到所期望的目的为准，切不可认为使用量大就味道好。就中式肉制品来说，几乎所有的产品都离不开调味料，产品偏重于浓醇鲜美，料味突出，但使用不得当，不仅造成调味料浪费，而且成本提高，香气过浓，反而使产品出现烦腻冲鼻的恶味和中草药味。所以，在使用量上应恰到好处，从而使制品达到口感鲜美、香味浓郁的目的。

每种调味料基本上都有自己的呈味成分，这与其化学成分的性质有极密切联系。不同的化学成分，可以引起不同的味觉。以下就常见的调味料主要呈现咸、甜、酸、鲜味以及香辛料做简单介绍。

(一)咸味调料

咸味在肉制品加工中是能独立存在的味道,主要存在于食盐中。与食盐类似,具有表达咸味作用的物质有苹果酸钠、谷氨酸钾、葡萄糖碳酸钠和氯化钾等,它们与氯化钠的作用不同,味道也不一样,其他还有腐乳、豆豉等。

1. 食盐

(1)食盐在肉制品加工中的作用

第一,调味作用。添加食盐可增加和改善食品风味。在食盐的各种用途中,当首推其在饮食上的调味功用,即能去腥、提鲜、解腻,减少或掩饰异味,平衡风味,又可突出原料的鲜香之味。因此,食盐是人们日常生活中不可缺少的食品之一。第二,提高肉制品的持水能力,改善质地。氯化钠能活化蛋白质,增加水合作用和结合水的能力,从而改善肉制品的质地,增加其嫩度、弹性、凝固性和适口性,使其成品形态完整,质量提高。增加肉糜的黏液性,促进脂肪混合以形成稳定的乳状物。第三,抑制微生物的生长。食盐可降低水分活度,提高渗透压,抑制微生物的生长,延长肉制品的保质期。第四,生理作用。食盐是人体维持正常生理机能所必需的成分,如维持一定的渗透压平衡。

(2)食盐在肉制品中的用量

肉制品中适宜的含盐量可呈现舒适的咸度,突出产品的风味,保证满意的质构。用量过少则产品寡淡无味,如果超过一定限度,就会造成原料严重脱水,蛋白质过度变性,味道过咸,导致成品质地老韧干硬,破坏了肉制品所具有的风味特点。另外,出于健康的需求,低食盐含量(<2.5%)的肉制品越来越多。所以,无论从加工的角度,还是从保障人体健康的角度出发,都应该严格控制食盐的用量,且使用盐时必须注意均匀分布,不使它结块。

我国肉制品的食盐用量一般规定是:腌腊制品6%~10%,酱卤制品3%~5%,灌肠制品2.5%~3.5%,油炸及干制品2%~3.5%,粉肚制品3%~4%。同时根据季节不同,夏季用盐量比春、秋、冬季要适量增加0.5%~1.0%,以防肉制品变质,从而延长保存期。

2. 酱油

酱油是肉制品加工中重要的咸味调味料,一般含盐量18%左右,并含有丰富的氨基酸等风味成分。

酱油在肉制品加工中的作用主要是:第一,为肉制品提供咸味和鲜味。第二,添加酱油的肉制品多具有诱人的酱红色(是由酱油的着色作用及糖类与氨基酸的美拉德反应产生的)。第三,酿制的酱油具有特殊的酱香气味,可增加肉制品香气。第四,酱油生产过程中产生少量的乙醇和乙酸等,具有解除腥腻的作用。

在肉制品加工中以添加酿制酱油为最佳,为使产品呈美观的酱红色,应合理地配合糖类使用,在香肠制品中还有促进成熟发酵的良好作用。

3. 豆豉

豆豉作为调味品,在肉制品加工中主要起提鲜味、增香味的作用。豆豉除作调味和食用外,医疗功用也很多。中医认为,豆豉性味苦、寒,经常食用豆豉有助于消化,增强脑力,减缓老化,提高肝脏解毒功能,防止高血压,补充维生素,消除疲劳,预防癌症,减轻醉酒,解除病痛等。

豆豉在应用中要注意用量,防止压抑主味。另外,要根据制品要求进行颗粒或蓉泥的加工，在使用保管过程中，若出现生霉，应视含水情况，酌量加入食盐、白酒或香料，防止变质，保证其风味质量。

4. 腐乳

腐乳是豆腐经微生物发酵制成的。按色泽和加工方法不同，分为红腐乳、青腐乳、白腐乳等。在肉制品加工中，红腐乳的应用较为广泛，质量好的红腐乳，应是色泽鲜艳，具有浓郁的酱香及酒香味，细腻无渣，入口即化，无酸苦等怪味。腐乳在肉制品加工中的主要应用是增味、增鲜、增色。

(二)甜味调料

肉制品加工中应用的甜味料主要是食糖、蜂蜜、饴糖、红糖、冰糖、葡萄糖以及淀粉水解糖浆等。

1. 食糖

糖在肉制品加工中赋予甜味并具有矫味、去异味、保色、缓和咸味、增鲜、增色作用，在腌制中使肉质松软适口。由于糖在肉加工过程中能发生羰氨反应以及焦糖化反应，从而能增添制品的色泽，尤其是中式肉制品的加工中更离不开食糖，目的都是使产品各自具有独特的色泽和风味。添加量以占原料肉 0.5%～1.0%较合适，中式肉制品中一般用量为肉重的 0.7%～3%，甚至可达 5%。高档肉制品中经常使用绵白糖。

2. 蜂蜜

蜂蜜在肉制品加工中的应用主要起提高风味、增香、增色、增加光亮度及增加营养的作用。将蜂蜜涂在产品表面，淋油或油炸，是重要的赋色工序。

3. 葡萄糖

葡萄糖在肉制品加工中的应用除了作为调味品，增加营养的目的以外，还有调节 pH 值和氧化还原的目的。对于普通的肉制品加工，其使用量以 0.3%～0.5%比较合适。葡萄糖应用于发酵的香肠制品，因为它提供了发酵细菌转化为乳酸所需要的碳源。为此目的而加入葡萄糖量为 0.5%～1.0%，葡萄糖还作为助发色和保色剂用于腌制肉中。

(三)鲜味调料

调料是指能提高肉制品鲜美味的各种调料。鲜味是不能在肉制品中独立存在的，需在成味基础上才能使用和发挥。但它是一种味别，是许多复合味型的主要调味品之一，品种较少，变化不大。在使用中，应恰当掌握用量，不能掩盖制品全味或原料肉的本味，应按"淡而不薄"的原则使用。肉制品加工中主要使用的是味精。

1. 味精

(1)强力味精

强力味精的主要作用除了强化味精鲜味外，还有增强肉制品滋味，强化肉类鲜味，协调甜、酸、苦、辣味等作用，使制品的滋味更浓郁，鲜味更丰厚圆润，并能降低制品中的不良气味，这些效果是任何单一鲜味料所无法达到的。

强力味精不同于普通味精的是：在加工中，要注意尽量不要与生鲜原料接触，或尽可能地缩短与生鲜原料的接触时间，这是因为强力味精中的肌苷酸钠或鸟苷酸钠很容易被生鲜原料中所含有的酶分解，失去其呈鲜效果，导致鲜味明显下降，最好是在加工制品的加热后

期添加强力味精，或者添加在已加热 80 ℃以后冷却下来的熟制品中。总之，应该尽可能避免与生鲜原料接触的机会。

(2)复合味精

复合味精可直接作为清汤和浓汤的调味料，由于有香料的增香作用，因此用复合味精进行调味的肉汤其肉香味很醇厚。可作为肉类嫩化剂的调味料，使老韧的肉类组织变为柔嫩，但有时味道显得不佳，此时添加与这种肉类风味相同的复合味精，可弥补风味的不足，可作为某些制品的涂抹调味料。

(3)营养强化型味精

营养强化型味精是为了更好地满足人体生理的需要，同时也为了某些病理上和某些特殊方面的营养需要而生产的。如赖氨酸味精、维生素 A 强化味精、营养强化味精、低钠味精、中草药味精、五味味精、芝麻味精、香菇味精、番茄味精等。

2. 肌苷酸钠

肌苷酸钠是白色或无色的结晶性粉末。近年来几乎都是通过合成法或发酵法制成的。性质稳定，在一般食品加工条件下加热 100 ℃1 h 无分解现象。但在动植物中磷酸酯酶的作用下分解而失去鲜味。肌苷酸钠鲜味是谷氨酸钠的 10～20 倍，与谷氨酸钠对鲜味有相乘效应，所以一起使用，效果更佳。往肉中加 0.01%～0.02%的肌苷酸钠，与之对应就要加 1/20左右的谷氨酸钠。使用时，由于遇酶容易分解，所以添加酶活力强的物质时，应充分考虑之后再使用。

3. 鸟苷酸钠、胞苷酸钠和尿百酸钠

这三种物质与肌苷酸钠一样是核酸关联物质。它们都是白色或无色的结晶或结晶性粉末。其中鸟苷酸钠是蘑菇香味的，由于它的香味很强，所以使用量为谷氨酸钠的 1%～5%就足够。

4. 琥珀酸、琥珀酸钠和琥珀酸二钠

琥珀酸具有海贝的鲜味，由于琥珀酸是呈酸性的，所以使用时一般以一钠盐或二钠盐的形式出现。对于肉制品来说，使用范围在 0.02%～0.05%。

5. 鱼露

鱼露又称鱼酱油，它是以海产小鱼为原料，用盐或盐水浸渍，经长期自然发酵，取其汁液澄清后而制成的一种成鲜味调料。鱼露的风味与普通酱油有很大区别，它带有鱼腥味，是广东、福建等地区常用的调味料。

鱼露利用鱼类为生产原料，所以营养十分丰富，蛋白质含量高，其呈味成分主要是呈鲜物质肌苷酸钠、鸟苷酸钠、谷氨酸钠等。咸味以食盐为主。鱼露中所含的氨基酸也很丰富，赖氨酸、谷氨酸、天门冬氨酸、丙氨酸、甘氨酸等含量较多。鱼露的质量鉴别应以颜色橙黄和棕色，透明澄清，有香味，不浑浊，不发黑，无异味为上乘。

鱼露在肉制品加工中的应用主要起增味、增香及提高风味的作用。在肉制品加工中应用比较广泛，形成许多独特风味的产品。

(四)酸味调料

酸味在肉制品加工中是不能独立存在的味道，必须与其他味道合用才起作用。但是，酸味仍是一种重要的味道，是构成多种复合味的主要调味物质。酸味调味料品种有许多，在肉制品加工中经常使用的有醋、番茄酱、番茄汁、山楂酱、草莓酱、柠檬酸等。酸味调料在使用中应根据工艺特点及要求去选择，还需注意到人们的习惯、爱好及环境、气候等因素。

1. 食醋

在肉制品加工中的作用如下：

(1)食醋的调味作用

食醋与糖可以调配出一种很适口的甜酸味——糖醋味的特殊风味，如“糖醋排骨”、“糖醋咕噜肉”等。实验中发现，任何含量的食醋中加入少量的食盐后，酸味感增强，但是加入的食盐过量以后，则会导致食醋的酸味感下降。与此类似，在具有咸味的食盐溶液中加入少量的食醋可增加咸味感。

(2)食醋的去腥作用

在肉制品加工中有时需要添加一些食醋，用以去除腥气味，尤其鱼类肉原料更具有代表性。在加工过程中，适量添加食醋可明显减少腥味。如用醋洗猪肚，既可使维生素和铁少受损失，又可去除猪肚的腥臭味。

(3)食醋的调香作用

这是因为食醋中的主要成分为醋酸，同时还有一些含量低的其他低分子酸，而制作某些肉制品往往又要加入一定量的黄酒和白酒，酒中的主要成分是乙醇，同时还有一些含量低的其他醇类。当酸类与醇类同在一起时，就会发生酯化反应，在风味化学中称为“生香反应”。炖牛肉、羊肉时加点醋，可使肉加速熟烂及增加芳香气味；骨头汤中加少量食醋可以增加汤的适口感及香味，并利于增加骨中钙的溶出。

2. 柠檬酸

用柠檬酸处理的腊肉、香肠和火腿具有较强的抗氧化能力。柠檬酸也可作为多价螯合剂用于提炼动物油和人造黄油。柠檬酸可用于密封包装的肉类食品的保鲜。柠檬酸在肉制品中的作用是降低肉糜的pH值。在pH值较低的情况下，亚硝酸盐的分解愈快愈彻底，当然，对香肠的变红就愈有良好的辅助作用。但pH值的下降对于肉糜的持水性是不利的。因此，国外已开始在某些混合添加剂中使用糖衣柠檬酸。加热时糖衣溶解，释放出有效的柠檬酸，而不影响肉制品的质构。

(五)香辛料

香辛料具有刺激性的香味，在赋予肉制品以风味的同时，可增进食欲，帮助消化和吸收。

1. 分类

(1)整体形式

即保持完整的香辛料，不经任何预加工。使用时一般在水中与肉制品一起加工，使味道和香气溶于水中，让肉制品吸收，达到调味目的。

(2)破碎形式

香辛料经过晒干、烘干等干燥过程，再经粉碎机粉碎成不同粒度的颗粒状或粉末。使用时一般直接加到食品中混合，或者包在布袋中与食品一起在水中煮制。

(3)抽提物形式

将香辛料通过蒸馏、萃取等工艺，使香辛料的有效成分——精油提取出来，通过稀释后形成液态油。使用时直接加到食品中去。

(4)胶囊形式

天然香辛料的提取物常常呈精油形式,不溶于水,经胶囊化后应用于肉制品中,分散性较好,抑臭或矫臭效果好,香味不易逸散,产品不易氧化,质量稳定。

2. 香辛料在肉制品加工中的应用

肉制品加工中香辛料的配比在各肉制品加工企业是各不相同的。一般说来,在哪一种产品中加入什么样的香辛料,又如何调配,是有讲究的。在实际使用各种香辛料时,应在加工前考虑材料的不同情况来选用香辛料。使用香辛料归根到底是味觉问题,必须要根据当地消费者口味和原料肉的不同种类而定,不影响肉的自然风味。

3. 常用香辛料

(1)胡椒

胡椒在肉制品中有去腥、提味、增香、增鲜和味及除异味等作用。胡椒还有防腐、防霉的作用,其原因是胡椒含有挥发性香油,及辛辣成分的胡椒碱、水芹烯、丁香烯等芳香成分,能抑制细菌生长,在短时间内可防止食物腐烂变质。

(2)花椒

肉制品加工中应用它的香气可达到除腥去异味、增香和味、防哈变的目的。

(3)姜

又称生姜、白姜。姜中的油树脂可以抑制人体对胆固醇的吸收,防止肝脏和血清胆固醇的蓄积。姜中的挥发性姜油酮和姜油酚具有活血、祛寒、除湿、发汗、增温等功能,还有健胃止呕、避腥臭、消水肿之功效。

(4)小茴香

小茴香在肉制品加工中的应用主要起避秽去异味、调香和防腐作用。小茴香既可单独使用,也可与其他香味料配合使用。小茴香常用于酱卤肉制品中,往往和花椒配合使用,能起到增加香味、去除异味的功用。使用时应将小茴香及其他香料用料袋捆扎后放入老汤内,以免粘连原料肉。小茴香是配制五香粉的原料之一。

(5)月桂

月桂叶在肉制品中起增香矫味作用,因含有柠檬酸等成分,也具有杀菌和防腐的功效。除了以上几种外,肉制品加工中还可能用到以下香辛料:肉豆蔻、辣椒、丁香、砂仁、肉桂、孜然、豆蒙、草果、白芷、八角茴香、百里香、迷迭香、葫芦巴、姜黄、洋葱等。

二、发色剂和着色剂

肉制品的色泽是评判其质量好坏的一个重要因素。在肉制品加工中,常用的增强肉制品色泽的添加剂有发色剂和着色剂。

(一)发色剂

肉制品加工中最常用的是硝酸盐及亚硝酸盐。

1. 硝酸盐

硝酸盐在肉中亚硝酸盐菌或还原物质作用下,还原成亚硝酸盐,然后与肉中的乳酸反应而生成亚硝酸,亚硝酸再分解生成一氧化氮,一氧化氮与肌肉组织中的肌红蛋白结合生成亚硝基肌红蛋白，使肉呈现鲜艳的肉红色。

我国规定硝酸钠可用于肉制品，最大使用量为0.5 g/kg，残留量控制同亚硝酸钠。联合国食品添加剂法规委员会(CCFA)建议本品用于火腿和猪脊肉，最大用量为0.5 g/kg，单独或与硝酸钾并用。

2. 亚硝酸盐

具有良好的呈色和发色作用，发色迅速；抑制腌制肉制品中造成食物中毒及腐败菌的生长；具有增强肉制品风味的作用。亚硝酸盐对于肉制品的风味可有两个方面的影响：产生特殊腌制风味，这是其他辅料无法取代的；防止脂肪氧化酸败，以保持腌制肉制品独有的风味。

国际上对食品中添加硝酸盐和亚硝酸盐的问题很重视，FAO/WHO、联合国食品添加剂法规委员会(CCFA)建议在目前还没有理想的替代品之前，把用量限制在最低水平。我国规定亚硝酸盐的加入量为0.15 g/kg，此量在国际规定的限量以下。

肉制品中加入亚硝酸盐时应按照《中华人民共和国食品添加剂卫生管理办法》进行，要做到专人保管，随领随用，用多少领多少。对领取后没有用完的添加剂要进行妥善处理，以防发生人身安全事故，对发色剂亚硝酸盐的使用更要特别谨慎。

(二)发色助剂

为了提高发色效果，减少硝酸盐类的使用量，往往加入发色助剂，如异抗坏血酸钠、烟酰胺、葡萄糖酸内酯等。

1. 异抗坏血酸钠

由于它能抑制亚硝胺的形成，故有利人们的身体健康。火腿等腌制肉制品的使用量为0.5～1.0 g/kg。

2. 葡萄糖酸内酯

通常1%葡萄糖酸内酯水溶液可缩短肉制品的成熟过程，增加出品率。我国规定葡萄糖酸内酯可用于午餐肉、香肠(肠制品，最大使用量为3.0 g/kg，残留0.01 mg/kg)。

3. 烟酰胺

烟酰胺与肌红蛋白结合生成稳定的烟酚肌红蛋白，不被氧化，防止肌红蛋白在亚硝酸生成亚硝基期间氧化变色。添加0.01%～0.02%的烟酚胺可保持和增强火腿、香肠的色、香、味，同时也是重要的营养强化剂。

(三)着色剂

以食品着色为目的的食品添加剂为着色剂(食用色素)。着色剂的功能是提高商品价值和促进食欲。我们要了解所选用食用天然色素的理化性质，在肉制品加工中予合理科学地使用，从而达到较理想的着色效果。

1. 红曲米和红曲色素

红曲米和红曲色素在肉制品加工中常用于酱卤制品类、灌肠制品类、火腿制品类、干制品和油炸制品等，其使用量一般控制在0.6%～1.5%。如酱鸡用量为1%，酱鸭1%，煎汁肉1%～1.4%，红粉蒸肉0.6%～1%，红粉蒸牛肉0.8%～1.3%，红肠1.2%～1.5%，糖醋排骨0.8%～1%，樱桃肉1.2%，叉烧肉1%。但红曲米和红曲色素在使用中应注意不能使用太多，否则将使制品的口味略有苦酸味，并且颜色太重而发暗。另外，使用红曲米和红曲

色素时添加适量的食糖，用以调和酸味，减轻苦味，使肉制品滋味达到和谐。

2. 焦糖

焦糖又称酱色或糖色，外观是红褐色或黑褐色的液体，也有的呈团体状或粉末状。可以溶解于水以及乙醇中，在大多数有机溶剂中不溶解。溶解的焦糖有明显的焦味，但冲稀到常用水平则无味。焦糖水溶液晶莹透明。液状焦糖的相对密度在1.25～1.38之间。焦糖的颜色不会因酸碱度的变化而发生变化，并且也不会因长期暴露在空气中受氧气的影响而改变颜色。焦糖在150～200 ℃左右的高温下颜色稳定，是我国传统使用的色素之一。

焦糖比较容易保存，不易变质。液体的焦糖贮存中如因水分挥发而干燥时，使用前只要添加一定的水分，放在炉上稍稍加热，搅拌均匀，即可重新使用。焦糖在肉制品加工中的应用主要是补充色调，改善产品外观。

三、嫩化剂和品质改良剂

嫩化剂和品质改良剂是目前肉制品加工中经常使用的食品添加剂。它们在改善肉制品品质方面发挥着重要的作用。

(一)嫩化剂

嫩化剂是用于使肉质变鲜嫩的食品添加剂。常用的嫩化剂主要是蛋白酶类。用蛋白酶来嫩化一些粗糙、老硬的肉类是最为有效的嫩化方法。用蛋白酶作为肉类嫩化剂，不但安全、卫生、无毒，而且能有助于提高肉类的色、香、味，增加肉的营养价值，并且不会产生任何不良风味。国外已经在肉制品中普遍使用，我国也开始使用。

目前，作为嫩化剂的蛋白酶主要是植物性蛋白酶。最常用为木瓜蛋白酶、菠萝蛋白酶、生姜蛋白酶和猕猴桃蛋白酶等。

1. 木瓜蛋白酶

加工中使用木瓜蛋白酶时，可先用温水将其粉末溶化，然后将原料肉放入拌和均匀，即可加工。木瓜蛋白酶广泛用于肉类的嫩化。

2. 菠萝蛋白酶

加工中使用菠萝蛋白酶时，要注意将其粉末溶入30 ℃左右的水中，也可直接加入调味液，然后把原料肉放入其中，经搅拌均匀即可加工。需要注意的是，菠萝蛋白酶所存在的温度环境不可超过45 ℃。否则，蛋白酶的作用能力显著下降，更不可超过60 ℃，在60 ℃的温度下经21 min，菠萝蛋白酶的作用完全丧失。

(二)品质改良剂

在肉制品加工中，为了使制得的成品形态完整，色泽美观，肉质细嫩，切断面有光泽，常常需要添加品质改良剂，以增强肉制品的弹性和结着力，增加持水性，改善制成品的鲜嫩度，并提高出品率。这一类物质统称为品质改良剂。

目前肉制品生产上使用的主要是磷酸盐类、葡萄糖酸-δ-内酯等。磷酸盐类主要有焦磷酸钠、三聚磷酸钠、六偏磷酸钠等，统称为多聚磷酸盐。这方面新的发展是采用一些酶制剂如谷氨酰胺转氨酶来改良肉的品质。

1. 多聚磷酸盐

它们广泛应用于肉制品加工中，具有明显提高品质的作用。在肉制品中起乳化、控制金属离子、控制颜色、控制微生物、调节 pH 值和缓和作用，还能调整产品质地，改善风味，保持嫩度和提高成品率。在少盐的肉制品中，多聚磷酸盐是不可缺少的，加多聚磷酸盐后，即使加 1%的盐，也能使肉馅溶解。多聚磷酸盐在肉制品加工中，应当在加盐之前或与盐同时加入瘦肉中。各种多聚磷酸盐的用量在 0.4%～0.5%之间为最佳，美国的限量是最终产品磷酸盐的残留量为 0.5%。

因为磷酸盐有腐蚀性，加工的用具应使用不锈钢或塑料制品。储存磷酸盐也应使用塑料袋而不用金属器皿。磷酸盐的另一个问题就是造成产品上的白色结晶物，原因是肉内的磷酸酶分解了多聚磷酸盐。防止的方法是降低磷酸盐的用量或是增加车间内及产品储存时的相对湿度。

磷酸盐类常复合使用，一般常用三聚磷酸钠 29%、偏磷酸钠 55%、焦磷酸钠 3%、磷酸二氢钠(无水)13%的比例，效果较理想。

2. 谷氨酰胺转氨酶

谷氨酰胺转氨酶是近年来新兴的品质改良剂，在肉制品中得到广泛应用。它可使酪蛋白、肌球蛋白、谷蛋白、乳球蛋白等蛋白质分子之间发生交联，改变蛋白质的功能性质。该酶可添加到汉堡包、肉包、罐装肉、冻肉、模型肉、鱼肉泥、碎鱼等产品中以提高产品的弹性、质地，对肉进行改型再塑造，增加胶凝强度等。在肉制品中添加谷氨酰胺转氨酶，由于该酶的交联作用可以提高肉质的弹性，减少磷酸盐的用量。

3. 综合性混合粉

综合性混合粉是肉制品加工中使用的一种多用途的混合添加剂，它由多聚磷酸盐、亚硝酸钠、食盐等组成，不仅能用于生产火腿、熏火腿、熏肉和午餐肉等品种，而且能用于生产各种灌肠制品。

综合性混合粉适用品种多，使用方便，能起到腌制、发色、疏松、膨胀、增加肉制品持水性及抗氧化等作用。

四、增稠剂

增稠剂又称赋形剂、黏稠剂，具有改善和稳定肉制品物理性质或组织形态、丰富食用的触感和味感的作用。

增稠剂按其来源大致可分为两类：一类是来自于含有多糖类的植物原料，另一类则是从富含蛋白质的动物及海藻类原料中制取的。增稠剂的种类很多，在肉制品加工中应用较多的有：植物性增稠剂，如淀粉、琼脂、大豆蛋白等；动物性增稠剂，如明胶、禽蛋等。这些增稠剂的组成成分、性质、胶凝能力均有所差别，使用时应注意选择。

(一)淀粉

淀粉在肉制品中的作用主要是：提高肉制品的黏结性，保证切片不松散；淀粉可作为赋形剂，使产品具有弹性；淀粉可束缚脂肪，缓解脂肪带来的不良影响，改善口感、外观；淀粉的糊化吸收大量的水分，使产品柔嫩、多汁；改性淀粉中的β环状糊精，具有包埋香气的作用，

使香气持久。

在中式肉制品中，淀粉能增强制品的感官性能，保持制品的鲜嫩，改善制品的滋味，对制品的色、香、味、形各方面均有很大的影响。常见的油炸制品，原料肉如果不经挂糊、上浆，在旺火热油中水分会很快蒸发，因而质地变老，鲜味也随水分外溢。原料肉经挂糊、上浆后，糊浆受热后就像替原料穿上一层衣服一样，立即凝成一层薄膜，不仅能保持原料原有鲜嫩状态，而且表面糊浆色泽光润，形态饱满，使制品更加美观。

通常情况下，制作肉丸等肉糜制品时使用马铃薯淀粉，加工肉糜罐头时用玉米淀粉。肉糜制品的淀粉用量视品种不同而不同，可在5%～50%的范围内，如午餐肉罐头中约加入6%淀粉，炸肉丸中约加入15%淀粉，粉肠约加入50%淀粉。高档肉制品中淀粉用量很少，并且使用玉米淀粉。

(二)明胶

明胶在肉制品加工中的作用概括起来有以下四方面：营养作用；乳化作用；黏合保水作用；稳定、增稠、胶凝等作用。

(三)琼脂

琼脂凝胶坚固，可使产品有一定形状，但其组织粗糙、发脆，表面易收缩起皱。尽管琼脂耐热性较强，但是加热时间过长或在强酸性条件下也会导致胶凝能力消失。

(四)卡拉胶

在肉制品加工中，加入卡拉胶，可使产品产生脂肪样的口感，可用于生产高档、低脂的肉制品。肉制品中常用κ-卡拉胶。

(五)大豆分离蛋白

大豆分离蛋白是大豆蛋白经分离精制而得到的蛋白质，一般蛋白质含量在90%以上。由于其良好的持水性、乳化性、凝胶形成性以及低廉的价格，在肉制品加工中得到广泛的应用，其作用如下：

(1)提高营养价值，取代肉蛋白。大豆分离蛋白为全价蛋白质，可直接被人体吸收，添加到肉制品中后，在氨基酸组成方面与肉蛋白形成互补，大大提高食用价值。

(2)改善肉制品的组织结构，提高肉制品质量。大豆分离蛋白添加后可以使肉制品内部组织细腻，结合性好，富有弹力，切片性好。在增加肉制品的鲜香味道的同时，保持产品原有的风味。

(3)使脂肪乳化。大豆分离蛋白是优质的乳化剂，可以提高脂肪的用量。

(4)提高持水性。大豆分离蛋白具有良好的持水性，使产品更加柔嫩。

(5)提高出品率。添加大豆分离蛋白，可以增加淀粉、脂肪的用量，减少瘦肉的用量，降低生产成本，提高经济效益。

(六)黄原胶

黄原胶是一种微生物多糖，可作为增稠剂、乳化剂、调和剂、稳定剂、悬浮剂和凝胶剂使用。在肉制品中最大使用量为2.0 g/kg。在肉制品中结合水分，抑制脱水收缩，起到稳定作用。使用黄原胶时应注意：制备黄原胶溶液时，如分散不充分，将出现结块。除充分搅拌外，可将其预先与其他材料混合，再边搅拌边加入水中。如仍分散困难，可加入与水混溶性溶剂如少量乙醇。添加氯化钠和氯化钾等电解质，可提高其黏度和稳定性。

五、抗氧化剂

抗氧化剂是指能阻止或延缓食品氧化，提高食品的稳定性，延长食品贮存期的食品添加剂。肉制品中含有脂肪等成分，由于微生物、水分、热、光等的作用，往往受到氧化和加水分解，氧化能使肉制品中的油脂类发生腐败、褪色、褐变，维生素破坏，降低肉制品的质量和营养价值，使之变质，甚至产生有害物质，引起食物中毒。为了防止这种氧化现象，在肉制品中可添加抗氧化剂。

防止肉制品氧化，应着重从原料、加工工艺、保藏等环节上采取相应的避光、降温、干燥、排气、除氧、密封等措施，然后适当配合使用一些安全性高、效果好的抗氧化剂，可收到防止氧化的显著效果。另外，一些对金属离子有螯合作用的化合物如柠檬酸、磷酸等也可增加抗氧化效果。

抗氧化剂的品种很多，国外使用的有30种左右。在肉制品中通常使用的有油溶性抗氧化剂，如丁基羟基茴香醚(BHA)、二丁基羟基甲苯(BHT)、没食子酸丙酯(PG)、维生素E。油溶性抗氧化剂能均匀地溶解分布在油脂中，对含油脂或脂肪的肉制品可以很好地发挥其抗氧化作用。水溶性抗氧化剂有L-抗坏血酸、异抗坏血酸、抗坏血酸钠、异抗坏血酸钠、茶多酚等。这几种水溶性抗氧化剂常用于防止肉中血色素的氧化变褐，以及因氧化而降低肉制品的风味和质量等方面。

六、防腐剂

造成肉制品腐败变质的原因很多，包括物理、化学和生物等方面的因素，在实际生活和生产活动中，这些因素有时单独起作用，有时共同起作用。由于微生物到处存在，肉制品营养特别丰富，适宜于微生物的生长繁殖。所以，细菌、霉菌和酵母之类微生物的侵袭通常是导致肉品腐败变质的主要原因。

防腐剂是对微生物具有杀灭、抑制或阻止生长作用的食品添加剂。防腐剂具有杀菌或抑制其繁殖的作用，它不同于一般消毒剂，必须具备下列条件：在肉制品加工过程中本身能破坏而形成无害的分解物；不损害肉制品的色、香、味；不破坏肉制品本身的营养成分；对人体健康无害。与速冻、冷藏、罐藏、干制、腌制等食品保藏方法相比，正确使用食品防腐剂具有简洁、无须特殊设备、经济等特点。

防腐剂使用中要注意肉制品pH值的影响，一般说来肉制品pH值越低，防腐效果越好。原料本身的新鲜程度与其染菌程度和微生物增殖多少有关，故使用防腐剂的同时，要配合良好的卫生条件。对不新鲜的原料要配合热处理杀菌及包装手段。工业化生产中要注意确保防腐剂在原料中分散均匀。同类防腐剂并用时常常有协同作用。

目前《食品添加剂卫生标准》中，允许在肉制品中使用的防腐剂有山梨酸及其钾盐、脱氢乙酸钠和乳酸链球菌素等。

七、香精香料

(一)食用香料

食用香料是具有挥发性的物质。所以在加工制品时,应尽量缩短香料的受热时间,或在热加工处理的后期添加香料。同时应注意香料易在碱性条件下碱化,要避免与碱性物质直接接触。为了防止香料在保存期内变质,应注意密封及保持环境的阴凉与避光。

(二)食用香精

使用香精时应注意:首先必须是允许在肉制品中使用的香精,香型应该选得适当,加入肉品中应该能够溶解;香精的使用量应严格按照规定,只有在特殊的情况下才允许多加;高含量的糖液或酸液都可能遮盖或改变香精的香味,因此,一般不要把香精与高含量酸液混用;要严格控制温度,水溶性香精加热不得超过 70 ℃,油溶性香精不得超过 120 ℃。

我国目前使用香精多采用单一品种,这有香味单调的缺点,如果能将 3～5 种不同香型的香精混合使用,往往会产生特殊的风味,国外已较多采用这种做法。另外,如能将油溶性香精与固体、乳化香精适当配合使用,不仅能使肉品香味突出,而且能使其留香持久,不过配比一定要适当。

香精由香料中萃取的挥发性油脂、基本油脂或树脂油等组成,由于含有芳香成分,所以在肉制品中被广泛使用,更因为其所含的芳香含量基本一致,因此与各种肉制品成分混合时,很容易达到均匀的效果。

在肉制品加工中使用香精时,必须是不带松烯和长松烯,而以氧化复合物为主要成分的浓缩基本油脂。这类香精的芳香度、溶解度以及安定度一般都较优良。

(三)肉制品中常用的香精香料

一般来说,肉制品中香精的使用并不像其他食品那样广泛,但近年来,随着香精香料业的发展,以及人们对特殊风味的追求,肉类香精也得到了较快的发展。肉类香精通常按形态可分为固态、液态和膏状三种形态。烟熏香精是目前市场上流行的一种液体香精,多数熏肠中都有添加。常见的固体和膏状香精,如牛肉精粉、猪肉精粉以及猪肉精膏、鸡肉精膏等目前在市场上也比较流行。这些香精多为动、植物水解蛋白(HAP、HVP)或酵母抽提物(YE)经加工复配而成。在一些肉制品如午餐肉加工中,常添加一定量的香精以增加制品的肉香味。肉类香精按应用情况也可分为热反应型、调配型和拌和型三种类型。

第三节　清蒸类罐头

清蒸类罐头是肉类罐头中生产过程比较简单的一类罐头。它的基本特点是最大限度地保持各种肉类的风味。原料经初步加工后，直接装罐，再在罐内加入食盐、胡椒、洋葱、月桂叶及猪皮等配料，或先将肉和食盐拌和，再加入胡椒、洋葱、月桂叶等后装罐，经过排气、密封、杀菌后制成。这类产品有原汁猪肉、清蒸猪肉、清蒸羊肉、白烧鸡、白烧鸭、去骨鸡等。下面以清蒸猪肉罐头为例介绍清蒸类罐头的加工方法。

一、工艺流程

原料解冻→去毛污、杂质→预处理（分段、剔骨、去皮、整理）→切块→复检→装罐→排气、密封→杀菌、冷却→清洗、烘干→保温检验→成品。

二、操作要点

（一）原料

1. 解冻

冻片猪肉解冻前可用自来水冲淋。解冻温度 16～18 ℃，时间 20 h 左右。解冻结束最高室温应≤20 ℃。解冻后肉中心温度≤10 ℃，但不允许有冰结晶。

2. 去毛污、修割

猪片解冻后除去毛、污物、血污肉、碎油等。

3. 拆骨、除肥膘

拆骨时须保证肋条和腿肉的完整。要求骨不带肉，肉上无骨，肉不带皮，皮不带肉。过厚的肥膘应去除，控制膘厚 1.0～1.5 cm。

4. 整理

除去褐黑色肉、伤肉、碎骨，并刮除毛根。

5. 切块

按部位切成长宽各 5～7 cm 的小块，每块重 110～180 g。颈肉和腱子肉可切成 4 cm 左右的肉块，分别放置。切块时应注意大小均匀。

6. 复检

切好的肉块，必须进行复检。较小的肉块应分别放置，供装罐搭配使用。复检后按肥瘦分开（肋条、带膘较厚的瘦肉均作肥肉），以便搭配装罐。

（二）装罐

装罐量见表 4-1。

表 4-1 清蒸猪肉装罐量

罐号	净重	肉重	精盐	洋葱末	胡椒	月桂叶
8117	550 g	533 g	7 g	8～12 g	2～3 粒	0.5～1 片
8107	124 g	1000 g	13 g	13～17 g	3～4 粒	1～2 片

装罐时应注意两点：一是月桂叶不能放在罐内底部，应夹在肉层中间，否则月桂叶和底

盖接触易产生硫化铁；二是精盐和洋葱应定量装罐，不能采用拌料装罐的方法，否则会产生腌肉味，并出现配料拌和不均的现象。

(三)排气及密封

加热排气，先经预封，罐头中心温度不低于 65 ℃，真空密封时其真空度 6×10^4 Pa。

(四)杀菌及冷却

肉类罐头属于低酸性食品，细菌芽孢有很强的耐热性。因此，常采用加压蒸汽杀菌法，杀菌温度控制在 112～121 ℃。杀菌过程可划分为升温、恒温、降温三个阶段，其中包括温度、时间、反压 3 个主要因素。不同罐头制品杀菌工艺条件不同，温度、时间和反压控制亦不同。

杀菌规程用杀菌式表示：

$$\frac{T_1-T_2-T_3}{t}$$

式中，T_1—使杀菌锅内温度和压力升高到杀菌温度需要的时间(min)；

T_2—杀菌锅内应保持恒定的杀菌温度的时间(min)；

T_3—杀菌完毕使杀菌锅内温度降低和使压力降至常压所需要的时间(min)；

t—规定的杀菌温度(℃)。

杀菌式的数据是根据罐内可能污染细菌的耐热性和罐头的传统特性值经过计算后，再通过空罐试验确定的。正确的杀菌工艺条件应恰好能将罐内细菌全部杀死和使酶钝化，保证贮藏安全，同时，又能保证食品原有的品质不发生大的变化。

三、成品质量标准

(一)感官指标

色泽：肉色正常，在加热状态下汤汁呈淡黄色或淡褐色，过 3 min 后稍有沉淀，允许汤汁略有浑浊。

滋味、气味：具有本品种加入各种配料后应有的滋味及气味，无异味。

组织形态：肉质软硬适度。在汤汁溶化后小心自罐内取出肉块时，不允许破碎，要求肉不带骨、皮、内脏、淋巴结、粗血管、筋膜、伤肉、黑色素肉、颈部刀口肉与奶哺肉。块形大小大致均匀，允许有不超过两块的添称小块。

(二)理化指标

净重(g)：550 g 及 1000 g 两种，每罐允许公差±3%，每批平均不低于净重。

固形物：肉加油不低于净重的 70%，其中油不低于净重的 10%。

氯化钠：为净重的 1.0%～1.5%。

重金属含量(mg)：每千克制品中，锡≤200，铜≤5，铅≤1。

(三)微生物指标

无致病菌及微生物作用引起的腐败征象。

第四节 脱水(干制)肉制品的加工

一、肉松

肉松是我国著名的特产,是指瘦肉经高温煮制、炒制、脱水等工艺精制而成的肌肉纤维蓬松絮状或团粒状的干熟肉制品。具有营养丰富、味美可口、易消化、食用方便、易于贮藏等特点。根据所用原料、辅料等不同有猪肉松、牛肉松、羊肉松、鸡肉松等;根据产地不同,我国有名的传统产品有太仓肉松、福建肉松等。

以下以太仓猪肉松为例进行说明。

太仓肉松创始于江苏省太仓,有 100 多年的历史,曾于 1915 年在巴拿马展览会上获奖,在国内历次举行的土特产展览会和质量评比会上,也以其诱人的色、香、味、形一再博得各方面的赞扬,1984 年获部优质产品称号。太仓猪肉松采用优质原料,辅以科学配方,经过精心加工制成。产品色泽金黄,带有光泽,纤维松软,无杂质异味,回味鲜香。

(一)工艺流程

原辅料选择→原料修整→削膘→拆骨→精肉修整分割→精肉过磅下锅→煮制→起锅分锅→撇油(加入辅料)→回红汤→炒干,加入辅料→炒松→擦松(化验水分)→跳松→拣松→化验水分、细菌、油脂→包装。

(二)工艺操作要点

1. 原料选择

原料是经兽医卫生检疫合格的新鲜后腿肉、夹心肉和冷冻分割精肉。其中后腿肉是做肉松的上乘原料,具有纤维长、结缔组织少、成品率高等优点。夹心肉的肌肉组织结构不如后腿肉,纤维短,结缔组织多,组织疏松,成品率低。为了取长补短,降低成本,通常将夹心肉和后腿肉混合使用。冷冻分割精肉也可作肉松原料,但其丝头、鲜度和成品率都不如新鲜的后腿肉。

要使成品纤维长,成品率高,味道鲜美,就得选择色深、肉质老的新鲜猪后腿肉为原料。如用夹心肉、冷冻分割精肉做原料,就会出现纤维短和成品率低的现象。

辅料选择:辅料搭配得好,能确保猪肉松的色泽金黄、滋味鲜美、香甜可口。

以 55 kg 熟精肉为一锅,配置肉汤 25 kg 左右,红酱油 7～9 kg,白酱油 7～9 kg,精盐 0.5～1.5 kg,黄酒 1～2 kg,白砂糖 8～10 kg,味精 100～200 g。由于各地的口味不同,可以适当调整各种辅料的比例。

肉汤可以增加成品中的蛋白质含量,提高成品鲜度,延长保存期限。对肉汤的质量有严

格要求，新鲜肉汤透明澄清，脂肪团聚在表面，具有香味。变质肉汤汤色浑浊，有黄白色絮状物，脂肪极少浮于表面，有臭味。加工时绝对不允许用后者。如成品色泽过深或过淡，需调整辅料中红酱油用量。如红酱油色泽不正，需选择色泽较好的红酱油。

2. 原料修整

原料修整包括削膘、拆骨、分割等工序。

(1)削膘

削膘是指将后腿肉、夹心肉的脂肪层与精肉层分离的过程。可以从脂肪与精肉接触的一层薄薄的、白色透明的衣膜处进刀，使两者分离。要求做到分离干净，也就是肥膘上不带精肉，精肉上不带肥膘，剥下的肥膘可以作其他产品的原料。

(2)拆骨

拆骨是将已削去肥膘的后腿肉和夹心肉中的骨头取出。拆骨的技术性较强。要求做到：骨上不带肉，肉中无碎骨，肉块比较完整。

(3)分割

分割是把肉块上残留的肥膘、筋腱、淋巴、碎骨等修净。然后顺着肉丝切成 1.5 kg 左右的肉块，便于煮制。如不按肉的丝切块，就会造成产品纤维过短的缺点。

3. 煮制

煮制是肉松加工工艺中比较重要的一道工序，它直接影响猪肉松的纤维及成品率。煮制一般分为以下 6 个环节。

(1)原料过磅

每口蒸汽锅可投入肉块 180 kg。投料前必须过磅，遇到老和嫩的肉块要分开过磅，分开投料，腿肉与夹心肉按 1∶1 搭配下锅。

(2)下锅

把肉块和汤倒进蒸汽锅，放足清水。

(3)撇血沫

蒸汽锅里水煮沸后，以水不溢出为原则。用铲刀把肉块从上至下，前后左右翻身，防止粘锅。同时把血沫撇出，保持肉汤不浑浊。

(4)焖酥

计算一锅肉焖酥时间可从撇血沫开始至起锅时为止。季节、肉质老嫩程度不同，焖酥时间也不一样，一般肉质较老的焖酥时间在 3.5 h 左右。每隔一段时间必须检查锅里肉块情况，焖酥阶段是煮制中最主要的一个环节。肉松纤维长短、成品率高低都是焖酥阶段中形成的。检查锅里肉块是否焖酥一般要求按下面操作方法进行：把肉块放在铲刀上，用小汤勺敲几下，肉块肌肉纤维能分开，用手轻拉肌肉纤维有弹性，且不断，说明此锅肉已焖酥。如果肉块用小汤勺一敲，丝头已断和糊，说明此锅肉已煮烂，焖酥时间过头了。用小汤勺敲几下肉块仍然老样子，还必须焖煮一段时间。

(5)起锅

把焖酥后的肉块撇去汤油，捞清油筋后，用大笊篱起出放在容器里。未起锅时，先要把浮在肉块上面一层较厚的汤油用大汤勺撇去，用小笊篱捞清汤里的油筋后，用铲刀把肉块上下翻几个身，让汤油、油筋继续浮出汤面。遇到夹心肉，必须敲碎，后腿肉不必敲。按上述操作方法经过几次反复后，待这锅肉的汤油及油筋较少时即可起锅。起锅时熟精肉应呈宝塔形，一层一层叠放在容器里，目的是将肉中的水分压出。留在蒸汽锅里的肉汤必须煮沸后待下道工序撇油时作辅料用。

(6)分锅

把堆成宝塔形的熟精肉摊开，净重 55 kg 为一盘，称为分锅。分锅后的熟精肉作下道撇油用。

煮制质量要求：肉块不落地，投料正确，老嫩分开，腿肉、夹心肉搭配，血沫撇尽，适当使用蒸汽，以锅内水分、油脂不溢出锅外为原则。熟精肉酥而不烂，纤维长，碎肉每锅控制在 2.5 kg 以内，出肉率控制在 49%以上，熟精肉每盘净重 55 kg。

本工序对成品质量影响：煮制过度会造成肉质烂，成品纤维短，使成品率低于 32%。成品杂质多是由于煮制时未将油筋等杂质拣去；肉汤浑浊是由于血沫未撇尽，没有煮沸或加入生水。

4. 撇油

撇油是半成品猪肉松形成的阶段，是猪肉加工工艺中重要的工序，也叫除浮油，它直接影响成品的色泽、味道、成品率和保存期。油不净则不易炒干，并易于焦锅，使成品发硬、颜色发黑。撇油一般可分为以下 6 个环节。

(1)下锅和第一次加入辅助料

把净重 55 kg 的熟精肉倒进蒸汽锅里，加入专用配置的肉汤、红白酱油、精盐、酒和适量的清水，此过程称为下锅。待锅里汤水煮沸后，在下面操作过程中是不允许加入生水的，否则会影响成品的保存期。

(2)撇油

摇动蒸汽锅手柄，使蒸汽锅有一个小的倾斜度，便于堆肉撇油。用笊篱把汤中的肉一层一层堆高，汤里如有油筋应及时拣出来。这时黄橙的油脂浮在汤面上，用小勺不断撇去。以蒸汽压力把油脂又一次汇集在汤面上，用小汤勺撇油。然后用铲刀把肉摊平，前后翻两个身，仍用笊篱把肉堆高，按上述操作法撇去油脂，捞去油筋。撇油时要勤翻、勤撇、勤拣。一锅肉一般堆 10 次肉，每堆 1 次肉撇油 2 次。这样成品的含油率才基本符合标准。检查一锅肉油脂是否符合标准，一般可用肉眼进行观察，即蒸汽锅的锅底能从红汤里反映出来，而浮在红汤上面的油脂是白色的，像雪花飘落在汤上面，油滴细散，不能聚合在一起。化验证明，锅内的油脂基本撇清，含油率就能控制在 8%以内。撇油时如遇到小块肉，则必须顺丝撕成条状，使辅助料渗透在肉质中，否则会影响成品的味道和保存期，肉松容易发霉、变质。撇油时间应掌握在 1.5～2 h，目的是让辅料充分、均匀地被肉的纤维所吸收。

(3)回红汤

肉汤和酱油混在一起，颜色是红的，故称为红汤。在撇油脂过程中，红汤油随油脂一起倒入汤内，将锅内的油脂基本撇净后，必须把桶内的油脂撇在另一处。下面露出的是红汤，红汤里含有一定的营养成分、鲜度和咸度。这些红汤必须重新倒回蒸汽锅里，被肉质全部吸收进去，把红汤扔掉等于降低肉松质量。

(4)收汤

油脂撇清后，锅里留有一定量的红汤(包括倒回去的红汤)，且必须与肉一起煮制，称为收汤。在收汤时蒸汽压力不宜太大，必须不断地用铲刀翻动肉，主要是使红汤均匀地被肉质吸收，同时也不粘锅底，防止产生锅巴，影响成品的质量。收汤时间一般在 15～30 min。

(5)第二次加入辅助料

收汤以后还须经过 30 min 翻炒,即可第二次加入辅助料——绵白糖、味精。结块的糖先要捏碎才能放入锅里。半制品肉松中含有比较多的水分,糖遇热后变成糖水,这时翻炒要勤,否则半制品肉松极容易粘锅底。

(6)炒干及过磅

经过 45 min 左右的翻炒,半制品肉松中的水分减少,把它捏在手掌里,没有糖汁流下来,可以起锅过磅。净重 57.5 kg 合格,一锅半制品肉松分装在 4 个盘里,等待炒松。

撇油质量要求:二次称量熟精肉应每一锅净重 27.5 kg,加入的辅助料全部吸收在半制品中,为提高肉松的营养和鲜度、咸度,红汤必须回锅。撇油时,肉筋和油脂撇清,做到勤撇、勤炒。每一锅肉从下锅到半成品操作时间在 3 h 以上,每锅成品含油率 8%,半成品水分 36%左右,过磅验收半成品重量不超过 57.5 kg。

本工序对成品质量影响:含油率超过 8%,主要原因是没有做到勤翻、勤撇,或蒸汽用量较大;成品中油筋、头子多(头子是红汤、糖汁与肉的纤维粘在一起形成的细小团粒),主要原因是没有勤拣、勤炒。肉松色泽、味道差是由于红汤没有回锅,锅巴多,成品率低。加入糖后没有勤炒或蒸汽用量较大,成品绒头差的原因是由于油没有撇尽,致使肉松含油率高。

5. 炒松

炒松的目的是将半制品肉松脱水成为干制品。炒松对成品的质量、丝头、味道等均有影响,一定要遵守操作规程。将半制品肉松倒入热风顶吹烘松机,烘 45 min 左右,使水分先蒸发一部分。然后再将其倒入铲锅或炒松机进行烘炒。

半成品肉松纤维较嫩,为了不使其受到破坏,要用文火烘炒,炒松机内的肉松中心温度以 55 ℃为宜,炒 40 min 左右。然后,将肉松倒出,清除机内锅巴后,再将肉松倒回去进行第二次烘炒,这次烘炒 15 min 即可。分两次炒松的目的是减少成品中的锅巴和焦味,提高成品得量。经过两次烘炒,原来较湿的半制品肉松会变得比较干燥、疏松和轻柔。

烘炒以后还要进行擦松,擦松可以使肉松变得更加轻柔,并出现绒头,即绒毛状的肉质纤维。擦好后的肉松要进行水分测定,测定时采集的样品要取样均匀,有代表性,以保证精确度。水分测定合格后,才能进入跳松、拣松阶段。

本工序对成品质量影响:炒松时肉松水分如在规定标准 1%以下,就会造成肉松成品率低,纤维短;炒松时如用大火,容易结锅巴,成品率也低,成品有轻度焦味或肉松纤维较硬。

6. 跳松、拣松

跳松是把混在肉松里的头子、筋等杂质,通过机械振动的方法分离出来。拣松是为了弥补上述机器跳松的不足,而采用人工方法,把混在肉松里的杂质进一步拣出来。拣松时要做到眼快、手快,拣净混在肉松里的杂质。拣松后,还要进行第二次水分测定、含油率测定和菌检测定。在各项测定指标均符合标准的条件下方可包装。

7. 成品质量标准

肉松(太仓式)的国家卫生标准如下:

(1)感官指标

肉松呈金黄色或淡黄色,带有光泽,絮状,纤维洁纯疏松,口味鲜美,香气浓郁,无异味、异臭。嚼后无渣,成品中无焦斑、碎骨、筋头、衣膜以及其他杂质。

(2)理化指标

水分不超过 20%，盐分 8%～9%，脂肪 7%～8%，蛋白质 40%～42%。

(3)微生物指标

细菌总数(个/g)不得超过 30000，大肠菌数(个/100 g)不得超过 40，致病菌(沙门氏菌、志贺氏菌、致病性葡萄球菌、副溶血性弧菌等)不得检出。

8. 包装和贮藏

包装是把检验合格后的肉松按不同的包装规格密封装袋，一要分量准确，二要封牢袋口。肉松的吸水性很强，保存期限与保管方法有一定的联系。用马口铁罐包装的肉松可保存半年，用塑料袋包装的肉松能保存 3 个月，而用纸袋包装的肉松则只能保存一两个月。由于肉松含水率较低，容易吸潮和吸收异味，所以必须放在通风干燥的仓库里，像樟脑丸、香料等绝不能与肉松混放；梅雨、高温季节特别容易变质。因此，每隔一段时间，要检查一次。

本工序对成品质量影响：成品水分超过规定标准，主要是肉松没有立即包装，或塑料袋封口漏气，致使肉松返潮。

二、肉干

肉干是用新鲜的猪、牛、羊等瘦肉经预煮，切成小块，加入配料复煮、烘烤等工艺制成的干熟肉制品。因其形状多为 1 cm 大小的块状，故叫作肉干。肉干是我国最早的加工肉制品，由于加工简易、滋味鲜美、食用方便、容易携带等特点，在我国各地都有生产。肉干按原料分为牛肉干、猪肉干、马肉干等；按形状分为条状、片状、粒状等；按风味分为五香肉干、麻辣肉干、咖喱肉干、果汁肉干等。即使是同一种五香牛肉干，配方也不尽相同。但尽管肉干名目很多，产品的制作方法都大同小异。

(一)工艺流程

原料肉预处理→预煮→切坯→复煮→脱水干制→冷却包装。

(二)工艺操作要点

1. 原料肉的选择与处理

多采用新鲜的猪肉和牛肉，以前后腿的瘦肉为最佳。将原料肉除去脂肪、筋腱、肌膜后顺着肌纤维切成 0.5 kg 左右的肉块，用清水浸泡除去血水、污物，然后沥干备用。

2. 预煮

预煮的目的是进一步挤出血水，并使肉块变硬以便切坯。将沥干的肉块放入沸水中煮制，一般不加任何辅料，但有时为了去除异味，可加 1%～2%的鲜姜，煮制时以水盖过肉面为原则，水温保持在 90 ℃，撇去肉汤上的浮沫，煮制 1 h 左右，使肉发硬，切面呈粉红色为宜。肉块捞出后，汤汁过滤待用。

3. 切坯

肉块冷却后，可根据工艺要求在切坯机中切成小片、条、丁等形状。可切成 1.5 cm 的肉丁或切成 0.5 cm×2.0 cm×4.0 cm 的肉片(按需要而定)。不论什么形状，要大小均匀一致。

4. 复煮

复煮又叫红烧，取原汤一部分加入配料，将切好的肉坯放在调味汤中用大火煮开，其目

的是进一步熟化和入味。

复煮汤料配制时，取肉坯重20%～40%的过滤初煮汤，将配方中不溶解的辅料装袋入锅煮沸后，加入其他辅料及肉丁或肉片，用锅铲不断轻轻翻动，用大火煮制30 min左右，随着剩余汤料的减少，应减小火力以防焦锅。用小火煨1～2 h，直到汤汁将干时，即可将肉取出。

如无五香粉时，可将小茴香、陈皮及肉桂适量包扎在纱布内，然后放入锅内与肉同煮。汤料配制时，盐的用量各地相差无几，但糖和各种香辛料的用量变化较大，无统一标准，以适合消费者的口味为原则。

5. 脱水

肉干常规的脱水方法有三种。

烘烤法：将收汁后的肉丁或肉片铺在竹筛或铁丝网上，放置于烘炉或远红外烘箱烘烤。烘烤温度前期可控制在80～90 ℃，后期可控制在50 ℃左右，一般需要5～6 h则可使含水量下降到20%以下。在烘烤过程中要注意定时翻动。

炒干法：收汁结束后，肉丁或肉片在原锅中文火加温，并不停搅翻，炒至肉块表面微微出现蓬松茸毛时，即可出锅，冷却后即为成品。

油炸法：先将肉切条后，用2/3的辅料（其中白酒、白糖、味精后放）与肉条拌匀，腌渍10～20 min后，投入135～150 ℃的菜油锅中油炸。炸到肉块呈微黄色后，捞出并滤净油，再将酒、白糖、味精和剩余的1/3辅料混入拌匀即可。

在实际生产中，亦可先烘干再上油衣。例如四川丰都产的麻辣牛肉干在烘干后用菜油或麻油炸酥起锅。

6. 冷却、包装

冷却以在清洁室内摊晾、自然冷却较为常用。必要时可用机械排风，但不宜在冷库中冷却，否则易吸水返潮。包装以复合膜为好，尽量选用阻气、阻湿性能好的材料。最好选用PET/AL/PE等膜，但其费用较高；PET/PE，NY/PE效果次之，但较便宜。也可先用纸袋包装，烘烤1 h后冷却，可以防止发霉变质，能延长保存期。如果装入玻璃瓶或马口铁罐中，可保藏3～5个月。

（三）肉干成品标准

1. 感官指标

色泽呈褐色有光泽，肉质酥松，厚薄均匀，无焦煳，无杂质；大小均匀一致，质地干爽但不硬；口感鲜美，咸甜适中，无异味。

2. 理化指标

水分≤20%，Aw≤0.7，pH 5.8～6.1，盐4.0%～5.0%，蛋白质≥52%，脂肪≤7%，蔗糖≤20%，灰分≤13.5%。

3. 微生物指标

总菌数（个/g）≤30000，大肠菌群（个/100g）≤40；病原菌或产毒菌不得检出。

三、肉脯

肉脯是指瘦肉经切片（或绞碎）、调味、腌制、摊筛、烘干、烤制等工艺制成的干熟薄片型的肉制品。一般包括肉脯和肉糜脯。与肉干加工方法不同的是，肉脯不经煮制，直接烘干而制成。由于原料、辅料、产地等的不同，肉脯的名称及品种不尽相同，但加工过程基本相同，只是配料不同，各有特色。我国比较著名的肉脯如靖江猪肉脯、汕头猪肉脯、湖南猪肉脯及厦门黄金香猪肉脯等。

(一)肉脯的加工工艺流程

原料选择→预处理→冷冻或不冷冻→切片→调味、腌制→摊筛→烘干→焙烤→压片、切片→包装。

(二)工艺操作要点

1. 选料、预处理

选用经检疫合格的新鲜或解冻猪的后腿肉或精牛肉，经过剔骨处理，除去肥膘、筋膜，顺着肌纤维切成块，洗去油污。需冻结的则装入方型肉模内，压紧后送－20～－10 ℃冷库内速冻，至肉块中心温度达到－4～－2 ℃时，取出脱模，以便切片。

2. 切片

将冷冻后的肉块放入切片机中切片或人工切片。切片时必须顺着肉的肌纤维切片，肉片的厚度控制在 1 cm 左右。然后解冻、拌料。不冻结的肉块排酸嫩化后直接手工切片并进行拌料。

3. 调味腌制

肉片可放在调味机中调味腌制。调味腌制的作用一是将各种调味料与肉片充分混合均匀；二是起到按摩作用，肉片经搅拌按摩，可使肉中盐溶蛋白溶出一部分，使肉片带有黏性，便于在铺盘时肉片与肉片之间相互连接。所以，在调味时应注意要将调味料与肉片均匀地混合，使肉片中盐溶蛋白溶出。将辅料混匀后与切好的肉片拌匀，在 10 ℃以下冷库中腌制 2 h 左右。

4. 摊筛

摊筛的工序目前均为手工操作。首先用食物油将竹盘或铁筛刷一遍，然后将调味后的肉片铺平在竹盘上，肉片与肉片之间由溶出的蛋白胶相互粘住，但肉片与肉片之间不得重叠。

5. 烘干

烘烤的目的主要是促进发色和脱水熟化。将铺平在筛子上的已连成一大张的肉片放入干燥箱中，干燥的温度在 55～60 ℃，前期烘烤温度可稍高，肉片厚度在 0.2～0.3 cm 时，烘干时间为 2～3 h。烘干至含水分以 25%为佳。

6. 焙烤

焙烤是将半成品在高温下进一步熟化并使质地柔软，产生良好的烧烤味和油润的外观。焙烤时可把半成品放在烘炉的转动铁网上，烤炉的温度 200 ℃左右，时间 8～10 min，以烤熟为准，不得烤焦。成品中含水量小于 20%，一般为 13%～16%为宜。烘烤、切形后加入香油等即为成品。也有的产品不需焙烤。

7. 压平、切片

烘干后的肉片是一大张，将这一大张肉片从筛子中揭起，用切形机或手工切形，一般可切成 6～8 cm 的正方形或其他形状。

8. 冷却、包装和贮藏

烤熟切片后的肉脯在冷却后应迅速进行包装，可用真空包装或充氮气包装，外加硬纸盒按所需规格外包装。也可采用马口铁罐大包装或小包装。塑料袋包装的成品宜贮存在通风干燥的库房内，保存期为 6 个月。

9. 肉脯成品标准

(1)感官指标

色泽呈棕红色，表面应油润透亮；味道鲜美，咸甜适中，具有肉脯特有风味，无焦味、异味；形状呈 12 cm×8 cm 片形，厚薄均匀，无杂质。

(2)理化指标

水分含量≤20%

(3)微生物指标

细菌总数(个/g)≤30000，大肠菌群(个/100g)≤40，致病菌不得检出。

第五节 速冻肉制品的加工

随着速冻技术的发展和家庭中冰箱普及率的提高，以及人们对方便食品的需求，一些速冻的肉制品应运而生。畜禽肉经加工处理，速冻后成为超市中的畅销品，这为繁忙的消费者提供了极大的方便。

一、速冻涮羊肉片

涮羊肉是涮制菜肴的典型代表。涮就是用火锅把切成薄片的羊肉在滚烫的汤中涮熟，然后沾着调味汁进食。火锅在中国北方以及四川一带非常流行，随着火锅热的升温，人们对方便实用的涮羊肉的需求越来越大，不再仅仅限于往火锅店中供应，冬季很多普通家庭也在家里自行涮制羊肉，自己消费或招待朋友。速冻涮羊肉由于肉的形态固化，容易切片受到广大消费者的欢迎。如果再配上可口的调料则会更受欢迎。

下面简单地介绍配以调料的速冻涮羊肉片的加工工艺。

(一)原料配方

公绵羊肉 5 kg，具体调味料视风味不同而定。

(二)生产工艺

选料→原辅料处理→速冻→切片→配调料→产品包装冻藏。

(三)操作要点

1. 选料

选用阉割过的公绵羊的后腿肉为原料肉(检验检疫合格)。

2. 原辅料处理

将羊肉切成 3 cm 厚、13 cm 宽的长方块，剔除可见的筋膜及骨，用浸湿的干净薄布包上羊肉块。辅料可按固、液等不同形态分别按比例混合，备用。

3. 速冻

将肉块置于−30 ℃条件下的速冻机或速冻间中速冻 20～35 min 后取出。

4. 切片

将从速冻机中取出的冻肉片在水中浸洗一下，立即揭去薄布，置于切片机中切成 1 mm 左右厚的薄片。

5. 配调料

将上述混合好的调料按比例分装成小的调料包，固、液各一。

6. 包装冻藏

将羊肉片和调料包一起封装于塑料袋中，经检验合格后送入−18 ℃的冻藏库冻藏。冻藏库温度应保持恒定，上下浮动幅度不超过 2 ℃。

二、速冻火腿肉

火腿在我国的肉制品中享有盛誉，也是著名的传统食品，其中以金华火腿最为著名。整块火腿体积大，操作不方便，下面介绍一种速冻金华火腿片的加工工艺。

(一)原料配方

猪腿 10 kg，食盐 1 kg，硝酸盐适量。

(二)生产工艺

原料处理→上盐→洗腿、晒腿→自然发酵→切片包装→速冻→产品冻藏。

(三)操作要点

1. 原料处理

选取腿形完整、肉质新鲜、带薄皮的鲜猪后腿为原料。食盐要经晒、炒并过筛。

2. 上盐腌制

火腿共要上盐 4 次，共需腌制 25 d 左右。

3. 洗腿和晒腿

将腌透的腿肉用刷子在清水中洗去表面污物和盐液，直至腿身完全干净为止，然后用麻绳挂起在阳光下晒 45 h，直至腿肉表面发香、发亮、出油为止。

4. 自然发酵

将晒好的腿肉移入室内挂在通风良好、无阳光直射的架子上，自然发酵 6 个月即可。

5. 切片包装

进行人工切片，并真空包装。

6. 速冻

将包装好的火腿肉片置于−30 ℃的速冻间或速冻机中速冻 20～35 min 后取出。

7. 冻藏

将冻好的火腿片包装袋置于包装箱中后送入－18 ℃的冷藏库中冷冻保藏，冻藏库温度应保持恒定，上下浮动幅度不超过 2 ℃。

三、速冻热狗香肠

热狗香肠是近年来由西方传入我国的一种乳化型低温香肠，以其特有的风味深受我国消费者的欢迎。由于低温肉制品不易保藏，它的产销量受到很大的限制。鉴于此，可对热狗香肠进行速冻处理，使产品能批量生产，易贮藏。

（一）原料配方

牛瘦肉 30 kg，猪瘦肉 10 kg，冰片 15 kg，猪脂肪 10 kg，玉米淀粉 2.5 kg，大豆分离蛋白 1 kg，食盐 1.25 kg，调味料 350 g，混合粉 150 g，白砂糖 150 g。

（二）生产工艺

原料选择→解冻→清洗→修整→切块→腌制→配料→斩拌→灌肠→干燥→烟熏→蒸煮→冷却→去皮→包装→速冻→成品冻藏。

（三）操作要点

1. 原料选择、解冻

选择来自非疫区检疫合格的优质牛肉、猪肉。猪瘦肉要求用猪 2 号、4 号分割肉，猪脂肪选用硬膘，即背部脂肪。牛肉采用市场上购得的无筋膜的精牛肉。将分割肉投入解冻池进行解冻，解冻时间应控制在 24 h 以内，解冻至肉中心温度在 1～7 ℃为准，解冻后无汁液析出，无冰晶体，气味正常。

2. 清洗、修整

用干净的自来水冲洗肉体表面，以除去表面的泥沙及其他污染物。修去淋巴、软骨、碎骨、筋膜淤血、黑色素肉、颈部刀口肉以及其他杂质。

3. 切块、腌制

将瘦肉与肥膘分别切成 3～5 cm 的条形，放置备用。将猪肉与肥膘用食盐、混合粉等腌制 24 h 备用。

4. 配料、斩拌

按配料配齐原辅材料，准备斩拌。首先将斩拌机盛料盘的温度降至 6 ℃以下，加入牛肉、猪肥膘及大豆分离蛋白和部分冰片（约 1/3）进行斩拌，斩拌约 2 min 形成乳化状态后，加入猪瘦肉及其他辅料、调味料、剩余的冰片，最后加入淀粉，关盖紧抽真空，继续斩拌至1～2 mm 大小的肉糜颗粒。应注意斩拌过程中尽量控制肉温在 12～15 ℃之间。

5. 灌肠

将肉糜倒入灌肠机中，适当调整压力，使肠体长度在 10～12 cm，质量为 300 g 左右，充填后肠体的直径为 18～20 cm。灌肠时应尽量避免肉糜粘到肠体表面，灌制好的肠体用专用的横杆吊挂于架车上，做到肠体之间留有一定的空隙，若不能及时熏制的要堆入腌制间内暂时存放。

6. 干燥、烟熏

将吊挂好的肠体送入烘烤间进行烘烤干燥，干燥条件为 60 ℃，时间 30 min。经初步干燥后的肠再送入烟熏室中进行烟熏处理，烟熏条件为 40～50 ℃，时间 25 min。发烟材料采用除松木以外的阔叶木锯末。

7. 蒸煮、冷却

采用恒定的温度蒸煮，条件为 78 ℃，时间 18 min。采用水喷淋冷却的方法，将肠体中心温度降低到 10 ℃以下。

8. 去皮、包装

采用机械去皮的方法，适当调整刀深，使肠衣皮全部剥落而不在肠体上留下超过 1 mm 的刀痕，保证肠体完整。按规定数量整齐排列，放入包装箱。

9. 速冻、冻藏

将包装好的香肠送入速冻库速冻。温度－30 ℃，时间依包装大小而定。将速冻后的香肠转入－18 ℃的冻藏库中进行冻藏，应注意保持库温恒定，上下浮动幅度不超过 2 ℃。

(四)质量

色泽呈棕红色，有热狗香肠特有的香味。

本章分五节，讲述了肉类加工原料及加工特性、各种常用辅料及加工特性，并分别介绍了速冻肉制品、清蒸类罐头、肉松肉脯等的加工技术。

思考题

1. 试述肉的成熟过程。
2. 加快肉成熟的方法有哪些？
3. 简述肉松的加工工艺流程。
4. 简述肉脯的加工工艺流程。
5. 简述清蒸肉罐头的加工工艺流程。

【实验实训一】 肉松的加工

一、实验目的

了解和掌握肉松制作的基本方法和工艺。

二、实验原理

肉松是将肉煮烂，再经过炒制、揉搓而成的一种营养丰富、易消化、使用方便、易于贮藏的脱水制品。除猪肉外还可用牛肉、兔肉、鱼肉生产各种肉松。我国著名的传统产品是太仓肉松和福建肉松。

三、配方

瘦猪肉 5 kg，酱油 5 g，白砂糖 4 g，猪油 200 g。

四、制作过程

1. 炒松

将切割、煮熟的肉块放在一锅内进行炒制，加少量汤用小火慢慢炒，待汤汁全烧干后再分小锅炒制，使水分慢慢地蒸发，肌肉纤维松散改用小火烘焙成肉松坯。

2. 油酥

经炒好的肉松坯再放到小锅中用小火烘焙，随时翻动，待大部分松坯都成酥脆的粉状时，用筛子把小颗粒筛出，剩下的大颗粒的松坯倒入已液化猪油中，要不断搅拌，使松坯与猪油均匀结成球形圆粒，即为成品。

五、成品质量指标

呈均匀的团粒，无纤维状，金黄色，香甜有油，无异味。

【实验实训二】 肉脯的加工

一、实验目的

了解和掌握肉脯制作的基本方法和工艺。

二、实验原理

肉脯是直接烘干的干肉制品，与肉干不同之处是它不经过煮制，多为片状。肉脯的品种很多，但加工过程基本相同，只是配料不同，各有特色。

三、配方

瘦肉 50 kg，白糖 6.75 kg，酱油 4.25 kg，胡椒 0.05 kg，鸡蛋 1.5 kg，味精 0.25 kg。

四、制作过程

1. 原料肉的选择与修制

选猪后腿瘦肉，剔除骨、脂肪、筋膜，然后装入模中，送入急冻间冷冻至中心温度为－2 ℃出冷冻间，将肉切成 12 cm×8 cm×1 cm 的肉片。

2. 腌制

肉片与配料充分配合，搅拌均匀，腌制一段时间，使调味料吸收到肉片内，然后把肉片平摆在筛上。

3. 烘干

将装有肉片的筛网放入烘烤房内(温度为 65 ℃)，烘烤 5～6 h 后取出冷却。

4. 烘烤

把烘干的半成品放入高温烘烤炉内(炉温为 150 ℃)，使肉片烘出油，呈棕红色。烘熟后的肉片用压平机压平，即为成品。

五、感官评定

无异味，无酸败味，无异物，无焦斑和霉斑，具有肉脯特有的风味。

【实验实训三】 腊牛肉的加工

一、实验目的

了解和掌握腊牛肉制作的基本方法和工艺。

二、配方

牛肉 5 kg，小茴香 14 g，桂皮 6 g，花椒 6 g，草果 15 g，大茴香 15 g，生姜 6 g，食盐 100 g，酱油 50 g。

三、制作过程

1. 原料肉的选择处理

把牛肉去除脂肪、筋骨切至 500 g 左右块状。

2. 腌制

加入发色剂、发色助剂等，采用湿腌法，在 10 ℃以下腌制 48 h 以上。

3. 熟制

腌制好的肉直接用水煮制，为使制品形成良好风味，熟制时应加入适量香辛料，煮制 3 h 左右即可。

4. 包装

熟制的腊牛肉需包装后于 0～4 ℃下贮藏。

【实验实训四】　五香猪肉干的加工

一、实验目的

了解和掌握五香猪肉干制作的基本方法和工艺。

二、配方

猪瘦肉 5 kg，食盐 75 g，白酒 250 g，五香粉 250 g，大葱 50 g，生姜 12 g，食盐 100 g，酱油 50 g。

三、制作过程

1. 原料肉的选择处理

选择新鲜猪前、后腿的瘦肉，去除皮、脂肪、筋骨等，冲洗干净，切成 0.5 kg 左右的肉块。

2. 煮制

将大葱、姜拍碎，把肉块与葱、姜一块儿放入清水锅中煮制 1 h 左右。出锅后摊凉，顺肉块的肌纤维切成长约 5 cm、宽约 1 cm 的肉条，然后加入食盐、白酒、五香粉、酱油等，拌和均匀，腌制 30～60 min 使之入味。

3. 油炸

将植物油倒入锅内，用量以能淹浸肉条为原则，将油加热到 140 ℃左右，把已入味的肉条，倒入锅内油炸，不停地翻动，等水响声过后，即用漏勺把肉条捞出锅，待热气散发后，将白糖、味精和酱油搅拌均匀，晾凉。取炸肉条之后的植物油 2 kg，加入五香粉等放入凉后的肉条中，拌和均匀即得成品。

【实验实训五】 香酥鱼片的制作

一、实验目的

了解和掌握香酥鱼片制作的基本方法和工艺。

二、配方

鲢鱼 750 g,食盐 10 g,胡椒粉 25 g,五香粉 10 g,大葱 50 g,生姜 12 g,食盐 100 g,酱油 50 g,白砂糖 10 g,味精 5 g。

三、制作过程

1. 原料鱼的选择处理

选择新鲜鲢鱼置于洁净的案板上,分别去鳞、腮、头、尾、内脏,然后冲洗干净,从背部进行切割,将其切割成左右两片,并剔除椎骨、肋骨和鱼皮,切成 10～12 mm 厚的片块状。

2. 腌制

将食盐洒在鱼片上,腌制 120 min,使之入味。

3. 油炸

将腌制好的鱼片置于预先加热到 170～180 ℃的色拉油中,加热 15～17 min,鱼片颜色呈现金黄色,取出。

4. 调味

将鱼片沥干油后趁热浸入预先配制好的调味液中浸渍 1～2 min。

5. 烘干

将调味处理后的油炸鱼片放于 60 ℃烘烤 5～6 h,即得成品。

6. 包装

冷却后真空包装。

四、感官评定

制品含水量低于 16%,形态完整,色泽棕黄,口感酥脆,软硬适度,有五香味。

第五章

软饮料生产技术

【教学目标】

通过本章内容的学习，了解软饮料的定义和种类，了解软饮料常用的原辅料及包装材料，熟悉软饮料用水的水质要求及处理方法，掌握常见软饮料的工艺流程及操作要点。

第一节　概　述

一、饮料和软饮料的概念

(一)饮料

硬饮料：酒精饮料、含酒精饮料，如啤酒、香槟。

软饮料：非酒精饮料、无酒精饮料，如碳酸饮料、果汁饮料，可含<0.5%酒精作香料溶剂，另外发酵饮料可能产生微量酒精。

(二)软饮料

软饮料：以补充人体水分为主要目的的流质食品，包括固体饮料。

固体饮料：水分含量在5%以内，具有一定形状(粉末、颗粒、片状或块状等)，以水溶解成溶液再饮用的饮料。

二、软饮料的分类

按产品形态分为10类。

(一)碳酸饮料类

碳酸饮料是指在一定条件下充入CO_2的制品。不包括由发酵法自身产生CO_2气体的饮料。成品中CO_2的含量(20 ℃时体积倍数)不低于2.0倍。

(二)果汁(浆)及果汁饮料类

用新鲜或冷藏水果为原料,经加工制成的制品。包括果汁、果浆、浓缩果汁、浓缩果浆、果肉饮料、果汁饮料、果粒果汁饮料、水果饮料浓浆、水果饮料9种类型。

(三)蔬菜汁及蔬菜汁饮料类

用新鲜或冷藏蔬菜(包括可食的根、茎、叶、花、果实,食用菌、食用藻类及蕨类等)为原料,经加工制成的制品。

(四)乳饮料类

以鲜乳或乳制品为原料(经发酵或未经发酵),经加工制成的制品。分为配制型含乳饮料和发酵型含乳饮料。

配制型含乳饮料:以鲜乳或乳制品为原料,加入水、糖、果汁、可可、酸等调制而成的制品,不经发酵。成品中蛋白质≥1.0%(m/V)的称乳饮料,0.7%≤蛋白质(m/V)<10%的称乳酸饮料。如朱古力奶。

发酵型含乳饮料:以鲜乳或乳制品为原料,经乳酸菌培养发酵制得的乳液中加入水、糖、酸等调制而成的制品。成品中蛋白质≥1.0%(m/V)的称乳酸菌乳饮料,0.7%≤蛋白质(m/V)<10%的称乳酸菌饮料。

(五)植物蛋白饮料类

以蛋白质含量较高的植物果实、种子或核果类、坚果类的果仁等为原料,与水按一定比例磨浆去渣后调制所得的制品,成品中蛋白质≥0.5%(m/V)。如豆乳、椰奶、杏仁露。

(六)瓶装饮用水类

密封于塑料瓶、玻璃瓶或其他容器中不含任何添加剂可直接饮用的水,包括饮用纯净水和饮用天然矿泉水。

(七)茶饮料类

茶叶用水浸泡后经抽提、过滤、澄清等工艺制成的茶汤或在茶汤中加入水、糖、酸、香精、果汁或植(谷)物抽提液等调制加工而成的制品。

(八)固体饮料类

以糖、食品添加剂、果汁或植物抽提物等为原料,加工制成的水分含量在5%(m/m)以内、具有一定形状(粉末、颗粒状或块状)的制品,以水溶解成溶液后方可饮用。

(九)特殊用途饮料类

通过调整饮料中天然营养素的成分和含量的比例,以适应某些特殊人群营养需要的制品。如活力A运动饮料、雄狮运动饮料。

(十)其他饮料类

上述9种类型以外的软饮料。如以药食两用或新资源食物为原料,经调制加工而成的制品。

第二节 软饮料原辅料及包装材料

一、软饮料常用的原辅料

软饮料中常用的原辅料主要有甜味剂、酸味剂、香料和香精、色素、防腐剂、抗氧化剂、增稠剂、CO_2等。

(一)甜味剂

1. 蔗糖

蔗糖是由甘蔗或甜菜制成的产品,是由葡萄糖和果糖构成的一种双糖,分子式为$C_{12}H_{22}O_{11}$。就口感而言,10%浓度时蔗糖的甜度一般有快适感,20%浓度则成为不易消散的甜感。一般果实饮料以浓度控制在8%～14%为宜。蔗糖与葡萄糖混合后,有增效作用,其甜度感觉不会降低;蔗糖添加少量食盐可增加甜味感;酸味或苦味强的饮料中,增加蔗糖可使酸味或苦味减弱。

2. 葡萄糖

葡萄糖作为甜味剂的特点是能使配合的香味更为精细。而且即使达20%浓度也不产生像蔗糖那样令人不适的浓甜感。此外,葡萄糖具有较高的渗透压,约为蔗糖的2倍。固体葡萄糖溶解于水时是吸热反应,这种情况下同时触及口腔、舌部时,则给人以清凉感觉。葡萄糖的甜度量为蔗糖的70%～75%,在蔗糖中混入10%左右的葡萄糖时,由于增效作用,其甜度比计算的结果要高。

3. 果葡糖浆

酶法糖化淀粉所得糖化液,葡萄糖值约98,再经葡萄糖异构酶作用,将42%的葡萄糖转化成果糖,制得糖分主要为果糖和葡萄糖的糖浆,称为果葡糖浆,也称为异构糖。果葡糖浆色泽的热稳定性较差,可与羰基化合物发生美拉德反应。在饮料中应注意使用得当。在温度较低时,由于葡萄糖的溶解度相对较小,会有结晶析出。

4. 山梨醇

山梨醇可由葡萄糖还原而制取。在梨、桃、苹果中广为分布,含量1%～2%。其甜度与葡萄糖大体相当,但能给人以浓厚感,在体内被缓慢地吸收利用,但血糖值不增加。山梨醇还是比较好的保湿剂和表面活性剂。

5. 木糖醇

木糖醇甜度相当于蔗糖的70%～80%,有清凉甜味,能透过细胞壁缓慢地被人体吸收,并可提高能量但不经胰岛素作用，故用来作为糖尿病患者食用的甜味剂。

6. 麦芽糖醇

麦芽糖醇是由麦芽糖还原而制得的一种双糖醇。甜度为蔗糖的85%～95%。能100%溶于水，几乎不被人体吸收。大量摄取时某些人可产生腹泻。麦芽糖醇不结晶，不发酵，150 ℃以下不发生分解，是健康食品的一种较好的低热量甜味剂。此外，麦芽糖醇具有良好的保湿性，可用来保湿及防止蔗糖结晶。

(二)酸味剂

1. 柠檬酸

柠檬酸又名枸橼酸，分无水物和一水合物两种。此酸为无色透明晶体或白色结晶性粉末，易溶于水，酸感圆润爽快。在酸味剂中，柠檬酸的应用最为广泛。GB 2760-2007 规定，柠檬酸可用于各类食品，可根据生产需要适量使用。

2. 乳酸

此酸为无色至浅黄色糖浆状液体，有吸湿性，味质是涩、软的收敛味。可与水、甘油、乙醇等任意混溶，不溶于二硫化碳。《中国食品添加剂使用卫生标准》规定，乳酸主要用于乳酸饮料，可按正常生产需要使用。

3. 酒石酸

此酸常用的有 D-酒石酸和 DL-酒石酸两种光学异构体。D-酒石酸为无色透明棱柱状结晶或白色结晶性粉末，易溶于水及乙醇，对金属离子有螯合作用。DL-酒石酸为无色透明结晶或白色结晶性粉末，易溶于水，微溶于乙醇，对金属离子也有螯合作用。和柠檬酸相比，酒石酸具有稍涩的收敛味，酸感强度为柠檬酸的1.2～1.3倍，宜在葡萄饮料中使用。饮料生产中常与柠檬酸、苹果酸等合用，参考用量为1～2 g/kg。

4. 苹果酸

本品为无色至白色结晶性粉末，易溶于水及乙醇。酸感强度是柠檬酸的1.2倍左右，酸味是略带刺激性的收敛味。苹果酸可单独使用或与柠檬酸合并使用，因其酸味比柠檬酸刺激性强，因而对使用人工甜味剂的饮料具有掩蔽后味的效果。饮料中的参考用量为2.5～5.5 g/kg。

(三)香料和香精

香的物质都可以叫作香料。在香料工业中，为了便于区别原料和产品，把一切来自自然界或经人工分离、合成而得的发香物质叫香料；而以这些天然、人工合成的香料为原料，经过调香，有时加入适当稀释剂配制而成的多成分混合体叫香精。香精是软饮料中具有决定性作用的成分，它关系到软饮料风味的好坏。它不但能够增进食欲，有利消化吸收，而且对增加食品的花色品种和提高食品质量具有重要作用。

食用香精按性能和用途可分为水溶性香精、油溶性香精、乳化香精和粉末香精等。软饮料中使用水溶性香精、乳化香精和粉末香精。

(四)色素

1. 食用合成色素

食用合成色素通常是指以煤焦油为原料制成的食用色素。一般食用合成色素较天然色素色彩鲜艳，坚牢度大，稳定性好，着色力强，并且可以任意调色，使用比较方便，成本也比较低廉。但此类色素由于存在安全性问题，使用在逐渐减少。

2. 食用天然色素

天然色素是指来源于天然资源的食用色素，是多种不同成分的混合物。食用天然色素的安全性较高，所以食用天然色素近年来发展较快。一般来说，食用天然色素的性质不太稳定，耐光、耐热性均较差，并随溶液 pH 值不同而改变颜色。在使用天然色素时应当注意：①在色素种类、使用范围和使用浓度方面，应当遵守有关规定；②在为某一产品选择色素时，要考虑该色素在这一产品中的溶解性、稳定性和着色力；③特殊颜色可以通过拼色来实现。

(五)乳化剂

用于降低互不相溶的油水两相界面张力，产生乳化效果，形成稳定乳浊液的添加剂叫乳化剂。乳化剂具有乳化作用、湿润作用、清洗作用、消泡作用、增溶作用和抗菌作用等。W/O型乳化剂表示油包水型乳化剂，类似于奶油；O/W 型乳化剂表示水包油型乳化剂，类似于乳。此外还有多重的，用 W/O/W 和 O/W/G 表示。在实际应用中，应当注意选择合适的乳化剂，并与增稠剂等配合使用，以提高其稳定作用。

1. 山梨醇酐脂肪酸酯及其聚氧乙烯衍生物

山梨醇酐脂肪酸酯一般由山梨醇和山梨聚糖加热失水成酐后再与脂肪酸酯化而得。常用的 Span 剂 HLB 为 4～8，产品分类是以脂肪酸构成划分的，如 Span20(月桂酸 12C)、Span40(棕榈酸 14C)、Span60(硬脂酸 18C)、Span80(油酸 18C 烯酸)等。

Span 与环氧乙烷起加成反应可得到 Tween 类乳化剂，该类乳化剂的亲水性好，HLB 为 16～18，乳化能力强。此类乳化剂为淡黄色、淡褐色油状或蜡状物质，有特异臭味。

2. 蔗糖脂肪酸酯(SE)

蔗糖脂肪酯，又叫蔗糖酯，简称 SE。其由蔗糖与脂肪酸甲酯反应生成。通常为单酯和多酯的混合物。白色至黄色的粉末，或无色至微黄色的黏稠液体或软固体，无臭或稍有特殊的气味。易溶于乙醇、丙酮。单酯可溶于热水，但二酯和三酯难溶于水。单酯含量高，亲水性强；二酯和三酯含量越多，亲油性越强。具有表面活性，能降低表面张力，同时有良好的乳化、分散增溶、润滑、渗透、起泡、黏度调节、防止老化、抗菌等性能。GB 2760-2007 规定，SE 可用于肉制品、水果、冰淇淋、饮料等，其最大使用量为 1.5 g/kg。

(六)防腐剂

1. 苯甲酸和苯甲酸钠

苯甲酸为白色小叶状或针状结晶，性质稳定，有吸湿性，易溶于乙醇，难溶于水。苯甲酸杀菌效果最好的 pH 值为 2.5～4.0，在此范围内完全抑菌的最小浓度为 0.05%～0.1%。苯甲酸钠为白色颗粒或结晶性粉末，易溶于水，溶于乙醇；pH 值为 3.5 时，0.05%的浓度便可完全阻止酵母生长。1 g 苯甲酸钠相当于 0.847 g 苯甲酸。

GB 2760-2007 规定，苯甲酸和苯甲酸钠可在碳酸饮料、果汁(味)饮料、桶装浓缩果蔬汁中使用，其最大使用量分别为 0.2 g/kg、1.0 g/kg、2.0 g/kg(以苯甲酸计)。苯甲酸和苯甲酸钠同时使用时，以苯甲酸计，不得超过其最大使用量。

2. 山梨酸和山梨酸钾

山梨酸为无色针状结晶或白色结晶性粉末；耐光、耐热，但长期置于空气中则会氧化变色；水溶液加热可随水蒸气挥发；难溶于水，溶于乙醇等。本品为酸性防腐剂，在 pH 值 8 以下防腐作用稳定，pH 值越低，抗菌作用越强；对霉菌、酵母、需氧菌有明显的抑制作用。使用时应当注意：本品适用于酸性食品；宜在加热结束后添加，以免随水蒸气挥发；难溶于水，故应当采用合适的方法使其溶解。

山梨酸钾为白色至淡黄褐色鳞片状结晶或结晶性粉末。与山梨酸相比，其最大优点在于它易溶于水，因此被广泛应用。

GB 2760-2007 规定，山梨酸和山梨酸钾可用于碳酸饮料、果汁(味)饮料、桶装浓缩汁、乳酸菌饮料和含乳饮料等，其最大使用量分别为 0.2 g/kg、0.5 g/kg、1.0 g/kg、2.0 g/kg(以山梨酸计)。山梨酸与山梨酸钾同时使用时，以山梨酸计，不得超过其最大使用量。

(七)抗氧化剂

能够防止或延缓食品氧化，提高食品稳定性，延长食品贮藏期的食品添加剂叫抗氧化剂。抗氧化剂的种类很多，软饮料中使用的有抗坏血酸及其钠盐、异抗坏血酸及其钠盐、亚硫酸及其盐等。其中亚硫酸及其盐只能使用在半成品中。为增强抗氧化作用，在使用抗氧化剂的同时，还可使用抗氧化剂的增效剂，如柠檬酸、植酸等。

(八)CO_2

CO_2 是碳酸饮料的主要原料之一，主要用于饮料的碳酸化，在碳酸饮料中起着其他物质无法替代的作用。

目前国内饮料工业中使用的 CO_2 主要来源有发酵制酒的产品、煅烧石灰的副产品、天然气、燃烧焦炭或其他燃料、中和法生产 CO_2 等。通过上述来源的 CO_2，大多含有杂质，必须经过水洗、还原法、氧化法、活性炭吸附、碱洗等净化处理。

二、软饮料包装容器及材料

(一)玻璃容器及材料

玻璃瓶具有光亮、造型灵活，透明、美观，多彩晶莹，阻隔性能好，不透气；无毒、无味，化学稳定性高，卫生清洁；原料来源丰富，价格低廉，可多次周转使用；耐热、耐压、耐清洗，可高温杀菌，也可低温贮藏；生产自动化程度高等优点。但是玻璃瓶还具有质量大，运输费用高，机械强度低，易破损，加工耗能大，印刷等二次加工差等缺点。这些缺点在很大程度上影响着玻璃包装容器的使用和发展，特别是受到轻质塑料及其复合包装材料的冲击。

盛装饮料所用的玻璃瓶都应满足以下基本要求。

1. 玻璃质量

玻璃应当熔化良好、均匀，尽可能避免结石、条纹、气泡等缺陷。

2. 玻璃的物理化学性能

玻璃应具有一定的化学稳定性，不能与盛装物发生化学反应而影响其质量；饮料瓶应具有

一定的化学稳定性，以降低在杀菌以及其他加热、冷却或冷藏过程中的破损率；饮料瓶应具有一定的机械强度，以承受内部压力和在搬运与使用过程中所遇到的震动、冲击力和压力等。

3. 成型质量

饮料瓶按一定的容量、质量和形状成型，不应有扭歪变形、表面不光滑、气泡和裂纹等缺陷；底部应保持水平且平滑，无凸字花纹，以利于光检验机辨认；瓶重心应尽量靠下，以利于传送时平稳；玻璃分布要均匀，不允许有局部过薄过厚现象；瓶口中心线角度差不超过5°，以适应灌装设备，特别是口部要圆滑平整，以保证密封质量。

(二)金属容器及材料

软饮料使用的金属包装材料有镀锡薄钢板、镀铬薄钢板、铝合金和铝箔等。镀锡薄钢板俗称马口铁，是两面镀有纯锡的低碳钢板，为传统的制罐材料。马口铁有光亮的外观、良好的耐蚀性和制罐工艺性能，适于涂料和印铁。镀铬薄钢板又称无锡钢板(TES)，是为了节省用锡而发展起来的一种马口铁代用材料，镀铬板的耐蚀性较马口铁差，因此需经内外壁涂料使用。铝材除了具有金属材料固有的优良阻隔性能之外，质量轻、加工性能好、在空气和水汽中不生锈、经表面涂料后可耐酸碱等介质、无味无臭等更是其特有的优点。

软饮料使用的金属包装容器有三片罐和两片罐之分。三片罐大多用于不含碳酸气的饮料的包装，两片罐多用于碳酸饮料的包装。三片罐罐身多使用马口铁，而罐盖则使用马口铁、镀铬板或铝材。软饮料用两片罐多使用铝薄板。目前饮料罐多为易开盖形式，易开的顶盖基本上采用铝材。

(三)塑料容器及材料

塑料是一种具有可塑性的高分子原料，它以合成树脂为主要原料，根据需要添加稳定剂、着色剂、润滑剂以及增塑剂等，在一定条件(温度、压力)下塑制成型，在常温下保持形状不变，塑料包装材料的最大特点是可以通过人工的方法很方便地调节材料性能，以满足各种需要，如防潮、隔氧、保香、避光等。制成软饮料包装容器的塑料主要有聚乙烯(PE)、聚氯乙烯(PVC)、聚丙烯(PP)、聚酯(PET)、聚偏二氯乙烯(PVDC)、聚碳酸酯(PC)等。

(四)纸质容器及材料

纸容器实际上大部分是复合材料，只不过在材料中加入了纸板，由于纸板的支撑，使原来不能直立放置的容器可以在货架上摆放。较早开发复合纸质容器的是瑞典的TetraPak公司(利乐公司)，其产品称为利乐包。随着技术的进步，现在利乐包减少了材料的消耗，其质量比20年前减少了20%。利乐包的包装由6层材料构成，从内到外的顺序是：聚乙烯、聚乙烯、铝箔、聚乙烯、纸板、聚乙烯。在早些时候，其包装为7层，经过改进以后的包装可形容为是由纸和铝箔夹在聚乙烯中构成的。这种包装属于无菌包装，操作是在利乐公司的无菌灌装机上一面完成容器的形成，一面完成无菌灌装。此外，也有预先在无菌环境中制成折叠的包装盒，再在无菌环境中打开进行灌装的形式，这种形式适用于含果肉的饮料，中国将其称为康美盒。

包装中还有一种是以涂布聚乙烯材料的纸制成的，在冷藏条件下流通消费的屋脊型包装，此类包装由于阻隔性能较差，因此不能用于长期保存的产品。

第三节　软饮料用水及水处理

水是软饮料生产的主要原料，占 85%～95%。水质的好坏直接影响着成品的质量，制约着饮料生产企业的生存和发展。因此，全面了解水的各种性质，对于软饮料用水的处理工作显得尤为重要。

一、软饮料用水的水质要求

(一)天然水的分类及其特点

1. 地表水

地表水是指地球表面所存积的水，包括江水、河水、湖水、水库水、池塘水和浅井水等。其中含有各种有机物质及无机物质，污染严重，必须经过严格的水处理方能饮用。

2. 地下水

地下水是指经过地层的渗透和过滤，进入地层并存积在地层中的天然水，主要是指井水、泉水和自流井水等，其中含有较多的矿物质，如铁、镁、钙等，硬度、碱度都比较高。

3. 城市自来水

城市自来水主要是指地表水经过适当的处理工艺，水质达到一定要求并贮藏在水塔中的水。由于饮料厂多数设在城市，以自来水为水源，故在此也可作为水源来考虑。

(二)天然水中的杂质及其对水质的影响

天然水中含有许多杂质，按其微粒分散的程度，大致可分为三大类：悬浮物质、胶体物质、溶解物质，它们对水质有着严重的影响。

1. 悬浮物质

天然水中凡是粒度大于 0.2 μm 的杂质统称为悬浮物质，这类物质使水质呈浑浊状态，在静置时会自行沉降。悬浮物质主要包括泥土、沙粒之类的无机物质，也有浮游生物（如蓝藻类、绿藻类、硅藻类等）及微生物。

2. 胶体物质

胶体物质的大小为 0.001～0.2 μm，它具有两个很重要的特性：①光线照上去，被散射而呈浑浊的丁达尔现象；②具有胶体稳定性。胶体可分为无机胶体和有机胶体两种。无机胶体如硅酸胶体和黏土。是由许多离子和分子聚集而成的，是造成水浑浊的主要原因。有机胶体主要是一类分子质量很大的高分子物质，一般是植物残骸经过腐蚀分解的腐殖酸、腐殖质等，是造成水质带色的主要原因。

3. 溶解物质

这类杂质的微粒在通常情况下以分子或离子状态存在于水中。溶解物质主要为溶解盐类、溶解气体和其他有机物。

(1)溶解气体

天然水源中溶解气体主要是氧气和 CO_2，此外是硫化氢和氯气等。这些气体的存在会影响碳酸饮料中 CO_2 的溶解量并产生异味，还会影响其他饮料的风味和色泽。

(2)溶解盐类

主要是 H^+、Na^+、NH^{3+}、K^+ 以及 Ca^{2+} 和 Mg^{2+} 等的碳酸盐、硝酸盐、氯化物等，它们构成水的硬度和碱度，能中和饮料中的酸味剂，使饮料的酸碱比失调，影响质量。

①水的硬度。硬度是指水中存在的金属离子沉淀肥皂的能力。水硬度的大小一般指水中钙离子和镁离子盐类总含量的多少。硬度分为总硬度、碳酸盐硬度(暂时硬度)和非碳酸盐硬度(永久硬度)。碳酸盐硬度主要成分是钙、镁的重碳酸盐，其次是钙、镁的碳酸盐，它们在煮沸过程中会分解成为溶解度很小的碳酸盐沉淀，硬度大部分可除去，故又称暂时硬度。非碳酸盐硬度包括钙、镁的硫酸盐(硫酸钙、硫酸镁)、硝酸盐(硝酸钙、硝酸镁)、氯化物(氯化钙、氯化镁)等盐类的含量，这些盐类经加热煮沸不会产生沉淀，硬度不变化，故又称永久硬度。水的总硬度是暂时硬度和永久硬度之和，决定于水中钙、镁离子盐类的总含量。水的硬度单位有 mmol/L 或 mg/L，其通用单位是 mmol/L。也可用德国度(°d)表示，即 1 L 水中含有 10 mg CaO 为硬度 1 °d。其换算关系为 1 mmol/L＝2.804 °d＝50.045 mg/L(以碳酸钙表示)。饮料用水的水质，要求硬度小于 3.03 mmol/L(8.5 °d)。硬度高会产生碳酸钙沉淀，影响产品的口味及质量。

②碱度。水的碱度取决于天然水中能与 H^+ 结合的 OH^-、CO_3^{2-} 和 HCO_3^- 的含量，称为重碳酸盐碱度。水中 OH^-、CO_3^{2-} 和 HCO_3^- 的含量为水的总碱度。

(三)软饮料用水的水质要求

软饮料用水的水质要求见表 5-1。

表 5-1　软饮料用水指标

项目	指标	项目	指标
浊度/度	＜2	高锰酸钾消耗量/(mg/L)	＜10
色度/度	＜5	总碱度(以 $CaCO_3$ 计)/(mg/L)	＜50
味及臭气	无味无臭	游离氯含量/(mg/L)	＜0.1
总固形物含量/(mg/L)	＜500	细菌总数/(个/mL)	＜100
总硬度(以 $CaCO_3$ 计)/(mg/L)	＜100	大肠菌群/(MPN/100mL)	＜3
铁(以 Fe 计)含量/(mg/L)	＜0.1	霉菌含量/(个/mL)	≤1
锰(以 Mn 计)含量/(mg/L)	＜0.1	致病菌	不得检出

二、水处理的主要目的

水处理的主要目的是保持用水水质的稳定性和一致性；除去水中的悬浮物质和胶体物质；去除有机物、异臭、异味，脱色；将水的碱度降到标准以下；去除微生物，使微生物指标符合规定标准。此外，根据需要，还要去除水中的铁、锰化合物和溶解于水中的气体。为达到水质要求，针对原水的水质，采取不同的水处理方法。

（一）混凝和过滤

1. 混凝

混凝是指在水中加入某些溶解盐类，使水中的细小悬浮物或胶体微粒互相吸附结合而成较大颗粒从水中沉淀下来的过程。这些溶解的盐类称为混凝剂。

水处理中可用的混凝剂主要有铝盐和铁盐。铝盐有明矾、硫酸铝、碱式氯化铝等；铁盐包括硫酸亚铁、硫酸铁及三氯化铁3种。它们的作用是自身先溶解形成胶体，再与水中杂质作用，以中和或吸附的形式使杂质凝聚成大颗粒而沉淀。

2. 过滤

过滤是改进水质量最简单的方法。通过过滤可以除去以自来水为原水中的悬浮物质、氢氧化铁、残留氯及部分微生物，还能除去水中的异味和颜色。原水通过滤料层时，其中一些悬浮物和胶体物质被截留在空隙中或介质表面上，这种通过粒状介质层分离不溶性杂质的方法称为过滤。过滤方法、过滤材料不同，过滤效果也不同。细砂、无烟煤常在结合混凝、石灰软化和水消毒的综合水处理中作初级过滤材料；原水水质基本满足软饮料用水要求时，可采用砂滤棒过滤器；为了除去水中的色和味，可用活性炭过滤器；要达到过滤效果，可以采用微孔滤膜过滤器。在过滤的概念中，甚至可以将近年来发展起来的超滤、电渗析和反渗透列入其中。

（二）水的软化

1. 石灰软化法

此法适应于碳酸盐硬度较高，非碳酸盐硬度较低，而且对水质要求不是很高的水处理。先将石灰（CaO）调成石灰乳，再用石灰乳先除去水中游离的CO_2，然后使反应顺利进行，产生大量的碳酸钙和氢氧化镁沉淀，从而达到软化的目的。

2. 离子交换软化法

离子交换软化法是利用离子交换树脂交换离子的能力，按水处理的要求将原水中所不需要的离子暂时占有，然后再将它释放到再生液中，使水得到软化的水处理方法。根据所能交换的离子的不同将离子交换树脂分为阳离子交换树脂和阴离子交换树脂两大类，前者在水中以氢离子与水中金属离子或其他阳离子发生交换，后者在水中以氢氧根离子与水中的阴离子发生交换。

离子交换法软化水的机理主要在于水中的离子和离子交换树脂中游离的同型离子间的交换过程，通过这一过程达到水质软化的目的。阳离子交换树脂可吸附钙、镁等离子，阴离子树脂可吸附氯离子、碳酸氢根离子、硫酸根离子、碳酸根离子等。

3. 反渗透法

反渗透技术是20世纪80年代发展起来的一项新型膜分离技术，以半透膜为介质，对被处理水的一侧施以压力，使水穿过半透膜，从而达到除盐的目的。反渗透法可以通过实验加以说明。在一容器中用一层半透膜把容器分成两部分，一边注入淡水，另一边注入盐水，并使两边液位相等，这时淡水会自然地透过半透膜至盐水一侧。盐水的液面达到某一高度后，产生一定压力，抑制了淡水进一步向盐水一侧渗透。此时的压力即为渗透压。如果在盐水

一侧加上一个大于渗透压的压力，盐水中的水分就会从盐水一侧透过半透膜至淡水一侧，这一现象就称为反渗透。

4. 电渗析法

电渗析技术常用于海水和咸水的淡化，或用自来水制备初级纯水。电渗析是通过具有选择通透性和良好导电性的离子交换膜，在外加直流电场的作用下，根据异性相吸、同性排斥的原理，使原水中阴、阳离子分别通过阴离子交换膜和阳离子交换膜而达到净化作用的一项技术。采用电渗析处理，可以脱除原水中的盐分，提高纯度，从而降低水质硬度并提高水的质量。

三、饮料用水的消毒

原水经过以上各项处理后，水中大多数微生物已经除去，但是仍有部分微生物残留在水中，为了确保产品质量和消费者健康，对水要进行严格消毒。水的消毒方法很多，多采用氯气消毒、臭氧消毒和紫外线消毒 3 种，尤其以紫外线消毒最适于软饮料用水的清毒。

(一)氯消毒

氯和水反应可以生成次氯酸，而次氯酸($HClO$)是一个中性分子，具有很强的穿透力，可以扩散到带负电荷的细菌表面，并迅速穿过细菌的细胞膜，进入细菌细胞内部。氯原子的氧化作用破坏了细菌体内的某些酶系统，使之失去酶的活力而致死。而次氯酸根离子(ClO^-)虽然也包含一个氯原子，但它带负电，不能靠近带负电的细菌，因此不能穿过细菌的细胞膜进入细菌内部，所以一般认为次氯酸具有主要的灭菌作用，而反应中生成的次氯酸根杀菌力较弱。常用的消毒剂有液氯(钢瓶装)、漂白粉、次氯酸钠、漂白精、氯胺等。

我国生活饮用水水质标准规定，在自来水的管网末端自由性余氯应保持在 0.1～0.3 mg/L，小于 0.1 mg/L 时不安全，大于 0.3 mg/L 时水含有明显的氯臭味。为了使管网最远点的水中能保持 0.1 mg/L 的余氯量，一船总投氯量为 0.5～2.0 mg/L。

(二)紫外线消毒

微生物经紫外线照射后，细胞内的蛋白质和核酸的结构发生改变而导致其死亡。紫外线对水有一定的穿透能力，故能杀灭水中的微生物，从而使水得到消毒。

目前使用的紫外线杀菌设备主要是紫外线饮水消毒器，它主要是靠紫外线灯发出的紫外线，将流经灯管外围水层中的细菌杀死。这种紫外线消毒器可直接与砂滤棒过滤器的出水管道相连通，经过砂滤棒过滤器的水流经紫外线灯管即可达到消毒的目的。应该注意的是，紫外线消毒器处理水的能力须大于实际生产用水量，一般以超出实际用水量的 2～3 倍为宜。

(三)臭氧消毒

臭氧(O_3)是一种很强的氧化剂，极不稳定，很容易离解出活泼的、氧化性极强的新生态原子氧，它对微生物细胞内的蛋白质和核酸分子有着很强的氧化破坏作用，可以最终导致微生物的死亡。臭氧发生器通过高频高压电极放电产生臭氧，然后臭氧按一定流量连续喷射入一定流量的水中，臭氧与水充分接触，从而达到消毒的目的。

第四节　碳酸饮料生产技术

一、分类及特点

碳酸饮料是指在一定条件下充入 CO_2 气体的制品。不包括由发酵法自身产生 CO_2 气体的饮料。成品中 CO_2 气体的含量(20 ℃时体积倍数)不低于 2.0 倍,所以又称“汽水”。

按照国家标准,碳酸饮料又划分为:

(一)果汁型碳酸饮料

指原果汁含量不低于 2.5%的碳酸饮料,如橘汁汽水、橙汁汽水、菠萝汁汽水或混合果汁汽水等。

(二)果味型碳酸饮料

指以果香型食用香精为主要赋香剂,原果汁含量低于 2.5%的碳酸饮料,如橘子汽水、柠檬汽水等。

(三)可乐型碳酸饮料

指含有焦糖色、可乐香精或类似可乐果和水果香型的辛香、果香混合香型的碳酸饮料。无色可乐不含焦糖色。

(四)低热量型碳酸饮料

指以甜味剂全部或部分代替糖类的各型碳酸饮料和苏打水。成品热量低于 75 kJ/100mL。

(五)其他型碳酸饮料

指含有植物抽提物或非果香型的食用香精为赋香剂以及补充人体运动后失去的电解质、能量等的碳酸饮料,如姜汁汽水、运动汽水等。

碳酸饮料的特点是充有 CO_2 气体,使制品有清凉的感觉,阻碍了微生物的生长,能够从饮料里带出香味成分并有舒服的刹口感。

二、生产工艺

(一)工艺流程

按照生产加工方法的不同,碳酸饮料的生产流程分为“二次灌装法”和“一次灌装法”。

1. 二次灌装法

又称现调法，是碳酸饮料最初的制造方法。二次灌装法是将配好的调味糖浆先灌入包装容器，再向包装容器中灌碳酸水密封的生产方法。工艺流程见图 5-1。二次灌装法适合产量小、高档的含果汁或果肉量较多、含气量较少的饮料生产。

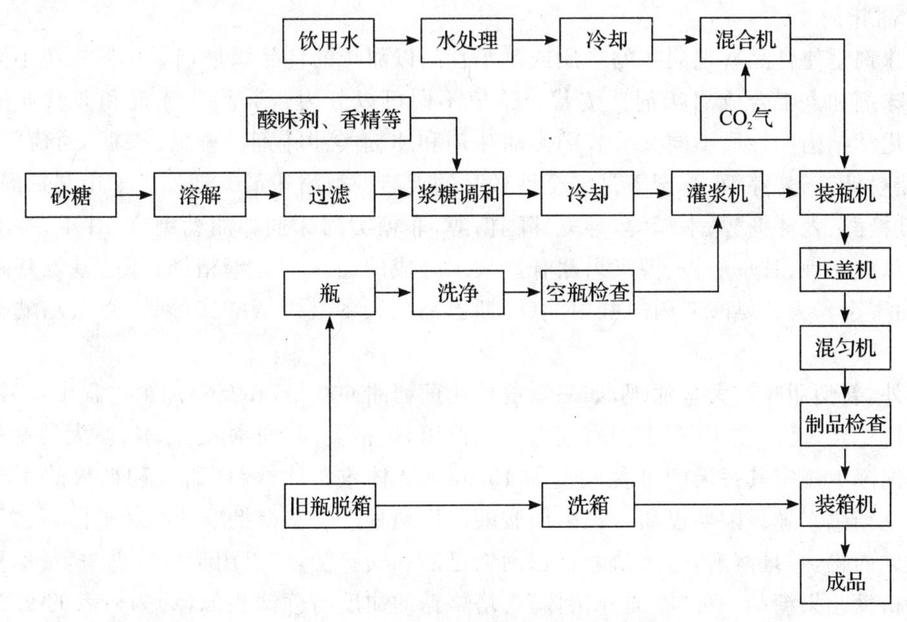

图 5-1　二次灌装法生产工艺流程

2. 一次灌装法

又称预调法，指将调味糖浆和碳酸水预先按一定比例配好后，一次灌入包装容器中密封的生产方法。工艺流程见图 5-2。一次灌装法适用于含气量大、产量高的饮料的生产。

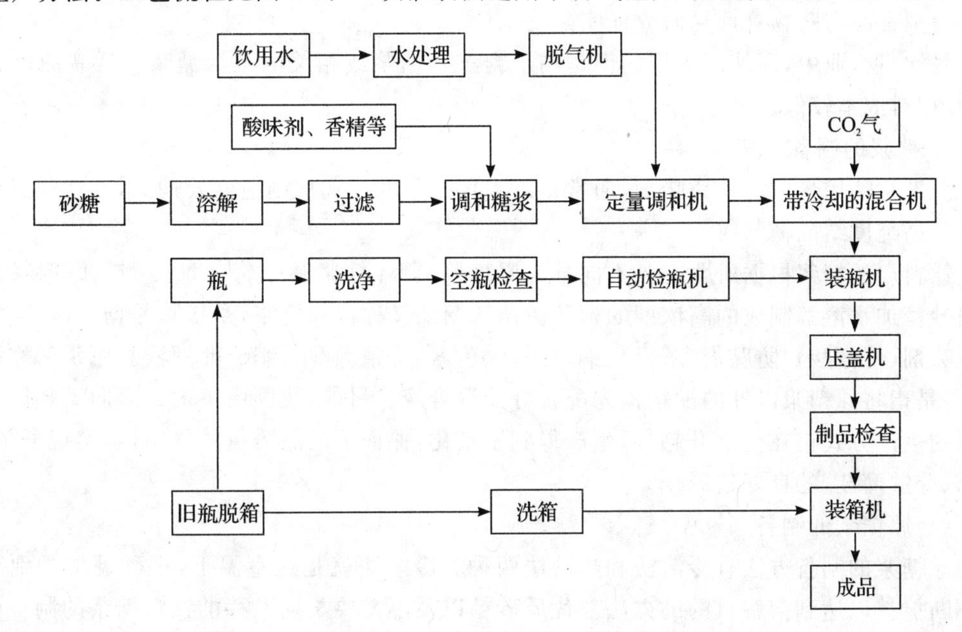

图 5-2　一次灌装法生产工艺流程

从图中可以看出，装瓶前有五条分支工艺线，即水处理、碳酸化、调味糖浆的制备、空瓶的清洗和空箱的清洗。除这两种方法以外，还有组合式，集中了这两者的优缺点。

(二)甜味剂以及糖浆的制备

1. 甜味剂

甜味剂是使食品呈现甜味的物质或赋予食品以甜味的食品添加剂。按照来源不同分为天然甜味剂和人工合成甜味剂。按营养价值不同可以分为营养型甜味剂和非营养型甜味剂。按化学结构和性质不同又分成糖类甜味剂和非糖类甜味剂。蔗糖、果糖、葡萄糖、果葡糖浆、淀粉糖浆、麦芽糖、蜂蜜等是安全性较高的天然糖类甜味剂。糖醇类如山梨糖醇、甘露糖醇、乳糖醇、麦芽糖醇、木糖醇、异麦芽酮糖醇，非糖类甜味剂如甜菊糖甘、甘草、甘草酸一钾及甘草酸三钾、甘草酸铵、罗汉果甜苷。人工合成的甜味剂有糖精钠、环已基氨基磺酸钠(钙)(甜蜜素)、天冬氨酸苯丙氨酸甲酯(阿斯巴甜)、天冬酰丙氨酸铵(阿力甜)、乙酰磺胺酸钾等。

此外，新型甜味剂大量涌现，如三氯蔗糖比蔗糖甜600倍，在高温加工过程中，三氯蔗糖可以保持稳定，已经在40多个国家获得批准使用，包括美国、加拿大、日本、澳大利亚和新西兰等。国际上规定其每天的可食入量为15 mg/kg体重。软饮料、甜食和糖果的生产者均对三氯蔗糖感兴趣。阿斯巴甜—乙酰磺胺酸盐由两种已经获得批准的甜味剂阿斯巴甜和安赛蜜合成而得，一旦溶解，这种盐非常像阿斯巴甜和安赛蜜，可以用于口香糖中，帮助延长甜味。塔格糖是果糖的一种“差向异构体”。塔格糖的甜度与蔗糖相似(约为后者的92%)，但仅含很少的热量。新柚苷是从柚皮中提取的甜味剂，国外制取的新柚苷二氢查耳酮的甜度为糖精的3～5倍，是蔗糖的2000倍，发展前景良好。荷兰新发现了一种名为TBGD的超级甜味剂，其甜度为糖精的500倍、蔗糖的20万倍，目前可被称作世界上最甜的物质。天冬糖精的成分为天冬酰苯丙氨酸甲酯，其甜度为蔗糖的100～200倍，但低于糖精。这一产品已被美国食品与药物管理局研究证实是安全的。

软饮料行业中，国外最常用的糖是高果糖玉米糖浆或相关的玉米糖浆。后者甜度大于果糖，相对成本较低。

2. 糖浆的制备

蔗糖是使用最广泛的甜味剂，通常是以无色糖浆的形式从制造商处购买，或饮料工厂自行使用高纯度结晶糖制成。

饮料厂的糖浆根据所含成分不同分为原糖浆、调味糖浆和原浆三种类型。原糖浆是指将白砂糖加水溶解制成的高浓度的糖液。调味糖浆又称调和糖浆，是指除原糖浆以外，添加了酸味剂(柠檬酸)、防腐剂(苯甲酸钠)、果汁、色素、香精等配料制成的糖液。原浆又称汽水主剂，是指将原糖浆以外的配料预先配合好的混合液。目前，我国由主剂工厂向灌装厂出售主剂的生产方式正在呈上升趋势，生产得到了细化，保证了产品质量的稳定性，实现了“集中生产、分散灌装”的良好格局。

(1)原糖浆的制备

原糖浆的制备方法有冷溶法和热溶法两种。冷溶法就是在室温下，把砂糖加入到冷水中不断搅拌以达到溶解目的的方法。优质砂糖以及不需要长期贮存的饮料糖浆的制备可以采用这种方法。热溶法又分为蒸汽加热溶解法和热水加热溶解法。蒸汽加热溶解法是将水

和砂糖按比例加入到溶糖罐内，通过蒸汽加热，在高温下搅拌溶解的方法。热水加热溶解法是边搅拌边把糖逐步加入到热水中溶解，然后加热杀菌、过滤和冷却的方法。热水加热溶解法是目前国内厂家常用的方法。具体流程如下：

热水搅拌溶糖(50～55 ℃)→粗过滤→杀菌(90 ℃)→精滤→冷却(至 20 ℃)

(2)调味糖浆的制备

调味糖浆的制备是指根据不同碳酸饮料的要求，在原糖浆液中加入酸味剂、香精、色素、防腐剂、果汁及定量的水等混合均匀的过程。一般顺序如下：

原糖浆液→防腐剂→甜味剂→酸味剂→果汁→色素→香精→加水定量

为了使饮料有黏稠逼真的感觉，在用其他甜味剂代替蔗糖的时候，需同时添加增稠剂如羧甲基纤维素钠(CMC)或黄原胶。

调配时必须遵循以下原则：调配量大的先调入，如糖液和水。配料容易发生化学反应的间隔开调入，如酸、防腐剂、甜味剂的顺序不能颠倒，否则会使防腐剂以结晶的形式析出，影响溶解。黏度大、起泡性原料较迟调入，如乳浊剂、稳定剂。挥发性的原料最后调入，如香精香料。

(3)原浆(汽水主剂)的制备

饮料主剂俗称浓缩液，就是将饮料配方中有关配料，经过特殊加工，成为一个独特的工业产品。饮料灌装厂利用它加上糖、水、CO_2、果汁等灌装成不同的饮料产品。

美国的可口可乐、百事可乐公司都是成功采用汽水主剂法的典型例子。它们采用的生产模式是在美国生产各种汽水的原浆(汽水主剂)，销往中国后，再在中国合资或独资建立灌装分厂，添加碳酸水压盖后就近销售。这样既节约了成本，又保证了产品质量和口味的稳定一致。

(三)饮料用水及其处理

饮料用水和生活用水是有差异的，软饮料用水除应符合 GB5749-1995 外，还应符合表 5-2 饮用水与饮料用水的差异。

表 5-2　饮用水与饮料用水的指标差异

指标	饮用水	饮料用水
浊度/度	＜3	＜2
色度/度	＜15	＜5
总固形物/(mg/L)	＜1000①	＜500
总硬度(以 $CaCO_3$ 计)	＜450	＜100
铁(以 Fe 计)	＜0.3	＜0.1
高锰酸钾消耗量/(mg/L)		＜10
总碱度(以 NaOH 计)		＜50
游离氯/(mg/L)②		＜0.1
致病菌		不得检出

注：①溶解总固体＜1000 mg/L；

②在与水接触 30 min 后应不低于 0.3 mg/L。集中式给水除出厂水应符合上述要求外，管网末梢水不应低于 0.05 mg/L。

总的来说，饮料用水比生活饮用水的各项指标要求更加严格，因为生活用水是即接即用的，而饮料用水是需要较长时间贮存的，碳酸饮料的用水必须符合饮料用水指标。

(四)CO_2 及碳酸化

碳酸饮料的发泡和刺激的味道来自 CO_2。CO_2 可从碳酸盐、石灰石、有机燃料燃烧以及工业发酵过程中制得。软饮料制造商大多数是从遵从食品纯度法规生产 CO_2 的供应商处购买食用级高压钢瓶装的液态 CO_2。

当所采购的 CO_2 纯度不够时，或一般饮料厂为了确保产品质量时，都要对原料 CO_2 进行净化处理。让原料 CO_2 顺次经过高锰酸钾塔、水塔、活性炭塔等装置，除去其中的有机物、异味。

碳酸化过程就是指在低温高压的条件下，把 CO_2 溶入水中的过程。饮料中的 CO_2 量是以单位体积的液体中所含 CO_2 体积数来计算的，气体的体积是指标准温度和压力下气体所占的体积。一般碳酸饮料生产中控制碳酸化温度和压力使得产品含气量达到 1.5～4 倍溶液体积碳酸化。

碳酸化系统用到的设备包括 CO_2 调压站、水冷却机(板式换热器)、碳酸化罐(混合机)等。

(五)容器及设备的清洗

1. 容器的清洗

碳酸饮料的包装容器主要是铝质两片易拉罐、塑料瓶等一次性容器和各种规格的多次性玻璃容器。一次性容器出厂后包装严密、无污染，不需要洗涤消毒，或只用无菌水洗涤喷淋即可用于灌装。玻璃瓶的清洗工序主要为浸泡、冲洗或刷洗、冲洗三个步骤。

毛刷刷洗法是先用 1%～3%氢氧化钠或碳酸氢钠的浸泡液浸泡，温度为 40～55 ℃，时间为 15～25 min。然后用水喷淋，洗去碱液，用毛刷刷去瓶外商标等杂物，刷洗内部，再用有效氯为 50～100 mg/L 的溶液消毒，最后用压力为 0.049～0.098 MPa 的无菌水喷射冲洗瓶内壁 5～10 s，瓶外部用自来水洗。

液体冲击法是利用高压液体对瓶子的喷射冲击取代毛刷的刷洗作用来洗瓶的方法。目前，许多工厂采用此法。一般碱液浓度≥3%，温度 50 ℃，时间≥5 s。

2. 设备的清洗

目前许多饮料工厂清洗设备的方式都是 CIP 清洗，即原地清洗或定置清洗。CIP 清洗装备利用离心泵输送清洁液在物料管道和设备容器内进行强制循环，不仅可以在不拆卸设备的情况下清洗设备器与物料管路，而且可以降低劳动强度。其清洗效果可以通过电导率进行量化，计算机自动程序清洗以及电导率的反馈控制，可以使清洗效果与效率进行规范化管理。适用于食品类物料管道和设备的清洗。

(六)灌装系统

为了使得灌装时不发生泡沫喷涌的现象，一般在碳酸化罐和灌装机之间还要加一个过压力泵。过压力泵给从碳酸化罐里出来的饱和溶液加一个稍大的压力，使此时的饱和溶液成为不饱和溶液。当溶液从灌装喷嘴喷出来的一瞬间，其中的二氢化碳不能气化，从而避免了料液进入瓶中的瞬间发生泡沫喷涌。

灌装方法有如前所述的“一次罐装”和“二次灌装”两种。饮料灌装用到的设备有压差式灌装机、等压式灌装机、负压式灌装机等。灌糖浆用到的设备有容积定量式和液面密封定量式两种。碳酸饮料中常用的有等压式灌装机，啤酒灌装常用的有负压式灌装机。液体进入瓶后应尽快封盖，以防 CO_2 气体逸出。

三、质量控制点及预防措施

（一）杂质

碳酸饮料生产后在贮藏销售期间，会产生杂质现象。

1. 原因

瓶子或瓶盖不干净导致产生杂质；原料本身有杂质；机械碎屑或管道沉积物产生的杂质。

2. 预防措施

按操作规程进行浸瓶、洗瓶，认真检查，并按规定进行水的过滤，定期洗刷贮水器、碳酸水管等。

（二）浑浊与沉淀

碳酸饮料生产后在贮藏销售期间，会产生浑浊与沉淀现象。

1. 原因

物理性变化如运输过程中的剧烈震荡引起的浑浊与沉淀；化学性变化，如使用劣质食品添加剂引起的浑浊与沉淀；微生物如细菌的生长繁殖引起的浑浊与沉淀。

2. 预防措施

水要过滤彻底，瓶子要洗涤干净；水中硬度不宜太高，否则与柠檬酸反应，生成不溶性沉淀；食品添加剂不宜过量，不得使用劣质的食品添加剂；减少各环节污染，做好消毒灭菌工作，防止空气混入。

（三）变色与变味

碳酸饮料生产后在贮藏销售期间，会产生变色与变味现象。

1. 原因

饮料中的 CO_2 是人工压入的，在饮料中不稳定，当饮料受到日光作用，其中的色素会在水、CO_2、少量空气和紫外线作用下发生氧化作用；色素在受热或氧化酶作用下发生分解；饮料贮存时间太长，也会使色素分解，失去着色力，在酸性条件下形成色素酸沉淀，饮料原有的色素会逐渐消失。

2. 预防措施

避光保存，避免过度曝光；贮存时间不宜太长；贮存温度不宜太高；每批存放的数量不宜太多。

(四)气不足

碳酸饮料生产后在贮藏销售期间,会产生气不足现象。

1. 原因

CO_2 不纯;生产过程中有空气混入或脱气不彻底;灌装时排气不完全;封盖不及时或不严密,瓶子与盖不配套。

2. 预防措施

降低水温;排净水中和 CO_2 容器中的空气;提高 CO_2 纯度;经常检查管路、阀门,保证密封良好。

(五)爆瓶

碳酸饮料生产后在贮藏销售期间,会产生爆瓶现象。

1. 原因

CO_2 含量太高,压力太大,贮藏温度高时气体体积膨胀超过瓶子耐压程度;瓶子质量太差造成。

2. 预防措施

控制成品中合适的 CO_2 含量,并保证瓶子质量。

第五节　果蔬汁饮料生产技术

果蔬汁含有人体所需的各种营养元素,特别是维生素 C 的含量更为丰富,常饮用能防止动脉硬化,抗衰老,增加机体的免疫力。是深受人们喜爱的一种饮品。我国生产的果汁有柑橘汁、菠萝汁、葡萄汁、苹果汁、番石榴汁及胡萝卜汁等。

一、果蔬汁饮料生产的基本工艺

天然果汁(原果汁)饮料、果汁饮料或是带果肉果汁饮料等,其生产的基本原理和过程大致相同。主要包括果实原料预处理、榨汁或浸提、澄清和过滤、均质、脱氧、浓缩、成分调整、包装和杀菌等工序(浑浊果汁无须澄清过滤)。

(一)原料的选择和洗涤

1. 应有良好的风味和芳香,色泽稳定,酸度适中,并在加工和贮存过程中仍然保持这些优良品质,无明显的不良变化。

2. 汁液丰富,取汁容易,出汁率较高。

3. 原料新鲜,无烂果。采用干果原料时,干果应该无霉烂果或虫蛀果。

(二)榨汁和浸提

1. 破碎和打浆

破碎的目的是提高出汁率。

2. 榨汁前的预处理

(1)加热

适用于红葡萄、红西洋樱桃、李、山楂等水果。其目的为了改变细胞的半透性,使果肉软化,果胶水解,降低汁液的黏度。原理是加热使细胞原生质中的蛋白凝固,改变细胞的半透性,同时使果肉软化、果胶水解,降低汁液的黏度,从而提高出汁率。处理条件为60～70 ℃/15～30 min。

(2)加果胶酶

可以有效地分解果胶物质,降低果汁黏度,便于榨汁。

3. 榨汁

榨汁方法依果实的结构、果汁存在的部位、组织性质以及成品的品质要求而异。

(1)大部分水果果汁包含在整个果实中——破碎压榨;

(2)有厚的外皮(柑橘类和石榴等)——逐个榨汁或先去皮。

果实的出汁率取决于果实的质地、品种、成熟度和新鲜度、加工季节、榨汁方法和榨汁效能。

4. 粗滤

粗滤或称筛滤,对于浑浊果汁是在保存果粒在获得色泽、风味和香味的前提下,除去分散在果汁中的粗大颗粒或悬浮粒的过程。对于透明果汁,粗滤之后还需要精滤,或先行澄清后再过滤,务必除尽全部悬浮粒。

(三)果汁的澄清和过滤

1. 澄清

电荷中和、脱水和加热都足以引起胶粒的聚集沉淀;一种胶体能激化另一种胶体,并使之易被电解质沉淀;混合带有不同电荷的胶体溶液,能使之共同沉淀。这些特性就是澄清时使用澄清剂的理论根据。常用的澄清剂有明胶、皂土、单宁和硅溶胶等。

(1)膨润土澄清法

膨润土又称为皂土、胶黏土,呈白色或橄榄色,为铝硅酸盐矿物质,能通过吸附反应和离子交换反应去除果蔬汁中的蛋白质。

(2)明胶单宁澄清法

果汁中带负电荷的胶状物质和带正电荷的明胶相互作用,凝结沉淀,使果汁澄清。

(3)加酶澄清法

利用果胶酶制剂水解果汁中的果胶物质,使果汁中其他胶体失去果胶的保护作用而共同沉淀。果胶酶的作用条件为最适温度 50～55 ℃,用量 2～4 kg/t 果汁,可直接加入榨出的新鲜果汁中或在果汁加热杀菌后加入。

(4)冷冻澄清法

冷冻改变胶体的性质,而在解冻时形成沉淀(浓缩脱水)。尤适用于苹果汁。

(5)加热凝聚澄清法

果胶物质因温度剧变而变性，凝固析出。其方法是在80～90 s内加热至80～82 ℃，然后快速冷却至室温。具有简便、效果好的特点。

2. 过滤

果蔬汁经过澄清后必须进行过滤，通过过滤把所有沉淀出来的浑浊物从果蔬汁中分离出来，使果汁澄清。常用的过滤介质有石棉、帆布、硅藻土、植物纤维和合成纤维等。

(1)压滤法

使用板框过滤机将果蔬汁一次性通过滤层过滤的方法。

(2)真空过滤法

是使真空滚筒内抽成一定真空，利用压力差使果蔬汁渗透过助滤剂，得到澄清果蔬汁的方法。

(3)超滤法

利用特殊的超滤膜的膜孔选择性筛分作用，在压力驱动下，把溶液中的微粒、悬浮物、胶体和高分子等物质与溶剂和小分子溶质分开的方法。此法对保持维生素C以及一些热敏性物质有利。

(4)离心分离法

利用离心使得溶液分层从而使溶质滤出溶液的方法。离心设备有三足式、管式以及碟式分离机。

(四)果汁的均质和脱气

1. 均质

均质是浑浊果汁生产中的特殊要求。多用于玻璃瓶包装的产品，马口铁罐产品很少采用。冷冻保藏果汁和浓缩果汁无须均质。

2. 脱气

果汁中存在大量的氧气，会使果汁中的维生素C遭破坏，氧与果汁中的各种成分反应而使香气和色泽恶化，会引起马口铁罐内壁腐蚀，在加热时更为明显。常采用真空脱气法、氮气交换法。

(五)果汁的糖酸调整与混合

绝大多数果汁成品的糖酸比为(13∶1)～(15∶1)。许多水果能单独制得品质良好的果汁，但与其他品种的水果适当配合则更好。在鲜果汁中加入适量的砂糖和食用酸(柠檬酸或苹果酸)。

(六)果汁的浓缩

1. 真空浓缩法

若采用真空薄膜离心蒸发器，在50 ℃条件下1～3 s即蒸发完毕。真空度控制在0.090 MPa以上，在真空条件下当果汁喷射成膜状后，果汁中水分蒸发，气体逸出，这样可以有效地抑制果汁褐变及防止色素和营养成分氧化，但这种蒸发器的能耗很高。

2. 冷冻浓缩法

冷冻浓缩法是利用冰与水溶液之间的固液相平衡原理，将水以固态方式从溶液中去除的一种浓缩方法。通过冷冻浓缩使可溶性物质≥50%。

3. 反渗透浓缩法

反渗透法(reverse osmosis，RO)指的是在膜的原水一侧施加比溶液渗透压高的外界压力，原水透过半透膜时，只允许水透过，其他物质不能透过而被截留在膜表面的过程。反渗透浓缩法主要选用醋酸纤维膜和其他纤维素膜来进行浓缩。

(七)果汁的杀菌和包装

1. 果汁的杀菌

(1)杀菌工艺的选择原则：既要杀死微生物，又要尽可能减少对产品品质的影响。

(2)最常用的方法：高温短时(93±2 ℃/15～30 s)。

(3)杀菌后的灌装：高温灌装(热灌装)和低温灌装(冷灌装)。

2. 果汁的包装

(1)碳酸饮料一般采用低温灌装。

(2)果实饮料，除纸质容器外，几乎都采用热灌装(由于满量灌装，冷却后果汁容积缩小，容器内形成一定的真空度)，罐头中心温度>70 ℃。

二、典型果蔬汁生产工艺

(一)苹果汁

1. 澄清型苹果汁

苹果→选果→清洗→修整→破碎→榨汁→加热→过滤→装罐→密封→杀菌→冷却→检验→成品

图 5-3　澄清型苹果汁加工工艺流程

2. 浑浊型苹果汁

苹果→选果→清洗→修整→去皮去籽→软化→打浆→配料→脱气→均质→加热→灌装→密封→杀菌→冷却→检验→成品

图 5-4　浑浊型苹果汁加工工艺流程

(二)番茄汁

原料→清洗→挑选→修整→破碎→预热→榨汁→调味→脱气→预杀菌→灌装→密封→二次杀菌→冷却→成品

图 5-5　番茄汁加工工艺流程

(三)胡萝卜汁

胡萝卜原料→清洗→去皮→修整→预煮→磨浆→离心分离→调配→脱气→杀菌→灌装→密封→冷却→胡萝卜汁

图 5-6 胡萝卜汁加工工艺流程

(四)菠萝汁

原料选择→清洗→切端、去皮→榨汁→过滤→脱气→杀菌→冷却→浓缩→装瓶

容器消毒→容器清洗（→装瓶）

图 5-7 菠萝汁加工工艺流程

三、质量控制点及预防措施

(一)果蔬汁饮料的浑浊与沉淀

澄清果蔬汁要求汁液清亮透明，浑浊果蔬汁要求有均匀的浑浊度，但果蔬汁生产后在贮藏销售期间，常达不到要求，易出现异常。例如，苹果和葡萄等澄清汁常出现浑浊和沉淀，柑橘、番茄和胡萝卜等浑浊汁，常发生沉淀和分层现象。

1. 原因

(1)加工过程中杀菌不彻底或杀菌后微生物再污染。微生物活动会产生多种代谢产物，因而导致浑浊沉淀。

(2)澄清果蔬汁中的悬浮颗粒以及易沉淀的物质未充分去除，在杀菌后贮藏期间会继续沉淀；浑浊果蔬汁中所含的果肉颗粒太大或大小不均匀，在重力的作用下沉淀，果蔬汁中的气体附着在果肉颗粒上时，使颗粒的浮力增大，浑浊果蔬汁也会分层。

(3)加工用水未达到软饮料用水标准，带来沉淀和浑浊的物质。

(4)金属离子与果蔬汁中的有关物质发生反应产生沉淀。

(5)调配时糖和其他物质质量差，可能会有导致浑浊沉淀的杂质。

(6)香精水溶性低或用量不合适，从果蔬汁分离出来引起沉淀等。

2. 预防措施

要根据具体情况进行预防和处理。在加工过程严格澄清和杀菌，是减轻澄清果蔬汁浑浊和沉淀的重要保障。在榨汁前后对果蔬原料或果蔬汁进行加热处理，破坏果胶酶的活性，严格均质、脱气和杀菌操作，是防止浑浊果蔬汁沉淀和分层的主要措施。

此外，针对浑浊果蔬汁添加合适的稳定剂以增加汁液的黏度也是一个有效的措施。生产中通常使用混合稳定剂，稳定剂混合使用的稳定效果比单独使用好。如果汁液中钙离子含量丰富，则不能选用海藻酸钠、羧甲基纤维素(CMC)作稳定剂，因为钙离子可以使此类稳定剂从汁液中沉淀出来。

(二)果蔬汁的败坏

果蔬汁败坏常表现为表面长霉,发酵,同时因产生CO_2、醇或醋酸而败坏。

1. 败坏原因

引起果蔬汁败坏的原因主要是微生物活动,主要是细菌、酵母菌、霉菌等。酵母能引起胀罐,甚至会使容器破裂;霉菌主要侵染新鲜果蔬原料,造成果实腐烂,污染的原料混入后易引起加工产品的霉味。它们在果蔬汁中破坏果胶引起果蔬汁浑浊,分解原有的有机酸,产生新的异味酸类,使果蔬汁变味。

2. 预防措施

采用新鲜、健全、无霉烂、无病虫害的原料取汁;注意原料取汁打浆前的洗涤消毒工作,尽量减少原料外表微生物数量;防止半成品积压,尽量缩短原料预处理时间;保持车间、设备、管道、容器、工具的清洁卫生,并严格规范加工工艺规程;在保证果蔬汁饮料质量的前提下,杀菌必须充分,适当降低果蔬汁的pH,有利于提高杀菌效果等。

(三)果蔬汁的变味

1. 变味原因

果蔬汁饮料加工方法不当以及贮藏期间环境条件不适宜;原料不新鲜;加工时过度的热处理;调配不当;加工和贮藏过程中的各种氧化和褐变反应;微生物活动所产生的不良物质也会使果蔬汁变味。

2. 预防措施

(1)选择新鲜良好的原料,合理加热,合理调配,同时生产过程中尽量避免与金属接触,凡与果蔬汁接触的用具和设备,最好采用不锈钢材料,避免使用铜铁用具及设备。

(2)柑橘类果汁比较容易变味,特别是浓度高的柑橘汁变味更重。柑橘果皮和种子中含有柚皮苷和柠檬苦素等苦味物质,榨汁时稍有不当就可能进入果汁中,同时果汁中的橘皮油等脂类物质发生氧化和降解会产生萜味。因此,对于柑橘类果汁可以采取以下措施防止变味:用锥形榨汁机或全果榨汁机压榨时分别取油和取汁,或先行磨油再行榨汁,同时改变操作压力,不要压破种子和过分压榨果皮,以防橘皮油和苦味物质进入果汁;杀菌时控制适当的加热温度和时间;将柑橘汁于4 ℃条件下贮藏,风味变化较缓慢;在柑橘汁中加少量经过除萜处理的橘皮油,可突出柑橘汁特有的风味。

(四)果蔬汁的色泽变化

果蔬汁色泽的变化比较明显,包括色素物质引起的变色和褐变引起的变色两种变化。

1. 色素物质引起的变色

主要由果蔬中的叶绿素、类胡萝卜素、花青素等色素在加工中极不稳定造成。

预防措施:加工、运输、贮藏、销售时尽量低温、避光、隔氧,避免与金属接触。叶绿素只有在常温下的弱碱中稳定。此外,若用铜离子取代卟啉环中的镁离子,使叶绿素变成叶绿素铜钠,可形成稳定的绿色。

2. 褐变引起的变色

主要由非酶褐变和酶褐变引起。

预防措施：果蔬汁加工中应尽量降低受热程度，控制 pH 在 3.2 或以下，避免与非不锈钢的器具接触，延缓果蔬汁的非酶褐变。防酶促褐变除采用低温、低 pH 贮藏外，还可添加适量的抗坏血酸及苹果酸等抑制酶褐变，减少果蔬汁色泽变化。

本章分五节，包括软饮料的定义、分类、软饮料原辅料及包装材料、软饮料用水及水处理，以及碳酸饮料、果蔬汁饮料的加工技术。通过学习，学生对软饮料加工技术有一个全面的了解，熟练掌握常见软饮料的加工技术及操作要点。

思考题

1. 什么叫软饮料？主要分为哪几大类？
2. 软饮料生产中常用水处理方法有哪些？
3. 简述二次灌装和一次灌装的异同点。
4. 果汁澄清的方法有哪些？
5. 简述浓缩苹果汁生产工艺。
6. 果汁型饮料生产过程中可能存在的质量问题有哪些？预防措施有哪些？

【实验实训一】 西红柿饮料的加工

一、实验目的

通过实验实训，掌握西红柿原汁制取方法、西红柿饮料加工方法。

二、实验原理

西红柿有一种特殊的味道，且汁液黏稠，多丝絮状，无论口感和外观作为饮料都不十分理想。为解决这一问题，生产中常采用乳酸发酵，添加氨基酸及维生素 E，用干酵母发酵，采用硅藻土、活性炭处理后过滤等办法，虽不同程度地提高了西红柿汁的质量，但存在着工序长，易腐败，只适合于大工业生产等弊端。为克服这些弊端，应把加热至70 ℃的西红柿汁用密度分离法分离出透明的西红柿汁，然后与其他透明果汁或蔬菜汁混合，必要时再添加些其他香料，配成透明西红柿混合饮料。

三、实验材料、用具及设备

新鲜的西红柿、透明果蔬汁、破碎机、压榨机、脱气机、离心分离机、包装容器等。

四、工艺流程

原料→清洗→破碎→压榨→分离→调配→灌装→巴氏杀菌→成品。

五、操作要点

1. 透明西红柿汁制取

选新鲜充分成熟、风味浓郁、质地优良的西红柿，清洗后破碎，静置 5 min，加热至70 ℃，迅速冷却至 30 ℃，而后通过打浆机（2 mm）制得西红柿汁，再经绝对压力为 19998 Pa 的脱气机进行分批密度分离，得淡黄透明的西红柿汁。1500 r/min 分离 20/min。

2. 调配

透明西红柿汁 10 L，透明苹果汁 1 L，果糖 0.5 kg，维生素 C 1.5 g。

3. 灌装、灭菌

调配后灌入消毒后的饮料瓶中，经巴氏灭菌后即为人们乐于饮用的健康饮料。

六、思考题

1. 为什么西红柿汁宜加工成透明汁液？
2. 西红柿饮料加工的主要工序有哪些？

【实验实训二】　豆奶的加工

一、实验目的

了解大豆的化学成分，学习豆奶在实验室中的制作方法；掌握去除大豆豆腥味的技术，豆奶的加工原理和技术，及设备的操作原理和技术。

二、实验原料及仪器设备

大豆、砂糖、奶粉、烧杯、量筒、长滴管、玻璃棒、汽水瓶、王冠盖、压盖机、蒸煮锅、豆乳机、均质机、电炉、过滤筛、手持式糖度计等。

三、工艺流程

大豆→清洗→浸泡→打浆→过筛→配料→加热→成品。

四、操作要点

1. 清洗及浸泡

清洗除去杂质及虫蛀豆，浸泡后除去未泡起的豆。

2. 打浆

将泡好的豆加入磨浆机中打浆。

3. 过筛

将豆渣分离，去渣子。

4. 配料

根据自己的口味，加奶粉、砂糖（奶粉 5%左右，砂糖 8%左右）。

5. 加热

加热至 104 ℃，豆浆中的异味随水蒸气排出。

五、感官评价

蒸煮打浆后的豆奶仍残留有豆腥味，通过加入适量奶粉、砂糖调节豆奶口味，使其奶香香味浓郁突出，稍甜，口感较好。

六、注意事项

1. 注意用电安全。
2. 注意卫生，实验过程中应及时清理废弃物。

七、思考题

1. 写出实验实训结果。
2. 怎样提高大豆蛋白的抽提率？

【实验实训三】 苹果汁饮料的加工

一、实验目的

通过本实验实训，了解果汁饮料的加工过程，掌握果汁饮料加工过程中的重点工序。

二、实验材料及用具

苹果、白砂糖、柠檬酸、打浆机、均质机、脱气机、加热锅、饮料罐或瓶、压盖机、手持式糖度计等。

三、工艺流程

原料→分选→去皮→切半，挖籽巢→软化→调配→脱气，均质→加热，装罐→密封→杀菌→冷却→成品。

四、操作要点

1. 原料

原料要充分成熟，不同品种混合加工风味较好，用红玉5份、国光3份、香蕉2份混合制汁。原料分选，剔出不合格果，去皮、切分，挖去籽果，修去斑点、伤疤、病虫害、伤烂等，及时浸入1%食盐水中护色。

2. 软化

向果片中加入等量15%的糖水，迅速升温沸腾，保持10～12 min，抑制酶的活性，使果片柔软，便于打浆及防止酶变。

3. 打浆

将果块连同汁液用筛孔为0.8 mm和0.4 mm打浆机各打一次。

4. 调配

向上述带果肉的果汁中加入70%糖水，调整果汁浓度为13%～18%，再加入适量柠檬酸，使成品含酸量0.2%～0.7%，原果汁含量不低于45%。

5. 脱气均质

用调配好的果汁在真空度600 mmHg(80 kPa)下用脱气机脱去果汁中空气，然后用高压均质机在压力100～120 kgf/cm^2(9.8～11.8 MPa)下均质。

6. 装罐

将果汁迅速加热到85～90 ℃，趁热装罐或装瓶。装罐时注意搅拌均匀，汁温在80 ℃以上。

7. 封罐

装罐后迅速用封罐机密封或压盖封瓶。

8. 杀菌、冷却

沸水杀菌10～15 min，迅速冷却。

9. 要求

成品色泽淡黄，均匀浑浊，长时间静置后允许有少量沉淀，风味正常，无杂物。

【实验实训四】 酸乳饮料的制作

一、实验目的

掌握酸乳饮料的制作原理，学习酸乳饮料的基本加工操作。

二、实验材料与设备

设备：恒温箱、冰箱、电炉、电子秤、玻璃瓶、杀菌锅、温度计。

原辅材料：酸乳 30%～40%，糖 11%，果胶 0.4%，果汁 6%，20%乳酸 0.23%，香精 0.15%，水 52%。

三、操作要点

1. 用鲜乳或用乳粉制作 10%～12%复原乳，鲜乳或乳粉要求质量高、无抗生素和防腐剂。

2. 将原料乳（或复原乳）加热到 50～60 ℃，加入 6%～9%的糖和 0.1%～0.5%的稳定剂，混合均匀。

3. 用均质机在 16～18 MPa 压力下对原料乳进行均质。

4. 均质后乳在 90～95 ℃ 5 min 条件下杀菌。

5. 杀菌乳冷却至 43～45 ℃，按 2%～4%接种发酵剂，发酵剂需搅拌均匀后再加入。加入发酵剂的同时充分搅拌，使之均匀。

6. 将接种后的乳装入销售容器后封口，在 42 ℃发酵 3～4 h。

7. 乳凝固后将酸乳瓶置于 4 ℃左右冰箱中保存 24 h。

8. 根据配方将稳定剂、糖混匀后，溶解于 50～60 ℃的软水中，待冷却到 20 ℃后与一定量的酸乳混合并搅拌均匀，同时加入果汁。

9. 配制浓度为 20%的溶液（乳酸：柠檬酸＝1：2），在强烈搅拌下缓慢加入酸乳，直至达到 pH 值 4.0～4.2，同时加入香精。

10. 将配好的酸乳预热到 60～70 ℃，于 20 MPa 下进行均质。

11. 将酸乳饮料灌装于包装容器内，并于 85～90 ℃下杀菌 20～30 min。

12. 杀菌后将包装容器进行冷却。

四、注意事项

1. 加酸时应在高速搅拌下缓慢加入，防止局部酸度过高造成蛋白质变性。

2. 保证正确的均质温度和压力，使稳定剂发挥作用。

【实验实训五】 玉米汁的制作

玉米汁是一种很不错的饮料。甜玉米既能防皱纹、抗衰老，又能抗心血管病和防癌，是一种很好的营养食品。玉米的主要营养成分包括维生素 B、钾、磷和铁，其中钾可以增强心脏能力。玉米中还富含抗氧化物维生素 E 和硒，人体每天需要的硒尽管很少，却是最有效的防癌元素之一。

一、实验目的

了解并掌握玉米汁的基本工艺流程。

二、实验材料与仪器

甜玉米、白糖、不锈钢锅、电磁炉。

三、操作要点

1. 甜玉米粒 1 斤，洗干净后加水煮开。
2. 煮好的玉米放凉后就可以榨取了，加水要掌握分寸。一般是三份玉米加入四份水压榨。压榨后可得新鲜美味的玉米汁。

四、思考题

为什么玉米汁是用熟榨法来做的，而不是生榨法来加工？

【实验实训六】 胡萝卜汁的加工

一、实验目的

了解并掌握果蔬汁的制作基本工艺流程。

二、实验原料和设备

胡萝卜、白砂糖、柠檬酸、榨汁机、温度计、均质机、纱布、电磁炉、电炒锅、200目筛、刀。

三、工艺流程

胡萝卜→清洗→去皮、切片→热烫→榨汁→过滤→均质→杀菌→灌装→冷却→成品。

四、操作要点

1. 原料挑选

选择成熟度适中，表皮及果肉呈鲜红色或橙红色的胡萝卜品种，无病虫害及机械损伤。

2. 清洗、切片

用水冲洗干净表皮附着的泥土，然后去皮，切成薄片。

3. 蒸煮

将胡萝卜薄片放入温度90～100 ℃的热水中煮5 min后，在冷水中冷却，然后沥干。

4. 榨汁、过滤

将煮过后的胡萝卜薄片放到榨汁机中榨汁，然后过200目筛，即得胡萝卜汁。

5. 均质

将胡萝卜汁加热到50 ℃左右，在15 MPa工作压力下均质4～5 min，使果肉颗粒微粒化。

6. 杀菌、装罐

煮沸果汁100 ℃，5 min，起到杀菌目的，同时排出果汁中的氧气，防止对氧敏感的营养物质被氧化分解。

第六章

乳制品生产技术

【教学目标】

通过本章的学习，了解牛乳在热处理中的变化，及原料乳的验收和预处理；掌握巴氏灭菌乳、UHT灭菌乳、酸乳、冰淇淋及乳粉的加工技术，为取得相应的职业资格证书奠定基础。

第一节　乳制品生产技术概述

一、牛乳在热处理中的变化

预热、杀菌、保温、浓缩及干燥等热处理是乳品生产中的重要环节，而牛乳是一种热敏性物质，所以研究热处理对牛乳性质的影响，对于控制产品质量有着密切的关系。

(一)形成薄膜

牛乳在40 ℃以上加热时，液面会生成薄膜，这被称为拉姆斯现象。之所以有这种现象，是由于水分从液面不断蒸发，在空气和乳液界层的蛋白显著地受到浓缩的影响，从而导致胶体凝结形成薄膜。这种薄膜的乳固体中含有70%以上的脂肪和20%～25%的蛋白质。为了防止形成薄膜，可在加热时进行搅拌或采取措施减少液面的蒸发水量。

(二)褐变反应

牛乳经长时间高温加热则发生褐变反应。这类反应属于非酶褐变，主要是羰—氨反应，其次是乳糖的焦糖化反应。至于乳糖在高温下焦糖化而形成的褐变，其反应的程度随温度与酸度而异，温度与pH越高，褐变越严重。此外，糖的还原性越强，褐变也越严重。因此，使用转化糖含量多的蔗糖或混用大量葡萄糖时，会产生严重的褐变。

褐变反应可被硫氢基、亚硫酸氢钠、SO_2、甲醛或添加0.01%的游离半胱氨酸所抑制。在实际应用中，褐变反应可通过减少加热处理过程的时间，降低温度，减少干燥制品的水分含量，控制制品的贮存温度及时间等方法来防止。

(三)形成乳石

高温处理或煮沸时,在与牛乳接触的加热面上会形成乳石。乳石形式不仅影响传热,降低热效率,影响杀菌效果,而且造成乳固体的损失。乳石的主要成分是蛋白质、脂肪与无机物。无机物中主要是钙和磷,其次是镁和硫。首先形成 $Ca_3(PO_4)_2$ 晶核,它伴随着以乳蛋白质为主的固形物的沉淀而成长。此外,若用硬水及不良的洗涤剂洗涤时也会造成盐类的沉淀。

(四)乳蛋白质的热变性

牛乳经热处理后其外观所发生的种种变化,不同程度地与蛋白质特别是乳清蛋白的热变性有关。乳蛋白质对加热是否稳定的性质,称为热稳定性。酪蛋白比较稳定;乳清蛋白基本对热是不稳定的,容易发生热变性。

乳清蛋白的加热变化直接或间接地与硫化氢的发生、加热臭的生成、抗氧化性的发生等现象有关。β-乳球蛋白的量接近乳清蛋白总量的一半,而且β-乳球蛋白加热后又容易发生变化,因此β-乳球蛋白的变化对乳制品有很大的影响。

由于β-乳球蛋白热变性产生活性巯基,特别是会产生硫化物和硫化氢,给牛乳带来了蒸煮气味。一般对牛乳的热处理程度越强,则牛乳风味的恶化也越显著。除了β-乳球蛋白是活性巯基的主要来源外,脂肪球膜蛋白加热后亦能产生部分活性巯基。

活性巯基是强有力的还原剂,因此加热后的牛乳的氧化还原电势降低,并产生了抗氧性。热处理对牛乳的抗氧性是有利的,在生产中应适当掌握,充分利用有利因素,尽量避免不利影响,从而提高乳制品的保藏性。

(五)乳糖的影响

牛乳在加热处理过程中,其所含的乳糖成分并不会有太大的改变。但是强烈加热处理会造成乳糖的分解,尤其以浓缩乳最为明显。热处理对乳糖最主要的影响之处在于酸的形成。牛乳在加热过程中,酸形成的速度随牛乳中乳糖含量的增加而成比例地增加。所形成的酸类包括甲酸、乳酸、丙酮酸、丙酸和丁酸等。

(六)酶的钝化

加热会使酶的结构发生变化,造成酶活力丧失。解脂酶经80~85 ℃高温短时间或超高温处理会失活。磷酸酶经62.8 ℃,30 min或72 ℃,15 s加热后会钝化,可用这个性质来检验低温巴氏杀菌法对杀菌牛乳的杀菌处理是否充分。过氧化氢酶经75 ℃,20 min加热可全部钝化。过氧化物酶的钝化温度和时间为75 ℃,25 min和80 ℃,2.5 s。

但是,如果热处理时,牛乳中存在的一些对热稳定的活化因子未被破坏,那么已钝化的酶能被重新活化。所以,高温短时杀菌处理的巴氏杀菌乳装瓶后,应立即在4 ℃条件下冷藏,以抑制碱性磷酸酶的复活。

(七)维生素的损失

牛乳加热后,其营养价值因维生素的损失而降低。维生素A、维生素 B_2、维生素D、烟

酸及生物素对热是稳定的，在一般加热处理中不会有多少损失。维生素 B_1、维生素 B_{12}、维生素 C 等在加热处理中会损失，但是如果在无氧条件下加热，就能减少其损失。

二、原料乳的验收和预处理

（一）原料乳的验收

为了确保乳制品的质量，乳品厂在收奶时必须根据国家生鲜牛乳收购标准对原料乳进行验收。标准规定，收购的生鲜牛乳指正常饲养的健康乳牛分泌的常乳。原料乳送到工厂后，必须首先进行感官检验、理化检验和卫生检验。常规检验项目除色泽、滋味、气味、组织形态外，还有密度测定、酒精试验、酸度测定、脂肪含量测定以及还原酶试验等。经检验合格的原料乳移入磅乳槽或通过流量计计量后验收。

（二）原料乳的预处理

1. 原料乳的净化

为了除去乳中的机械杂质，减少微生物的数量，验收后的原料乳必须立即进行净化。净化的方法可分为过滤净化和离心净化两种。

（1）过滤净化

过滤常使用过滤器。过滤器上装有滤布、不锈钢或合成纤维制成的筛网。过滤方法有常压（自然）过滤、减压（吸滤）和加压过滤等。

（2）离心净化

离心净化使用离心净乳机进行。在离心力的作用下，乳中相对密度较大的微细机械杂质、脱落的体细胞等可被除去，乳中凝固的蛋白质、白细胞、红细胞以及一些细菌也可被除去。

2. 原料乳的冷却

净化后的原料乳应立即冷却到 5～10 ℃，以抑制细菌的增长，保持乳的新鲜度。挤出的鲜乳中含有一种能抑制微生物生长的抗菌物质，称为乳烃素，可抑制某些链球菌的增殖。但乳烃素作用时间长短与乳的贮存温度有关，表 6-1 为乳温与抗菌作用时间的关系。可见，将鲜乳迅速冷却至 5～10 ℃，可延长抗菌作用时间。

表 6-1　乳温与抗菌作用时间的关系

乳温/℃	抗菌作用时间/h	乳温/℃	抗菌作用时间/h
37	⩽2	5	⩽36
30	⩽3	0	⩽48
25	⩽6	−10	⩽240
10	⩽24	−25	⩽720

当然，抗菌作用时间长短与细菌污染程度也有直接关系，污染程度越大，抗菌作用时间越短。因此，将验收合格的原料乳及时冷却是十分必要的。冷却的温度可根据贮存时间进行选择，表 6-2 为乳的贮存时间与冷却温度的关系。一般不能立即加工的乳，都应冷却到

5 ℃以下。冷却宜采用板式换热器进行，冷却介质为冰水。

表 6-2　乳的贮存时间与冷却温度的关系

乳的贮存时间/h	6～12	12～18	18～24	24～36
应冷却温度/℃	8～10	6～8	5～6	4～5

3. 原料乳的贮存

冷却后的原料乳宜贮存在贮乳罐中。贮乳罐分立式和卧式两种，容量一般为 2000～10000 L，均为不锈钢制成，并装有绝热层和搅拌装置，以保证贮存的原料乳在 24 h 内，温度升高不超过 2～3 ℃，脂肪含量变化在 0.1%以下。近年来，工厂规模不断扩大，多使用容量为 50000～100000 L 的大型乳仓储乳，此种大型乳仓均设在户外。

原料乳贮存量至少应与工厂 1 d 的处理量相平衡，以保证连续生产。在冷却条件下贮乳只能抑制微生物的生命活动，而不能杀灭微生物。因此，贮存时间一般不宜超过 48～72 h。否则，随着乳温升高，细菌将大量增加。

三、原料乳的标准化

原料乳中的脂肪与非脂乳固体含量因奶牛品种、地区、季节和饲养管理等因素不同而有较大的差异。因此，为使产品符合标准要求，必须对原料乳进行标准处理。而当原料乳中脂肪含量不足时，可添加一部分稀奶油或分离除去一部分脱脂乳；而当原料乳中脂肪含量过高时，则可添加一部分脱脂乳或分离除去一部分稀奶油。

标准化时，应首先了解即将标准化的原料乳的脂肪和非脂乳固体含量，以及用于标准化的稀奶油或脱脂乳的脂肪和非脂乳固体含量，这些是标准化的计算依据。

第二节　液态乳生产技术

一、市乳

(一)市乳的概念

市乳指以鲜乳为原料，经标准化(或调制)、均质、杀菌、冷却、灌装和封口等处理后制成的供直接饮用的乳。包装容器通常是玻璃瓶、塑料袋和纸盒，我国主要使用塑料袋。

(二)市乳的种类

市乳的种类很多，大体可分为以下几类。

1. 普通市乳

以鲜乳为原料直接加工而成的饮用乳为普通市乳。因其杀菌方法均为巴氏杀菌，故又

称巴氏杀菌鲜乳或消毒鲜乳。世界各国大多规定普通市乳的脂肪含量为3.0%以上，因此需对原料乳的成分进行标准化处理。

2. 浓厚牛乳

此为在普通市乳中添加浓缩乳或脱脂乳粉与稀奶油以改善风味并提高营养价值的产品。浓厚乳的脂肪含量多在4.0%左右，喝起来有浓厚的感觉。

3. 强化牛乳

主要是指强化维生素和矿物质的乳。

以婴幼儿营养需要而言，牛乳中维生素D含量甚少，宜强化之。通常强化维生素D，使牛乳中维生素D含量为400 IU/L。

牛乳中除维生素D最为不足外，其他如维生素C、烟酸、维生素A、维生素B_1以及铁含量等也不足。因此，也有将这些营养素添加到牛乳中进行强化的。

4. 复原乳

复原乳也称再制乳，但在国外两者又有明确的区别。前者指全脂乳粉溶解后，制成的与普通市乳组分相同的液体乳；而后者则是将脱脂乳粉溶解后，加入无水奶油，再经均质化制成的。

5. 成分调制乳

是指将牛乳本身的成分加以调整的制品。例如，在美国有将乳脂肪除去一部分的低脂乳，可分为含脂率2%和1%的两类。而含脂肪极低的就是脱脂乳。与此相反，也有将脂肪含量提高的，即牛乳、稀奶油各半的混合物，其脂肪含量为10.5%以上。

6. 功能性液体乳

这部分乳主要是为了保健而设计制造的，因而具有一定的防病治病功能。

7. 灭菌乳

可分为保持灭菌乳(瓶装灭菌乳)和超高温(UHT)灭菌乳。其风味与巴氏杀菌乳稍有差异，但保存性良好，在欧洲部分国家特别是比利时、西班牙甚为盛行，此种瓶装灭菌乳在市乳市场占有重要地位。瓶装灭菌乳的包装容器主要是玻璃瓶，但已有部分被硬质塑料瓶所取代。我国继1992年首次引进塑料瓶二次灭菌乳设备以来，生产二次灭菌乳的厂家已达10余家，1995年产量达1.5万吨。

UHT灭菌乳保存性较瓶装灭菌乳差些，但风味与巴氏杀菌乳性质颇为接近。

8. 乳饮料

又称调制乳，系以牛乳为主要原料，添加甜味料、香味料和稳定剂等制成的嗜好性乳饮料，如巧克力牛乳、咖啡牛乳和果汁牛乳等。

二、市乳生产工艺

市乳一般生产工艺流程见图6-1。

(一)原料乳的验收和预处理

前已述及，这里不再赘述。

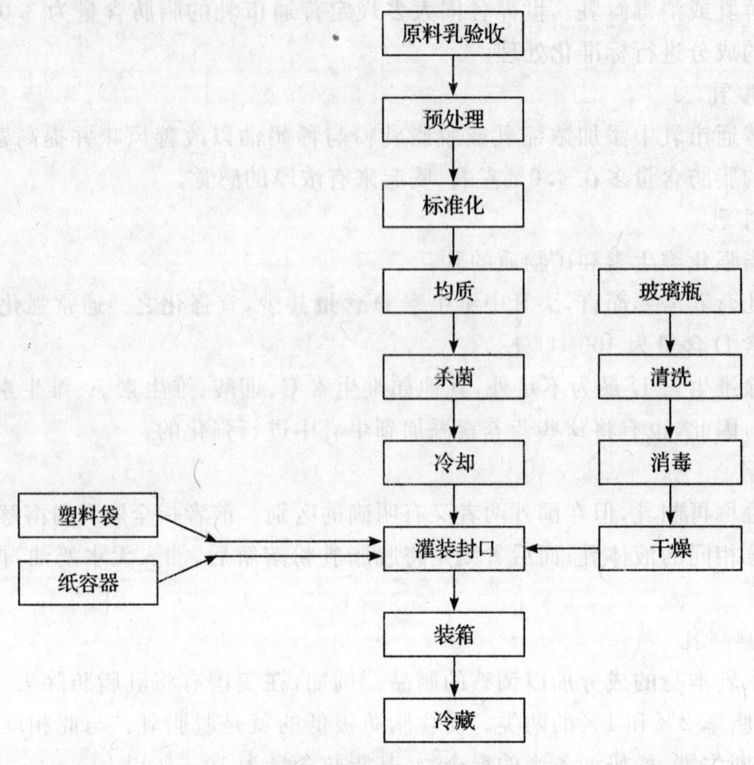

图 6－1 市乳生产工艺流程

(二)标准化

标准化就是调整原料乳中脂肪和非脂乳固体含量的比例，使其符合产品标准要求的过程。

(三)均质

均质是通过均质机的强力机械作用将乳中的脂肪球破碎，使其粒径变小的过程。均质可以有效地防止脂肪上浮并改善消毒乳品风味，促进乳脂肪和乳蛋白质的消化吸收。

均质机有高压式、离心式和超声波式之分。使用最多的是高压式均质机，其均质化的最佳条件通常为温度 60～65 ℃，压力 14～21 MPa。均质时的温度和压力均影响乳的均质效果。如表 6-3 和表 6-4 所示。

表 6-3 均质压力与脂肪球直径的关系

压力/MPa	脂肪球直径/μm	脂肪球平均直径/μm	压力/MPa	脂肪球直径/μm	脂肪球平均直径/μm
0	1～180	3.71	14.0	1～3	1.08
3.5	1～14	2.39	17.5	1～2	0.99
7.0	1～7	1.68	21.0	0.5～2	0.76
10.5	1～4	1.40			

表 6-4　均质温度与乳中不同直径脂肪球含量的关系

%(质量分数)

均质后脂肪球直径/μm	20 ℃	40 ℃	65 ℃	均质后脂肪球直径/μm	20 ℃	40 ℃	65 ℃
0～1	2.3	1.9	4.3	3～4	29.8	25.2	12.3
1～2	29.3	36.7	74.4	4～5	0	15.2	0
2～3	23.3	21.1	9	5～6	15.4	0	0

(四)杀菌或灭菌

牛乳是天然营养品,微生物极易在其中繁殖,病原菌和其他有害菌也常存在。因此,为了食用安全和增加保存性,必须进行杀菌或灭菌。

牛乳的杀菌与灭菌方法有以下几种:

1. 低温长时间杀菌法

低温长时间(LTLT)杀菌法又称保持杀菌法。加热杀菌条件为 62～65 ℃,30 min。该法可充分杀灭病原菌,不产生加热臭,对维生素和其他营养成分的破坏也较少。加热杀菌设备主要是带有搅拌装置的冷热缸。冷热缸在加热或冷却时均需较长时间,一般为 15～30 min,故在杀菌保持时间前或后的加热或冷却时,最好配合使用板式热交换器。

2. 高温短时间杀菌法

高温短时间(HTST)杀菌法又称高温瞬间杀菌法,其标准杀菌条件为 72～75 ℃,15 min。各国情况不同,也有采用更高温度加热者。HTST 杀菌多采用板式杀菌器。

HTST 杀菌与 LTLT 杀菌相比有以下优点:处理量大;可以连续杀菌,处理过程几乎全部自动化;牛乳在全封闭的装置内流动,故微生物污染机会少;对牛乳品质影响小,因微生物杀灭的温度系数要比牛乳物理化学变化的温度系数高得多,故在杀菌效果等同的条件下,HTST 杀菌对牛乳的物理化学变化影响较小,可以使用 CIP 原装清洗系统进行清洗。

3. 高温保持灭菌法

高温保持灭菌有间歇灭菌和连续灭菌。

间歇灭菌:通常是将牛乳在 75～77 ℃下预热、均质后,装瓶、封盖,移入高压釜,通入蒸汽,在 110～120 ℃下加热 30 s。高压釜有固定式和旋转式两种,以旋转式为佳。此法处理的灭菌乳,在阴凉通风处可保存 1 年。但由于高温长时间加热,产品易褐变并产生焦糖味。该法只适于小规模生产。

连续灭菌:适于大规模连续生产,其代表性设备为荷兰 Stork 公司生产的水压式灭菌机。该机由 4 个 10 m 高的塔组成,第一塔为预热塔(70～80 ℃),第二塔为蒸汽灭菌塔(最高 120 ℃),第三塔为预冷塔(65～70 ℃),第四塔为冷却(15～20 ℃)。封盖后的瓶装牛乳在此 4 塔内连续移动,在 116～120 ℃下,保持 15～20 s 进行灭菌,通过整个装置的时间为1 h。

4. UHT 灭菌法

UHT 灭菌法加热灭菌条件为 130～150 ℃,0.5～15 s。用 UHT 灭菌法处理牛乳不但可以杀灭乳中的全部微生物,而且可以使牛乳的物理化学变化降低到最低程度。UHT 灭菌后的牛乳必须用玻璃瓶或纸容器进行无菌包装。

(五)冷却

杀菌后的牛乳应立即冷却至4 ℃以下,冷却方法因杀菌方法而异。采用LTLT保持杀菌的牛乳宜用板式冷却器冷却。采用HTST杀菌的牛乳,在板式杀菌器的换热段,与刚输入的温度在10 ℃以下的原料乳进行热交换,然后再用冷水冷却到4 ℃。瓶装灭菌乳在杀菌后,一般冷却至室温即可。

(六)灌装、封口

冷却后的牛乳即可进行灌装和封口。灌装、封口的设备和方法因包装材料不同而不同。

(七)瓶装

瓶装市乳的主要包装容器为玻璃瓶,国内少数厂家也有使用聚乙烯或聚丙烯塑瓶的。瓶装市乳多采用自动灌装机进行灌装。自动灌装机有重力式和真空式两种,生产规模大的厂家大都使用自动真空灌装机。灌装前,用自动洗瓶机将空瓶充分清洗、消毒后,用真空灌装机灌装,并经自动封盖机将纸盖封好。灌装、封盖后的牛乳瓶再经自动罩盖机用聚乙烯薄膜封扎瓶口。

(八)袋装

又称软包装,主要材料为复合塑料膜。灌装、封口用全自动液体软包装机进行。

(九)装箱、冷藏

灌装、封口后的市乳经传动带送去装箱,送入冷藏库,在4~6 ℃下贮存,直至出厂。

第三节　UHT灭菌乳生产技术

灭菌乳并非指产品绝对无菌,而是指产品达到商业无菌状态,即不含危害公共健康的致病菌和毒素,不含任何在产品贮存运输及销售期间能繁殖的微生物;在产品有效期内保持质量稳定和良好的商业价值,不变质。

一、基本原理

1957年Frankin J. G. 等用嗜热脂肪芽孢杆菌(TH24)的芽孢确定不同温度下的残存芽孢数曲线。结果发现,温度每上升10 ℃,则杀死芽孢的速率增加约11倍。利用其他芽孢杆菌如牛乳中经常存在的枯草杆菌的芽孢做试验,其芽孢对热更为敏感,温度每上升10 ℃,芽孢破坏率上升约30倍。

另一方面,牛乳在高温处理过程中,最常见的化学变化是美拉德反应引起的褐变。尽管牛乳褐变也随温度上升而加快,但是,它并不与UHT温度范围的杀菌效率成正比。研究表

明，温度每上升10 ℃，褐变速率增加不到3倍，见表6-5和表6-6。

表6-5　杀菌温度与牛乳中芽孢破坏速率和褐变速率的关系

杀菌温度/℃	芽孢破坏相对速率	褐变反应相对速率	杀菌温度/℃	芽孢破坏相对速率	褐变反应相对速率
100	1	1	130	1000	15.6
110	10	2.5	140	10000	39.0
120	100	6.25	150	100000	97.5

表6-6　杀菌温度和时间对牛乳褐变速率的影响

杀菌温度/℃	杀菌时间/min	褐变相对速率	杀菌温度/℃	杀菌时间/s	褐变相对速率
100	600	100000	130	36	1560
110	60	25000	140	3.6	390
120	6	6250	150	0.36	97

Burton H.（1965年）曾将温度每上升10 ℃普通细菌芽孢致死温度系数Q_{10}取为20，褐变速率取为3，绘制了杀菌效应和褐变效应速率之比对温度的变化曲线，在温度上升到135 ℃以前，两者比例未发生显著变化。当温度上升至135 ℃以上时，杀菌效应增长速率要比褐变效应增长速率快得多。在140 ℃时，杀菌效应增长速率相当于褐变效应的2000倍，在150 ℃时，则为褐变效应的5000倍以上，因此，牛乳在135 ℃或更高的温度下加热处理数秒，可以成为褐变程度很小的灭菌产品，而且牛乳的风味、外观、营养价值都不会有大的影响。

二、工艺流程

原料乳的验收→预处理→超高温灭菌→无菌平衡贮罐→无菌灌装→灭菌乳。

三、工艺及控制要求

（一）原料乳的验收

乳蛋白的热稳定性对灭菌乳的加工相当重要，因为它直接影响到UHT系统的连续运转时间和灭菌情况。可通过酒精试验测定乳蛋白的热稳定性，一般具有良好热稳定性的牛乳至少要通过75%酒精试验。

（二）预处理

灭菌乳加工中的预处理，即净乳、冷却、贮乳、标准化等技术要求同巴氏杀菌乳。

（三）超高温灭菌

UHT乳加热方式有直接加热式、板式间接加热式和管式间接加热式几种。

1. 板式加热系统

超温灭菌板式加热系统应能承受较高的内压，所以系统中的垫圈必须能耐高温和高压，其造价比低温板式换热系统昂贵。垫圈材料的选择要使其与不锈钢板的黏合性越小越好，这样能防止垫圈与板片之间发生黏合，从而便于拆卸和更换。

每片传热面上制造多个突起的接触点，起到板片中间的相互机械支撑作用，同时形成流体的通道，增加流体的湍动性和整个片组的强度，防止热交换器系统内的高压导致不锈钢板片的变形和弯曲。

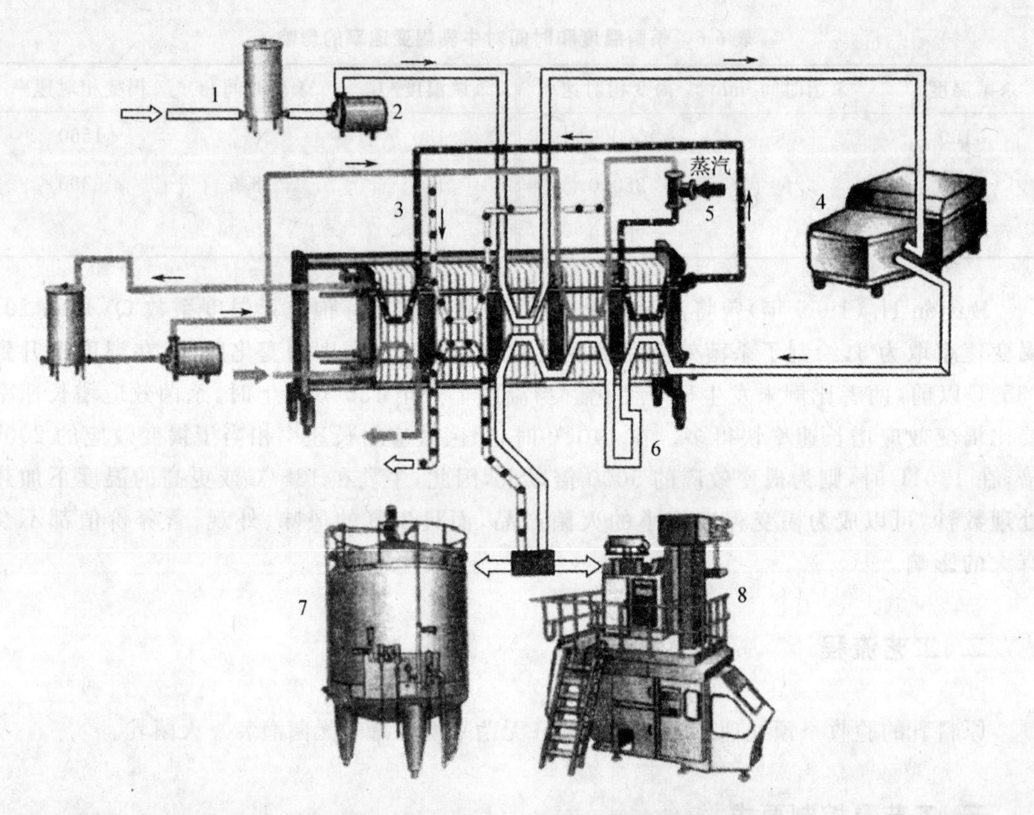

1. 平衡槽；2. 供料泵；3. 板式换热器；4. 均质机；5. 蒸汽喷射阀；6. 保持管；7. 无菌罐；8. 无菌罐装机

图 6-2 以板式换热器间接加热的间接超高温加热系统

图 6-2 所示为以板式热交换器为基础的流程图。约 4 ℃的原料乳由贮存缸泵送至超高温灭菌系统的平衡槽 1，由此经供料泵 2 送至板式热交换器的热回收段。在此段中，产品被已经 UHT 处理过的乳加热至约 75 ℃，同时，超高温灭菌乳被冷却。预热后的产品随即在 18～25 MPa 的压力下均质。

预热均质的产品到板式热交换器的加热段被加热至 137 ℃，加热介质为一封闭的热水循环，通过蒸汽喷射头 5 将蒸汽喷入循环水中控制温度。加热后，产品流经保温管 6，保温管尺寸大小保证保温时间为 4 s。

最后，冷却分成两段进行热回收：首先与循环热水换热，随后与进入系统的冷产品换热，离开热回收段后，产品直接连续流至无菌包装机或流至一个无菌缸作中间贮存。

生产中若出现温度下降，产品会流回夹套缸，设备中充满水。在重新开始生产之前，设

备必须经清洗和灭菌。

2. 管式热交换器

超高温系统的管式热交换器包括两种类型,即中心套管式热交换器和壳管式热交换器。

中心套管式热交换器是将 2 个或 3 个不锈钢管以同心的形式套在一起,管壁之间留有一定的空隙。通常情况下,套管以螺旋形式盘绕起来安装于圆柱形的筒内,这样有利于保持卫生,形成机械保护。生产时,产品在中心管内流动,加热或冷却介质在管间流动。在热量回收时,产品在管间流动。

(四)无菌灌装

经过超高温灭菌及冷却后的灭菌乳,应立即进行无菌包装。无菌灌装系统是生产 UHT 产品所不可缺少的。无菌灌装是指用蒸汽、热风或化学试剂将包装材料灭菌后,再以蒸汽、热风或无菌空气等形成正压环境,在防止细菌污染的条件下进行的灭菌乳灌装。

无菌灌装系统形式多样。纸包装系统主要分为两种类型:包装过程中成型和预成型。包装所用的材料通常为内外覆以聚乙烯的纸板,它能有效阻挡液体的渗透,并能良好地进行内、外表面的封合。为了延长产品的保质期,包装材料中要增加一层氧气屏障,通常要复合一层很薄的铝箔。

纸卷成型包装(利乐砖)系统是目前使用最广泛的包装系统。包装材料由纸卷连续供给包装机,经过一系列的成型过程进行灌装、封合和切割。利乐 3 型无菌包装机是典型的敞开式无菌包装系统。此无菌包装环境的形成包括以下两步。

1. 灭菌

包装机的灭菌:在生产之前,包装机内与产品接触的表面必须经过包装机本身产生的无菌热空气(280 ℃)灭菌,时间 30 min。

包装纸的灭菌:纸包装系统应用双氧水灭菌。主要包括双氧水膜形成和加热灭菌(110~115 ℃)两个步骤。

2. 预成型纸包装(利乐屋顶包)系统

这种系统中纸盒是经预先纵封的,每个纸盒上压有折痕线。纸盒一般平展叠放在箱子里,可直接装入包装机。若进行无菌操作,封合前要不断向盒内喷入乙烯气体进行预杀菌。

生产时,空盒被叠放入无菌灌装机中,单个的包装盒被吸入,打开并置于心轴上,底部首先成型并热封,然后盒子进入传送带上特定位置进行顶部成型,所有过程都是在有菌环境下进行的。之后,空盒经传送带进入灌装机的无菌区域。

图 6-3 是预成型无菌灌装机的操作程序。无菌区内的无菌性是无菌空气保证的,无菌空气由无菌空气过滤器产生。预成型无菌灌装机的第一功能区域(无菌区)对包装盒内表面进行灭菌时,首先向包装盒内喷洒双氧水膜,再用 170~200 ℃的无菌热空气对包装盒内表面进行干燥,时间一般为 4~8 s。双氧水去除后,包装盒进入灌装区域(第二无菌区域)。灌装机上必须有能排泡沫的系统。最后,灌装后的纸盒进入封合区(最终无菌区),在这里进行顶部热封。

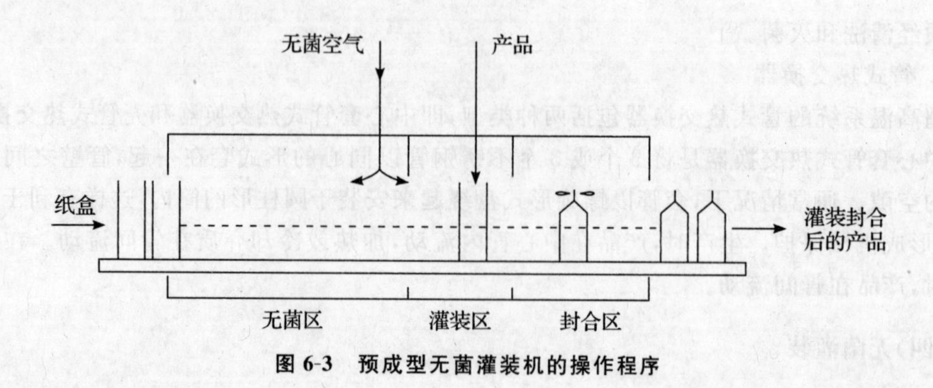

图 6-3 预成型无菌灌装机的操作程序

第四节 酸乳生产技术

酸乳是指以牛乳为原料，添加适量的砂糖，经巴氏杀菌后冷却，再加入纯乳酸菌发酵剂经保温发酵而制得的产品。从形态上看，酸乳有凝固型酸乳和搅拌型酸乳，每一类又可添加水果、香料、色素等做成各种风味的酸乳。搅拌型酸乳可进一步加工制成冷冻酸乳、浓缩或干燥酸乳等。

一、发酵剂

发酵剂指为制作酸乳调制的特定微生物的培养物。发酵剂的一般用语有菌种、母发酵剂、中间发酵剂、工作发酵剂、单一发酵剂、混合发酵剂等。菌种也就是种子，一般指试管培养物，数量为数毫升至数十毫升。母发酵剂是种子的扩大培养物，多在 0.5～1.0 L 的三角瓶中培养。中间发酵剂又是母发酵剂的扩大培养物，一般在 20 L 或更大的容器中培养。工作发酵剂是中间发酵剂的扩大培养物，多在小型发酵罐中制作，是用来直接制作产品的。母发酵剂、中间发酵剂和工作发酵剂又分别称为 1 级发酵剂、2 级发酵剂和 3 级发酵剂。由单一菌种调制的发酵剂称作单一发酵剂，由 2 种或 2 种以上菌种调制的发酵剂称作混合发酵剂。

(一)传统构成菌

现代酸乳发酵剂是由嗜热链球菌和保加利亚乳杆菌构成的。约古特乳杆菌产酸力太强，一般不用。酸乳是一种可追溯到公元前的古老食品，当时人们缺乏微生物知识，不了解酸乳形成的原因，直到 20 世纪初才确认了酸乳中乳酸菌的存在。之后人们一直采用这两种菌制作酸乳，所以称其为传统构成菌。但当今采用的乳酸菌是在长期生产实践中经过多次选育产生的，与初期分离的菌株相比要优越得多。

(二)其他构成菌

根据不同的目的，可往酸乳微生物相中追加其他乳酸菌，例如追加嗜酸乳杆菌、双歧杆

菌或同时追加这两类菌。这样可增加这两类菌在肠道中的定植量，提高酸乳的保健作用。一般追加的有效菌相必须采用恰当的肠道菌株。用于追加用的乳酸菌也可不与嗜热链球菌、保加利亚乳杆菌组合而单独作为发酵剂。为了增加产品的营养生理学价值，可添加能合成维生素的特殊菌，特别是合成B族维生素的菌；为了改善产品风味，可添加双乙酰乳链球菌；为了改善产品硬度，可添加能产生黏性物质的菌，如链球菌的变种等。

二、凝固型酸乳的生产工艺

(一)凝固型酸乳工艺流程

凝固型酸乳按脂肪含量可区分为高脂酸乳（脂肪含量大于6%）、全脂酸乳（脂肪含量大于3%）、中脂酸乳（脂肪含量大于1.5%）和脱脂酸乳（脂肪含量小于0.3%）以及根据含糖与否可分为无糖酸乳、加糖酸乳（含糖4%～8%）。凝固型酸乳基本工艺流程如图6-4所示，凝固型酸乳生产线如图6-5所示。

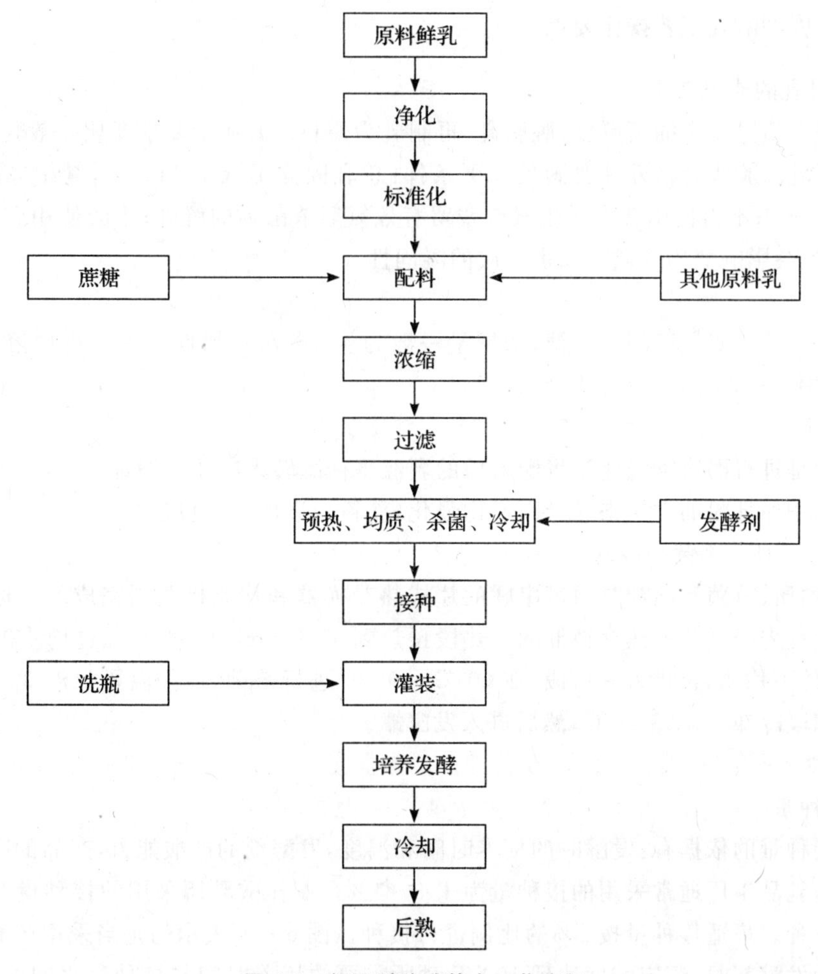

图6-4 凝固型酸乳基本工艺流程

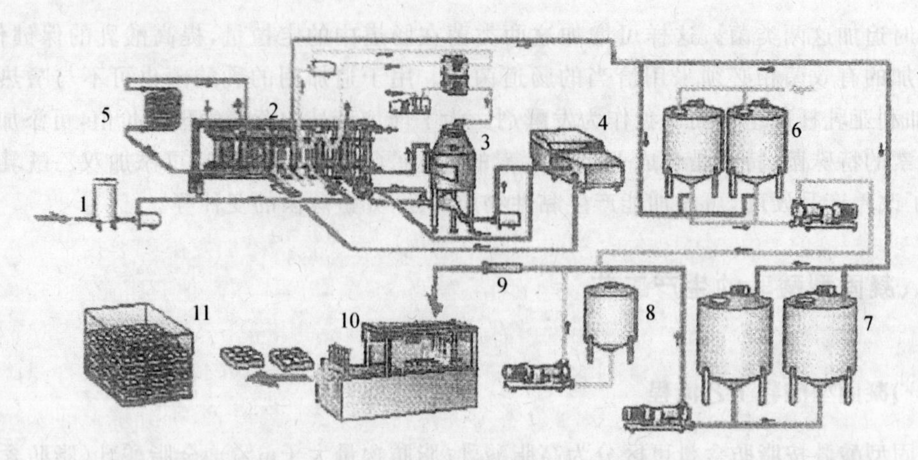

1. 平衡罐；2. 片式交换器；3. 真空浓缩罐；4. 均质机；5. 保温管；6. 生产发酵剂贮罐；
7. 发酵乳缓冲罐；8. 果料贮罐；9. 混合器；10. 灌装机；11. 发酵室

图 6-5　凝固型酸乳生产线

(二)凝固型酸乳工艺操作要点

1. 原料乳的质量要求

选用符合质量要求的新鲜乳、脱脂乳、再制乳为原料。其质量要求要比一般乳制品用的原料高。鲜乳除验收合格外还要满足以下条件：总乳固体不低于 11.5%，其中非脂乳固体不得低于 8.5%；不得使用含有抗生素或残留有效氯等杀菌剂的鲜乳；不能使用患有乳房炎的牛乳，否则会影响酸奶的风味和蛋白质的凝固性。

2. 配料

国内生产的酸奶一般都要加糖，加糖量一般为 4%～7%，加糖方法是将糖溶解于加热到 50 ℃的牛乳中，然后过滤除去杂质。

3. 浓缩

浓缩就是进行固形物强化。将配料后的乳经平衡罐转入减压浓缩罐中，进行减压浓缩。一般多采用添加乳粉的方法来进行固形物强化，乳粉的添加量一般是 2%。

4. 预热、均质、杀菌和冷却

预热、均质、杀菌和冷却是通过串联的片式热交换器和均质机共同完成的。标准化、配料后的牛乳首先经过片式热交换器的预热段预热到 55 ℃～65 ℃，然后经过均质机，在 10～20 MPa 条件下均质，再进入杀菌段，在 90 ℃～95 ℃进行杀菌，在保温段保温 3～5 min 后再经过冷却段冷却至 41～43 ℃，然后进入发酵罐。

5. 接种

(1)接种量

确定接种量的依据有：发酵时的培养时间和温度，发酵剂的产酸能力，产品的冷却速度，乳的质量。乳品工厂通常采用的接种量为 1%～4%。制作酸乳所采用的接种量有最低、最高和最适三种。最适接种量按 2%的比例进行接种。图 6-6 所表示的是当采用产酸能力强、中和弱三种发酵剂时，滴定酸度达到 100°T 时所需要的培养时间与接种量之间的关系。从图中可以看出，接种量超过 3%，酸度曲线趋于平直的曲线。也就是说，即使继续增大接种

量，滴定酸度达到100°T所用的培养时间也不会再有明显的缩短。

(2)接种方法

接种之前，将发酵剂进行充分搅拌，是为了使菌体从凝乳块中游离分散出来，所以要搅拌到使凝乳完全破坏的程度；还可将发酵剂用灭菌纱布过滤，也是为了将凝乳充分打散，并用原料乳加以稀释或用少量灭菌水进行稀释，然后进行接种。

制作发酵乳时是用特殊装置在密闭系统中以机械方式自动添加发酵剂。接种是造成酸乳受微生物污染的主要环节之一，为防止霉菌、酵母、细菌噬菌体和其他有害微生物的污染，必须施行无菌操作。特别是在不采用发酵剂自动接种设备的情况下，更是如此。应先将不锈钢乳桶中的工作发酵剂在发酵剂室内进行充分搅拌，然后加盖移到接种乳罐，打开接种乳罐上口，将工作发酵剂通过大孔灭菌纱布倾入接种乳罐中。必要时，要用乳罐中的原料基液多次冲洗灭菌纱布中的工作发酵剂，使其全部流入乳罐中。这种敞口式的操作容易造成霉菌污染。发酵剂加入后，要充分搅拌10 min，使菌体能与杀菌冷却乳完全均匀混合。还要保持乳温，特别是对非连续灌装工艺或采用效率较低的灌装手段时，灌装时间较长，保温就更加重要。对于全部连续化生产工艺，在接种时要两个罐轮流交替使用，以此来保持接种和灌装的连续化作业。

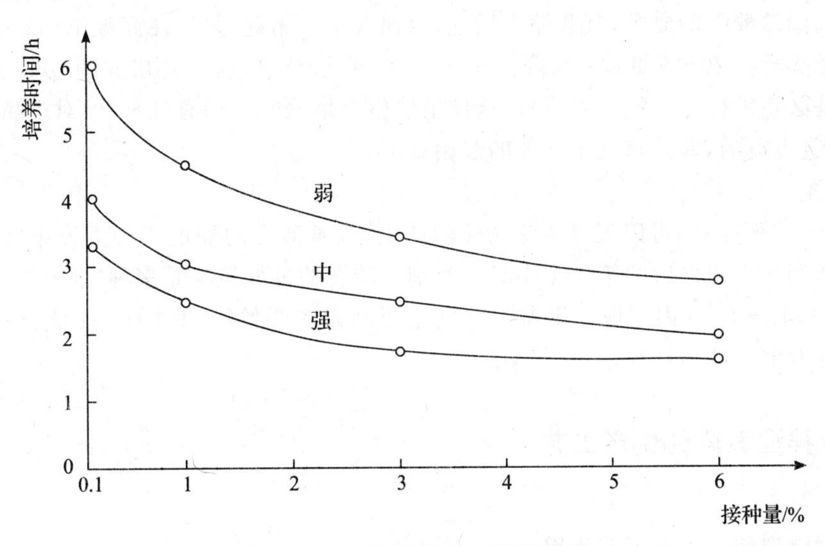

图6-6　接种量与培养时间的关系

6. 灌装

酸乳容器有瓷瓶、玻璃瓶、塑料杯和纸质杯。灌装和加盖可用手动、半自动、全自动灌装机进行。要尽量降低顶隙，充填环境应接近无菌状态。充填工序的时间要尽量缩短，防止温度下降，使培养时间延长。

7. 发酵

发酵温度一般采用41～42 ℃，在温度控制不易掌握时，也可控制在40～43 ℃。全部发酵时间一般是3 h左右，长者可达5～6 h。如果发酵终点确定得过早，则酸乳组织软嫩，风味差；过晚则酸度高，乳清析出过多，风味也差。因此，如何判定发酵过程的终点是制作凝固型酸乳的关键性技术之一。在生产过程中除由经验丰富的专人负责外，可由以下方法判定发酵终点：

(1)抽样测定酸乳的酸度,一般酸度达到65～70°T,即可终止培养。

(2)控制好酸乳进入发酵室的时间,在同等生产条件下以前面几班发酵时间为准。

(3)抽样及时观察,打开瓶盖,缓慢倾斜瓶身,观察酸乳的流动性和组织状态,如流动性变差且有细小颗粒出现时,可终止发酵,如尚不够可延长培养时间。

(4)详细记录每批酸乳的发酵时间、发酵温度等,以供下批判定发酵终点的参考。

(5)在生产过程中为监视发酵过程,可每隔0.5 h抽查一次pH、滴定酸度,并进行肌酸试验和乙醛试验。

8. 冷却

冷却的目的是迅速而有效地抑制酸乳中乳酸菌的生长,降低酶的活性,防止产酸过度;使酸乳逐渐凝固成白玉般的组织状态;降低和稳定酸乳脂肪上浮和乳清析出的速度;延长酸乳的保存期限;使酸乳产生一种食后清凉可口的味感。

冷却的方法有直接冷却和预冷却两种。直接冷却法是发酵终点一到,立即转移到冷却室,也可将保温室转为冷却室。当酸乳冷却到10 ℃左右时转入冷库,品温2～7 ℃进行冷藏后熟。如果在终止培养时,酸乳酸度已经偏高,如75°T或更高。应从培养室直接转入冷库,以缩短冷却时间。预冷却也叫二段培养法,是为了保持良好的组织状态而采取的一种措施。一直处在高温培养下的凝乳,其收缩力增强,因而变硬。为此,采取在高温下(42～43 ℃)培养到pH降低至5.20～5.30,而后降温至35～38 ℃继续培养,一直培养到pH降低至4.7(pH 4.7是必须进行冷却的下限值)。这样虽然整个培养时间稍有延长,但对产品的组织状态、风味都是有益的,并且降低了冷却的起始温度。

9. 后熟

在2～7 ℃下冷藏,可以促进香味物质的产生,改善酸乳的硬度。产生香味物质的高峰期一般是在制作完成之后的第4个小时。特别是酸乳的良好风味是多种风味物质相互平衡的结果,一般12～24 h内完成。影响后熟的主要因素有开始冷却时的pH值、进行冷却的技术手段和发酵剂的活性等。

三、搅拌型酸乳的生产工艺

(一)搅拌型酸乳生产工艺流程

搅拌型酸乳是经过处理的原料乳接种了发酵剂之后,先在发酵罐中发酵至凝乳,再降温搅拌破乳、冷却,分装到销售用的小容器中,即为成品。因为这类产品是在灌装前进行发酵,所以属于前发酵型,又因为这类产品经过搅拌成了粥糊状,黏度较大,呈半流动状态,所以又称为软酸乳或液体酸乳。

搅拌型酸乳基本工艺流程如图6-7所示,生产线如图6-8所示。

(二)搅拌型酸奶工艺操作要点

搅拌型酸奶的生产工艺和凝固型酸乳基本相同,只不过凝固型酸乳是先灌装后发酵,而搅拌型酸乳是先发酵后灌装,而且搅拌型酸乳比凝固型酸乳多了一步搅拌工艺。

1. 发酵

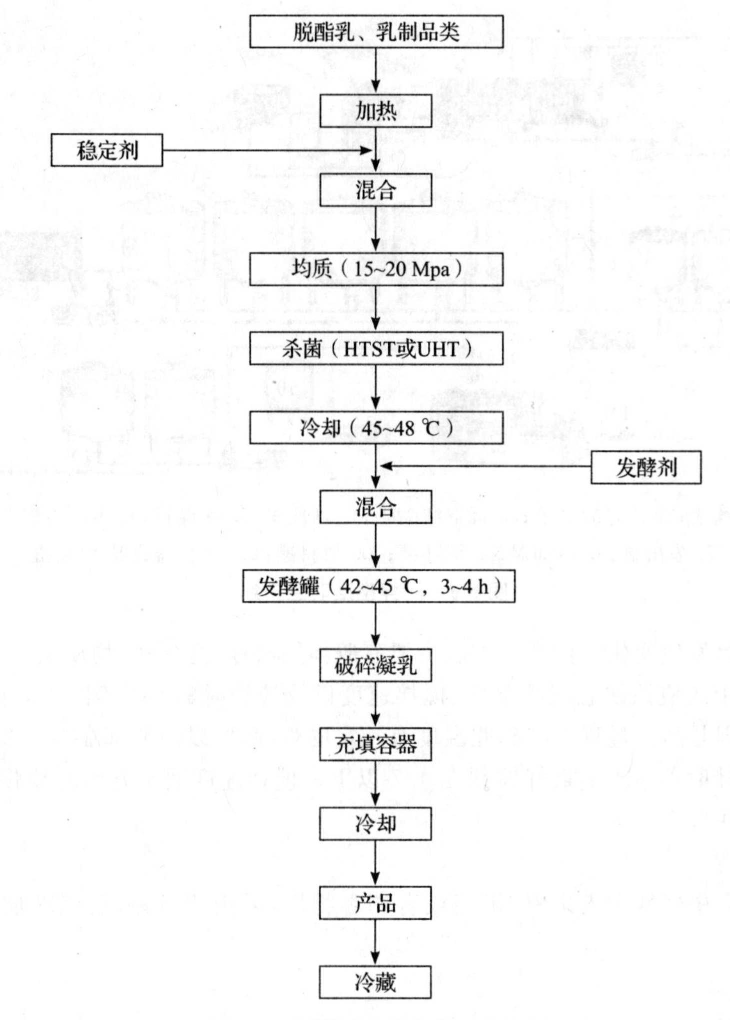

图 6-7　搅拌型酸乳基本工艺流程

搅拌型酸奶的发酵是在发酵罐中进行的，所以要控制好发酵罐的温度，防止温度的波动。

2. 冷却

当发酵到达终点时，即 pH 达到 4.6～4.7 时，要对凝乳进行冷却，并在冷却过程中伴有不同程度的搅拌，以抑制细菌的生长和酶的活性，防止在发酵过程产酸过度及搅拌时脱水。冷却一般分为四个阶段：

第一阶段：温度从发酵温度 42～43 ℃降到 35～38 ℃，此阶段主要是为了有效地控制微生物的增殖；

第二阶段：温度从 35～38 ℃降到 19～20 ℃，此阶段主要是控制乳酸菌的生长；

第三阶段：温度从 19～20 ℃降到 10～12 ℃，此阶段主要减缓乳酸发酵的速度；

第四阶段：温度从 10～12 ℃降到 5 ℃以下，以有效地抑制酸度的上升和酶的活性。

3. 搅拌

通过机械力破坏凝胶体，使凝胶粒子的直径达到 0.01～0.4 mm，同时使酸乳的组织状

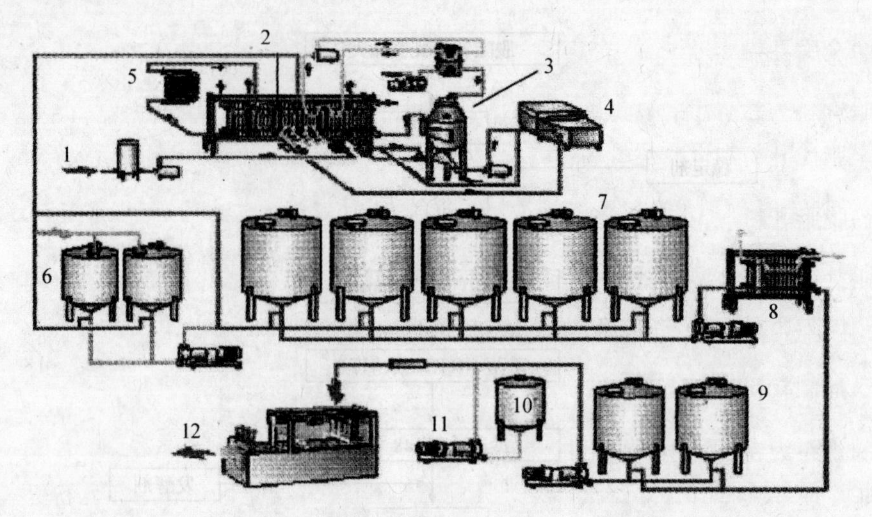

1 平衡槽；2. 片式交换器；3. 真空浓缩罐；4. 均质机；5. 保温管；6. 生产发酵剂罐；
7. 发酵罐；8. 冷却器；9. 缓冲罐；10. 果料罐；11. 混合器；12. 包装机

图 6-8 搅拌型酸乳生产线

态、黏度、硬度等发生变化。搅拌的方法主要有胶体层滑法、搅拌法、均质法。

搅拌过程中还应该注意搅拌温度、搅拌速度以及搅拌时的 pH 等因素。搅拌的最适温度为 0～7 ℃，但是生产过程中降到此温度有一定的难度，所以一般都在 20～25 ℃的温度下进行搅拌。搅拌时的 pH 值最好控制在 4.7 以下。搅拌速度通常开始时要慢些，后期的搅拌速度可以稍快些。

4. 混合灌装

搅拌型酸乳中经常加入果料、果酱或者调香物质，采用塑料杯（瓶）、玻璃瓶、塑料袋等灌装。

5. 冷藏后熟

与凝固型酸奶要求一致。

第五节　乳粉生产技术

一、概　述

乳粉系用新鲜牛乳，或以新鲜牛乳为主要原料配以其他食物原料，经杀菌、浓缩、干燥等工艺过程而制得的粉末状产品。由于产品含水量低，因而耐藏性大大提高，减少了运输量，更有利于调节地区间供应的不平衡。因而，乳粉在我国的乳制品结构中仍然占据着重要的位置。

(一)全脂乳粉

全脂乳粉为新鲜牛乳经标准化、杀菌、浓缩、干燥而制得的粉末状产品。根据是否加糖又分为全脂淡乳粉和全脂甜乳粉。

(二)脱脂乳粉

脱脂乳粉为将新鲜牛乳经预热、离心分离获得脱脂乳，再经杀菌、浓缩、干燥制得的粉末状产品。因为脂肪含量少，保藏性较前一种要好。

(三)配制乳粉

配制乳粉为在牛乳中添加目标消费对象所需的各种营养素，经杀菌、浓缩、干燥而制成的粉末状产品，如婴儿配方乳粉、较大婴儿配方乳粉、中小学生乳粉和老年乳粉等。

(四)特殊配制乳粉

特殊配制乳粉为将牛乳的成分按照特殊人群的营养需求进行调整，然后经杀菌、浓缩、干燥而制成的粉末状产品。如降糖乳粉、降血脂乳粉和高钙助长乳粉等。

速溶乳粉为在制造乳粉过程中采取特殊的造粒工艺或喷涂卵磷脂而制成的溶解性、冲调性极好的粉末状产品。

乳粉的主要种类和组分见表 6-7。

表 6-7　乳粉的主要种类和组分

%(质量分数)

种类	水分	脂肪	蛋白质	乳糖	灰分	乳酸
全脂乳粉	2.00	27.00	26.50	38.00	6.05	
脱脂乳粉	3.23	0.88	36.89	50.52	8.15	0.14
调制乳粉	2.60	20.00	19.00	54.00	4.40	
特殊调制乳粉	2.50	26.00	13.00	56.00	3.20	
脱盐乳精粉	3.00	1.00	15.00	78.00	2.90	0.10
稀奶油粉	0.66	65.15	13.42	17.86	2.91	

二、全脂乳粉

(一)工艺流程

全脂乳粉和全脂加糖乳粉一般用喷雾干燥法制得，其流程如图 6-9 所示。

(二)原料乳的验收和处理

前已述及，这里不再赘述。

(三)全脂乳粉的标准化

(1)生产全脂乳粉、加糖乳粉、脱脂乳粉及其他乳制品时,必须对原料乳进行标准化。即必须使标准化乳中的脂肪与非脂乳固体之比等于产品中脂肪与非脂乳固体之比,因为原料乳中的这一比例随乳牛品种、泌乳期、饲料及饲养管理等因素的变化而变动。为此,必须测定原料乳的这一比值,经与产品的比值进行比较以确定分离稀奶油还是添加稀奶油。

(2)生产加糖乳粉及其他乳制品时,必须按照标准化乳的乳固体含量计算加糖量,使其符合该产品的要求。

生产加糖乳粉的加糖方法,有以下三种:

①预热杀菌时加糖。

②将蔗糖粉碎后灭菌,然后与干燥完了的乳粉混合、装罐。

③预热杀菌时加一部分糖,装罐前再加一部分糖。

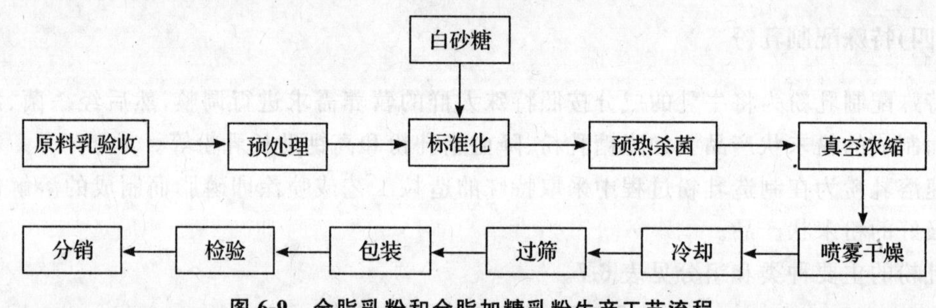

图 6-9　全脂乳粉和全脂加糖乳粉生产工艺流程

三种方法各有利弊,采用哪一种方式,视蔗糖质量、燃料成本及工厂的设备条件而定。后加糖获得的乳粉相对密度较大,成品乳粉的体积较小,可节省包装费,但产品中含糖的均匀性不理想,二次污染的可能性大。前期加糖使产品的含糖均匀一致,溶解度较好,但产品的吸湿性较大。添加的蔗糖必须是精制糖,符合国家标准 GB317-1998 优级或一级品规格要求,应干燥洁白,有光泽,无任何异味,蔗糖含量不少于 99.65%,还原糖含量不多于 0.1%,水分含量不多于 0.07%,灰分含量不多于 0.1%。加糖时现多采用牛乳直接化糖,这样会减轻浓缩负担,有利于节约能源。

(四)预热杀菌

经过标准化处理的牛乳必须经过预热杀菌。牛乳中含有脂酶及过氧化物酶等,这些酶对乳粉的保藏性有害,所以必须在预热杀菌过程中将其破坏。杀菌温度及保持时间对乳粉的溶解度及保藏性的影响很大,一般认为高温杀菌可防止或推迟脂肪的氧化,对乳粉的保藏性有利。但高温长时间加热会严重影响乳粉的溶解度,所以认为高温短时间杀菌为好。

现在大多采用高温短时间杀菌或超高温瞬时杀菌法。设备使用片式或管式杀菌器,采用 80～85 ℃,30 s 或 95 ℃,20 s 的杀菌条件,或采用 120～135 ℃,2～4 s 的超高温瞬时杀菌。这样的杀菌条件不仅可以达到杀菌要求,而且对制品的营养成分破坏也小。特别是超高温瞬时杀菌,几乎可以达到灭菌效果,乳中蛋白质达到软凝块化,对提高制品的溶解度是有利的。

(五)浓缩

为节约能源和保证产品质量，须在喷雾干燥前对杀菌乳进行浓缩。由于牛乳属于热敏性物料，浓缩宜采用减压浓缩法。浓缩的程度视各厂的干燥设备、浓缩设备、原料乳的性状、成品乳粉的要求等而异，一般浓缩到原料乳的1/4，这时牛乳的浓度为12～16°Be(50 ℃)，乳固体含量为40%～50%。

关于浓缩设备，小型工厂多用单效真空浓缩罐，较大规模的工厂多采用双效或三效以上的真空蒸发器，其中以降膜式带热压泵者使用最多，个别有用片式蒸发器的。

(六)喷雾干燥

浓奶温度在45～50 ℃时可立即进行喷雾干燥。广泛使用的喷雾干燥方法有两种，即压力喷雾和离心喷雾。

1. 喷雾干燥原理

喷雾干燥的原理是向干燥室中鼓入热空气，同时将浓奶借压力或高速离心力的作用，通过喷雾器(或雾化器)喷成雾状的微细乳滴(直径为10～100 μm)，牛乳形成无数的微粒，显著地增大了表面积，与热风接触，从而大大地增加了水分的蒸发速率，瞬间可将乳滴中的大量水分除去，乳滴变为乳粉降落在干燥室的底部。

一般一个直径为1 cm的球体分散为直径50 μm的微粒时，其表面积增加约200倍；如果分散成1 μm的球体时，表面积增加1000倍。

喷雾干燥是一个较为复杂的包括浓缩乳微粒表面水分汽化以及微粒内部水分不断地向其表面扩散的过程。只有当浓缩乳的水分含量超过其平衡水分含量，微粒表面的蒸汽压超过干燥介质的蒸汽压时干燥过程才能进行。

2. 喷雾干燥过程

浓缩乳的微粒与干燥介质一接触，干燥开始，微粒表面水分即汽化，称为预热阶段。当干燥介质传给微粒的热量与用于微粒表面水分汽化所需的热量达到平衡时，干燥速度便迅速地增大至最大值，即进入到恒速干燥阶段。在此阶段中浓缩乳微粒水分的汽化发生在微粒表面，微粒表面上的水蒸气分压等于或接近水的饱和蒸汽压。此时微粒表面的温度等于干燥介质的温球温度(一般为50～60 ℃)。

干燥速度与微粒的水分含量无关，主要取决于干燥介质的状态(温度、湿度以及气流状况等)。干燥介质的湿度低，干燥介质的温度与微粒表面的湿球温度的温差愈大，微粒与干燥介质接触良好者，则干燥速度愈快；反之，干燥速度就慢，甚至达不到预期的目的。恒速干燥阶段的时间是极为短暂的，仅为0.01～0.04 s。

由于微粒表面水分不断汽化，微粒内部水分的扩散速度不断变缓，不再使微粒表面保持潮湿状态，恒速干燥阶段即告结束，进入降速干燥阶段，此时微粒水分的蒸发将发生在表面内部的某一界面上。当水分的蒸发速度大于水分的内部扩散速度时，则水分蒸发移动至微粒的内部，处于热塑状态的颗粒由于内部水蒸气的作用，体积会有所胀大，干燥后形成中空的颗粒，此时的粉温会超出干燥介质的湿球温度，乳粉的水分含量接近或等于该干燥介质状态下的平衡水分含量。此阶段的干燥时间较长，为15～30 s。

(七)冷却、包装

1. 出粉

喷雾干燥中形成的乳粉最好尽快连续不断地排出干燥室外，以免受热时间过长，特别对于全脂乳粉来说，会使游离脂肪含量增加，不但影响乳粉质量，而且在保藏中也容易引起氧化变质。所以，干燥工艺中出粉冷却显得十分重要，必须采取连续快速出粉冷却工艺。卧式干燥室采用螺旋输粉器出粉，而平底或锥底的立式圆塔干燥室则都采用气流输粉或流化床式冷却床出粉。一种较为先进的工艺应是将出粉、冷却、筛粉、输粉、捕粉、贮粉及称量包装等各工序都连起来的连续操作，如图 6-10 所示。

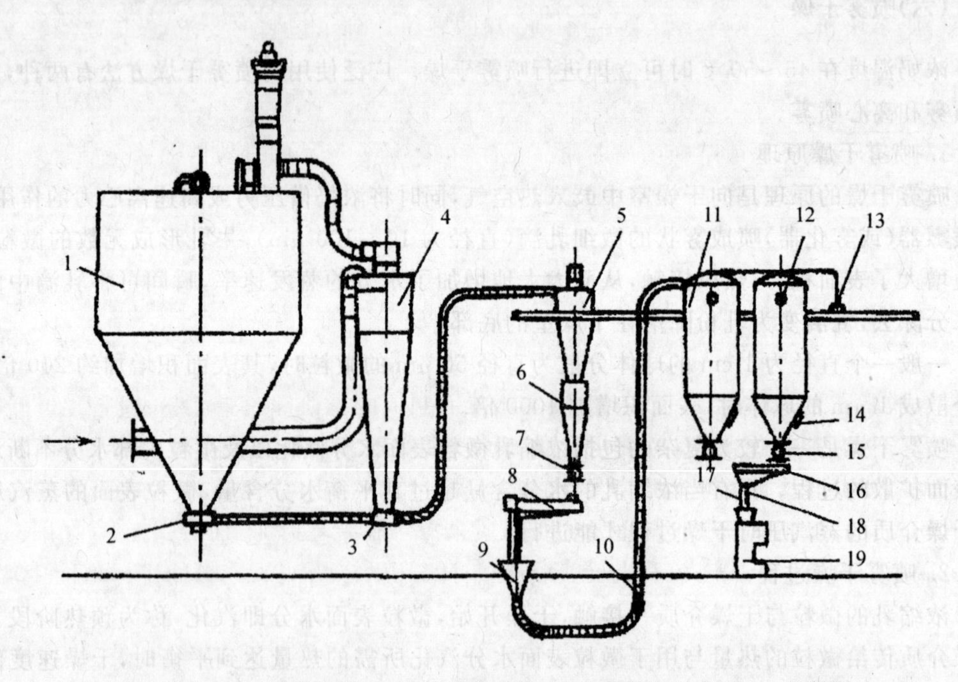

1. 喷雾干燥室；2、3. 阻气阀；4. 主旋风分离器；5. 输粉旋风收集器；6. 送粉漏斗；7. 星形阀；8. 振动筛；9. 真空漏斗；10. 输粉管道；11. 贮粉仓；12. 贮粉仓内乳粉贮量水准控制仪，用以指示仓内乳粉的最高积存高度；13. 真空泵；14. 振动锤；15. 真空紧密阀；16. 振动阀；17. 送粉管；18. 送粉量水准控制仪；19. 装罐机

图 6-10 连续式出粉、真空输粉、贮粉及筛粉包装流程

2. 输粉

图 6-10 的输粉方式属气流输粉方式，其输粉的优点是速度快，大约在 5 s 内就可将喷雾室内的乳粉送走，同时在输粉管中进行冷却。但因为气流速度快(约 20 m/s)，乳粉在导管内易受摩擦而产生大量的微细粉尘，致使乳粉颗粒不均匀；筛粉筛出的微粉量也过多，不好处理。另一方面气流冷却的效率不高，使乳粉中的脂肪仍处于其熔点之上。如果先将空气冷却，则经济上又不合算。因此，目前采用流化床出粉冷却的方式较多。流化床输粉冷却的优点是：

(1)可大大减少微粉的生成。

(2)乳粉不受高速气流的摩擦，故质量不受损坏。

(3)乳粉在输粉导管和旋风分离器内出粉所占比例少,可减轻旋风分离器的负担,同时节省输粉中消耗的动力。

(4)冷却床所需冷风量较少,可使用冷却的空气来冷却乳粉,因而一般乳粉冷却效率可冷却到 18 ℃左右。

(5)因经过振动的流化床筛网板,故可获得颗粒较大而均匀的乳粉,从流化床吹出的微粉还可通过导管返回到喷雾室与浓乳汇合,重新喷雾产生乳粉。

3. 贮粉

提倡贮粉的原因:一是可以集中包装时间(安排 1 个班白天包装);二是可以适当提高乳粉表观密度,一般贮粉 24 h 后可提高 15%,有利于装罐。但是贮粉仓应有良好的条件,应防止吸潮、结块和二次污染。如果流化床冷却的乳粉达到了包装的要求,及时进行包装是可取的。

4. 包装

科学的包装不仅能增强产品的商品特性,也能延长产品的货架寿命。全脂乳粉采用马口铁罐抽真空充氮包装是一种较理想的方式,短期内销售的产品,多采用聚乙烯塑料复合铝箔袋包装。

三、脱脂乳粉

以脱脂乳为原料,经杀菌、浓缩、喷雾干燥而制成的乳粉即脱脂乳粉,因脂含量低(不超过 1.25%),所以耐保藏,不易氧化变质。该产品一般多用作食品工业原料,如制饼干、糕点、面包、冰淇淋及脱脂鲜干酪等。目前速溶脱脂乳粉使用十分方便,广受消费者的欢迎,这种乳粉是食品工业中一项非常重要的蛋白质来源。脱脂乳粉加工的工艺流程如图 6-11 所示。脱脂乳粉的生产工艺流程与全脂乳粉一样,凡生产奶油或乳粉的工厂都能生产脱脂乳粉。

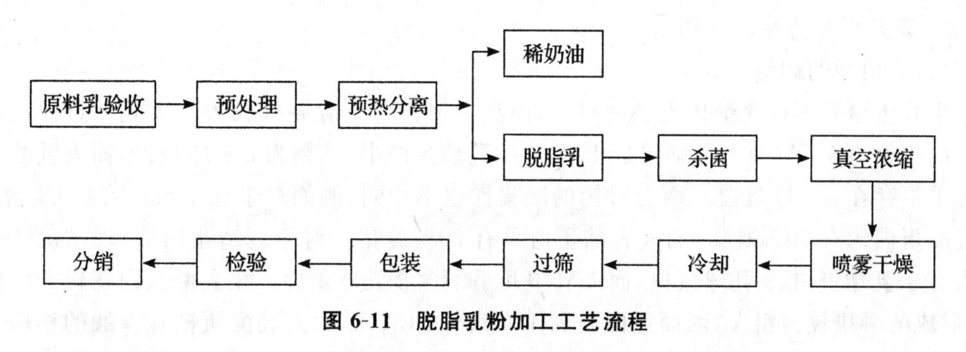

图 6-11　脱脂乳粉加工工艺流程

四、调制乳粉

调制乳粉主要针对婴儿的营养需要,在乳中添加某些必要的营养成分,经加工制成的。初期的调制乳粉为加糖乳粉,后来发展成为模拟人乳的营养组成,通过添加或提取牛乳中的某些成分,使其组成在数量上和质量上都接近人乳,制成特殊调制乳粉,即所谓“母乳化”乳粉，又称婴儿乳粉。近年来，随着社会经济的发展和科学技术的进步，又涌现出许多具有生理调节功能和疗效作用的调制乳粉，即所谓功能性乳粉。

(一)婴儿乳粉

1. 婴儿乳粉的特性

健康母乳是哺育婴儿的最佳营养供给源。如果母乳不足，或不能进行母乳喂养时，过去就用牛乳代替母乳进行人工喂养。但牛乳的营养组成毕竟与人乳有所不同(表 6-8)，牛乳中蛋白质和灰分量比人乳多，而乳糖则较少。用牛乳喂养婴儿会发生种种营养障碍，很难满足婴儿生长发育的需要。因此，用牛乳哺育婴儿时，必须对其营养组成进行适当调整。

表 6-8　人乳与牛乳的营养组成

营养成分	人乳	牛乳	营养成分	人乳	牛乳
热能/(kJ/100 g)	272	247	钠含量/(mg/100 g)	15	50
热能/(kcal/100 g)	65	59	钾含量/(mg/100 g)	48	150
水分/%	88	89	维生素 A(视黄醇)含量/(μg/100 g)	45	27
蛋白质含量/%	1.1	2.9	胡萝卜素含量/(μg/100 g)	12	11
脂质含量/%	3.5	3.2	A 效价/(IU/100 g)	170	110
碳水化合物			维生素 B_1 含量/(mg/100 g)	0.01	0.03
糖质含量/%	7.2	4.5	维生素 B_2 含量/(mg/100 g)	0.03	0.15
纤维含量/%	0.0	0.0	烟酰胺含量/(mg/100 g)	0.2	0.1
灰分/%	0.2	0.7	维生素 C 含量/(mg/100 g)	5	0
钙含量/(mg/100 g)	27	100	维生素 E 效价/(mg/100 g)	0.4	0.1
磷含量/(mg/100 g)	14	90	胆固醇含量/(mg/100 g)	15	11
铁含量/(mg/100 g)	0.1	0.1			

2. 婴儿乳粉营养成分调整

(1)蛋白质的调整

牛乳蛋白质不仅含量比人乳高得多，而且组成也与人乳差异较大。牛乳酪蛋白与乳清蛋白的比例为 5∶1，而人乳则接近 1∶1。牛乳酪蛋白中，42%为 α s-球蛋白，而人乳酪蛋白中几乎不存在 α s-球蛋白。两者对钙的凝集性也不相同，例如对于 0.1 mol 的 $CaCl_2$ 溶液，牛乳酪蛋白约有 70%凝集，而人乳酪蛋白只有 30%凝集。对于乳清蛋白质，现已确认牛乳中含有 α-乳球蛋白、β-乳球蛋白，而人乳中几乎不含 β-乳球蛋白。牛乳酪蛋白在胃酸的作用下，形成的凝块较为粗大，因而蛋白质利用率只有 81.5%；而人乳酪蛋白在胃酸的作用下形成细小的凝块，蛋白质利用率为 94.5%。这就是说，如果用牛乳喂养婴儿，需要多吃 13%的蛋白质，这样就增加了代谢负担。因此，对蛋白质加以调整是必要的。调整蛋白质的方法通常是添加脱盐的甜性乳清或乳清粉，使酪蛋白和乳清蛋白的比例接近人乳，或者添加酪蛋白的酸水解物，以提高酪蛋白的消化性。

(2)脂肪的调整

牛乳脂肪含量与人乳基本相同，但构成甘油酯的脂肪酸组成不同。牛乳脂肪中饱和脂肪酸和不饱和脂肪酸的比例是 65∶35，而人乳中的比例为 1∶1。为此，可采用不饱和脂肪

酸含量高的植物油调整脂肪酸的组成。美国小儿科学会建议，每418.5 kJ(100 kcal)婴儿乳粉中，含3.3 g脂肪，占总热量30%；亚油酸300 mg，占总热量约3%。

(3)碳水化合物的调整

在哺乳期，婴儿所需的碳水化合物全部由乳汁中的乳糖供给。但牛乳中的乳糖含量远低于人乳。人乳中乳糖约为蛋白质的6.5倍，而牛乳中乳糖仅为蛋白质的1.5倍。乳糖分解后可得到1分子的葡萄糖和1分子的半乳糖，而半乳糖和脂质是构成脑组织的主要成分。因此，在婴儿乳粉中要多补加一些乳糖分解物。

(4)矿物质的调整

牛乳中矿物质含量相当于人乳的3.5倍，这会增加婴儿的肾脏负担。通常用大量添加脱盐乳清粉的办法加以稀释。但需要补加铁等微量元素，并以控制Ca/P=1.2～2.0，K/Na=2.88左右为宜。

(5)维生素的调整

婴儿乳粉应充分强化维生素，特别是叶酸和维生素C，它们对芳香族氨基酸的代谢起辅酶作用。婴儿乳粉一般添加的维生素为维生素A、维生素B_1、维生素B_6、维生素B_{12}、叶酸、维生素C、维生素D、维生素E等。维生素E的添加量以控制维生素E(mg)和多不饱和脂肪酸(g)的比例大于或等于0.8为宜。

3. 婴儿乳粉生产工艺

婴儿乳粉生产工艺与一般乳粉生产工艺大体相同，其工艺流程如图6-12。

(二)功能性乳粉

1. 功能性乳粉的特性

功能性乳粉除具有一般乳粉的营养功能、感觉功能外，还应具有生理调节功能。也就是说，乳粉中的某些成分能促进机体的消化、吸收，调整机体节律，延缓机体衰老，增强机体抗病能力，具有类似药物的疗效作用。

2. 主要功能性材料

(1)膳食纤维

膳食纤维是指不能为人体消化的植物多糖，诸如纤维素、半纤维素、果胶物质、植物胶质等以及不属于多糖化合物的多聚物木质素。研究表明，膳食纤维可以降低血清中胆固醇的含量，预防心、脑血管性疾患的发生；降低脂肪在消化道中的吸收率，防止肥胖症的发生；控制胰岛素的分泌，对糖尿病有一定的预防作用；影响肠道菌群及其代谢，提高机体免疫功能；防止便秘，预防结肠癌的发生。

(2)低聚糖

低聚糖是指由2～10个单糖构成的糖类，相对分子质量为300～2000。已工业化生产的低聚糖类主要有异构化乳糖、异麦芽糖、低聚果糖和低聚半乳糖等。这些低聚糖类具有降低血清胆固醇含量、防止龋齿及作为双歧杆菌增殖因子的功能。

(3)糖醇

在国外已广泛用于配方食品的糖醇主要有山梨糖醇、甘露糖醇和麦芽糖醇等，其热值低，具有防止肥胖、预防龋齿的作用。

(4)多不饱和脂肪酸

其中较重要的是二十碳五烯酸(EPA)、二十二碳六烯酸(DHA)、十八碳二烯酸(亚油酸)和十八碳三烯酸(α-亚麻酸、γ-亚麻酸)。

EPA和DHA有降血脂、降胆固醇、降低血压、抑制血小板凝集、防止血栓形成、增强记忆、抑制促癌物质前列腺素形成等作用。

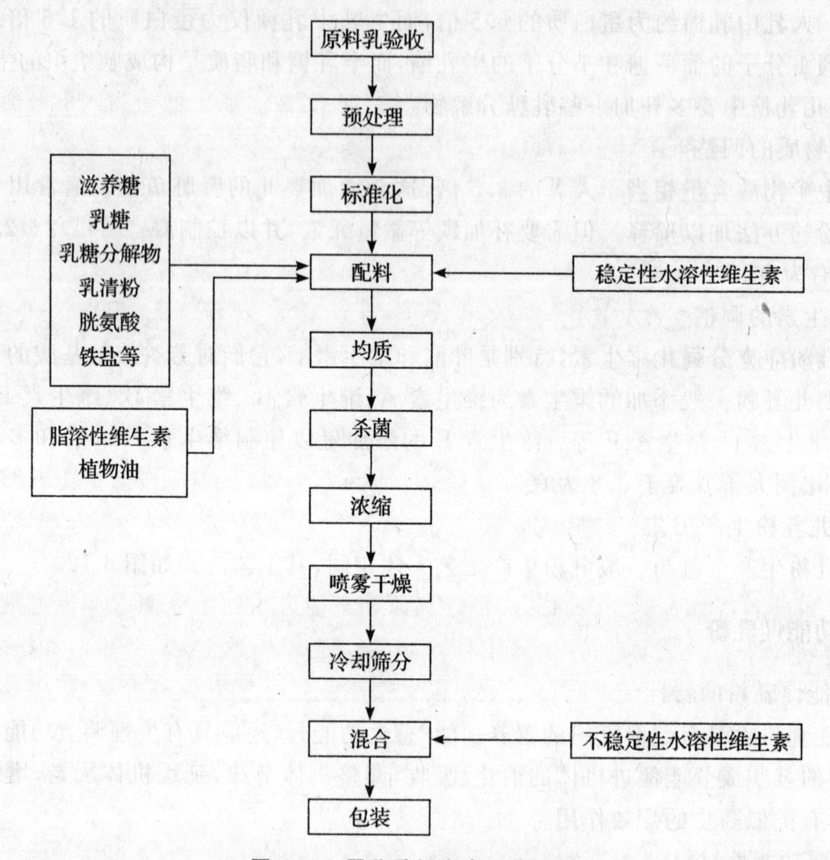

图6-12　婴儿乳粉生产工艺流程

亚油酸、α-亚麻酸、γ-亚麻酸存在于植物种子中,主要有降血脂、降胆固醇的作用,α-亚麻酸还有抗乳腺癌、直肠癌的作用。

(5)肽及蛋白质

酪蛋白经胰蛋白酶水解后,可制得磷肽酪蛋白。磷肽酪蛋白可促进钙的吸收,因而可防止骨质疏松,促进骨折患者康复及幼儿骨骼和牙齿的发育。

酪蛋白、鱼肉蛋白、玉米蛋白、大豆蛋白的酶水解物可制得有降血压作用的活性肽;谷胱甘肽能使体内有机物与金属离子结合并排出体外,对体内氧化反应的过剩产物有清除作用。谷胱甘肽过氧化物酶是一种含硒蛋白质,其抗氧化作用为维生素E的500倍,对细胞膜不仅有保护作用,同时对抗体的免疫力和杀菌力有促进作用。

(6)醇类和酚类

已开发的有茶多酚、谷维醇和二十八烷醇。茶多酚具有控制血压和血中胆固醇上升的功能,并有防止口臭、防止龋齿等功能。谷维醇有缓解全身疲倦、睡眠不好、耳鸣、便秘等功能。二十八烷醇有增进体力和耐久力,促进基础代谢等功能。

(7)磷脂

磷脂是构成所有生物细胞膜的基本组分，也是在消除血中胆固醇、甘油三酯等过程中起重要作用的高密度脂蛋白(HDL)的基本成分。磷脂具有保护生物膜、降低血脂、防止心血管病的作用。卵磷脂分子中的胆碱经吸收可形成乙酰胆碱，而乙酰胆碱是传导联络大脑神经元之间的神经递质。因而磷脂有增强记忆、防治老年痴呆的作用。

(8)双歧杆菌

双歧杆菌为肠道菌，有抑制肠道中有害菌生长、繁殖，改善肠道微生物区系平衡，提高机体免疫机能，防止便秘和结肠癌等作用。

3. 功能性乳粉生产工艺

功能性乳粉生产工艺与婴儿乳粉生产工艺基本相同，但功能性物质的添加方法要依其性质而定。

五、乳粉的速溶化

乳粉制造技术的主要目的，在于制造对温水或冷水具有良好的润湿性、分散性及溶解性的制品。用喷雾干燥法制造的乳粉的粒径在 100 μm 以下者较多，故多为不溶解的粉疙瘩。但是，这样的乳粉，如使其二次附聚，形成多孔性团粒构造，则具有良好的沉降性及外观上的溶解性。

速溶乳粉的制造装置称为瞬间形成机。其原理是使乳粉粒子表面湿润进行附聚，在不使其结块遭到破坏的情况下进行再干燥、冷却、整粒，制成物理上容易亲水的乳粉。乳粉粒子的附聚对水具有良好的分散性，以及加大粒子直径使粒子本身具有可湿性、多孔性，使乳粉更易溶解，这一生产工艺称为速溶化。

附聚造粒工艺有两种基本类型：复湿工艺，即乳粉在干燥后再进行速溶化处理；直接附聚工艺，是在干燥过程中同时完成速溶化处理。

本章小结

本章分为四节，介绍了乳制品生产技术，主要讲述了液态乳加工技术、酸乳加工技术和乳粉的加工技术，使学生熟练掌握乳及乳制品的加工工艺、操作要点，培养学生的创新能力。

思考题

1. 什么叫酸乳？主要分为哪几大类？
2. 乳制品的灭菌方法有哪些？它们之间的区别有哪些？
3. 试述脱脂乳粉的加工工艺流程。

【实验实训一】 酸乳的制作

一、实验目的

掌握凝固型酸乳和搅拌型酸乳的制作技术。

二、原理

乳中接种乳酸菌发酵剂，乳酸菌发酵乳中乳糖产生乳酸，当 pH 值达到酪蛋白的等电点时，酪蛋白胶粒凝聚形成具有网状结构的凝乳状产品。

三、实验仪器设备及原辅材料

仪器设备：恒温箱、冰箱、电炉、电子秤、玻璃瓶、杀菌锅、温度计。

原辅材料：鲜牛乳（或全脂奶粉）、脱脂乳粉、白砂糖、乳酸菌等。

四、操作步骤

1. 发酵剂的制备

(1)培养基制备

用脱脂乳粉制备 10%～12%的复原脱脂乳，用试管或三角瓶分装，置于高压灭菌器中，121 ℃ 15 min 灭菌。

(2)发酵剂的活化与扩培

将灭菌后的脱脂乳冷却到 43 ℃，按照无菌操作的要求按 2%～4%的比例在脱脂乳中加入母发酵剂（或中间发酵剂），在恒温箱中 42 ℃培养至脱脂乳凝固，取出后置于 4 ℃冰箱中保存。

2. 凝固型酸乳的制作

(1)用鲜乳或用乳粉制作 10%～12%复原乳，鲜乳或乳粉要求质量高，无抗生素和防腐剂。

(2)将原料乳（或复原乳）加热到 50～60 ℃，加入 6%～9%的糖和 0.1%～0.5%的稳定剂，混合均匀。

(3)用均质机在 16～18 MPa 压力下对原料乳进行均质。

(4)均质后乳在 90～95 ℃ 5 min 条件下杀菌。

(5)杀菌乳冷却至 43～45 ℃，按 2%～4%接种发酵剂，发酵剂需搅拌均匀后再加入。加入发酵剂的同时进行充分搅拌，使之混合均匀。

(6)将接种后的乳装入销售容器后封口，在 42 ℃发酵 3～4 h。

(7)乳凝固后将酸乳瓶置于 4 ℃左右冰箱中保存 24 h。

3. 搅拌型酸乳的制作

(1)与凝固型酸乳的①～⑤步骤相同。

(2)原料乳接种后，直接在发酵罐中发酵，维持 42 ℃发酵 3～4 h，直至乳凝固，pH 达到 4.2～4.5 时，打开发酵罐中的搅拌器搅拌均匀并冷却至 10 ℃，同时添加香精或果料。

(3)搅拌均匀后的凝乳灌装到容器中，放入 4 ℃左右冰箱中保存 24 h。

五、注意事项

1. 制备发酵剂应严格执行无菌操作，防止杂菌污染，影响发酵质量。
2. 发酵结束后应迅速降低发酵乳的温度，防止产酸过度，影响产品口感。

【实验实训二】　香草冰淇淋的制作

一、实验目的

通过实验初步掌握冰淇淋生产工艺。

二、仪器设备及原辅料

1. 设备

电动打蛋器、冰淇淋机、冰箱。

2. 原辅材料

牛奶 200 g、奶油 300 g、砂糖 50 g、香草香精适量。

三、操作步骤

1. 将牛奶和砂糖放入容器中，用电动打蛋器低速搅拌 3～4 min，至砂糖完全溶解。
2. 加入奶油和香草精至容器中，混合均匀。
3. 进入冰淇淋机搅拌和冻结，至混合物变浓，或达到一定的硬度。
4. 冻结后即可食用，或装入容器放在冰箱中硬化 24 h。

四、思考题

简述香草冰淇淋生产的工艺流程。

第七章 谷物食品生产技术

【教学目标】

通过本章的学习，了解焙烤及膨化食品的分类和原辅材料，使学生掌握焙烤食品、膨化食品和方便食品的制作工艺，熟练掌握面包、蛋糕、饼干、方便面等食品的加工技术。

第一节 原辅材料

焙烤食品是指以面粉和谷物为主原料，采用焙烤加工工艺成型和熟制的一大类食品。焙烤食品除了常说的面包、蛋糕、饼干之外，还包括我国的许多传统大众食品，如烧饼、点心、馅饼等。焙烤食品常见的分类方式有以下两种。

按发酵和膨化程度分类：

(1)用培养酵母或野生酵母使之膨化的制品。包括面包、苏打饼干、烧饼等。

(2)化学方法膨化的制品。这里指各种蛋糕、炸面包圈、油条、饼干等。总之是利用化学疏松剂小苏打、碳酸氢铵等产生的 CO_2 使制品膨化。

(3)利用空气进行膨化的制品。如天使蛋糕、海绵蛋糕等不用化学疏松剂的食品。

(4)利用水分汽化进行膨化的制品。主要指一些类似膨化食品的小吃，不用发酵也不用化学疏松剂。

按照生产工艺特点分类：

(1)面包类。包括听型面包、硬式面包、软式面包、主食面包、果子面包等。

(2)松饼类。包括牛角可松、丹麦式松饼、派类及我国的千层油饼等。

(3)蛋糕类。

(4)饼干类。

(5)点心类。

焙烤食品用到的主要原辅料是面粉、糖、油脂、蛋品、乳制品、盐等。

一、面粉

面粉是制造谷物食品的最主要原料，由小麦磨制加工而成。焙烤中常用的小麦粉可分

类如下：

(一)面粉的分类

1. 高筋面粉

蛋白质含量在12.5%以上的小麦面粉。它是制作面包的主要原料之一。在西饼中多用于松饼(千层酥)和奶油空心饼(泡芙)中。在蛋糕方面仅限于高成分的水果蛋糕中使用。

2. 中筋面粉

小麦面粉蛋白质含量在9%～12%，多用于中式馒头、包子、水饺以及部分西饼中，如蛋挞皮和派皮等。

3. 低筋面粉

小麦面粉蛋白质含量在7%～9%，为制作蛋糕的主要原料之一，在混酥类西饼中也是主要原料之一。

4. 蛋糕专用粉

低筋面粉经过氯气处理，使原来低筋面粉的酸价降低，有利于蛋糕的组织和结构。

5. 全麦面粉

小麦面粉中包含其外层的麸皮，使用内胚乳和麸皮的比例与原料小麦成分相同，用来制作全麦面包和小西饼等。

(二)面粉的化学组成

面粉主要由蛋白质、糖类、脂肪、矿物质和水分组成，此外还有少量的维生素和酶类。由于产地、品种和加工条件的不同，上述成分含量差别较大，一般含量如表7-1所示。

表7-1 小麦面粉主要化学成分含量

%(质量分数)

品种	水分	蛋白质	脂肪	糖类	灰分	其他
标准粉	11～13	10～13	1.8～2	70～72	1.1～1.3	少量维生素和酶
精白粉	11～13	9～12	1.2～1.4	73～75	0.5～0.75	

1. 蛋白质

小麦籽粒中蛋白质的含量和品质不仅决定小麦的营养价值，而且小麦蛋白质还是构成面筋的主要成分，分为面筋性蛋白质和非面筋性蛋白质两类。根据其溶解性质还可分为麦胶蛋白、麦谷蛋白、麦球蛋白、麦清蛋白等。麦胶蛋白和麦谷蛋白约占蛋白质总量的80%以上，是形成面筋的主要成分，故又称面筋蛋白质，对面团的性能及制造工艺有着重要影响。

调制面团时，面粉遇水，面筋性蛋白质迅速吸水胀润，其吸水量为干蛋白质的180%～200%，而淀粉吸水量在30 ℃时仅为30%。面筋性蛋白质胀润的结果是在面团中形成坚实的面筋网络，在网络中包裹着胀润性差的淀粉粒及其他非溶解性物质，这种网状结构即所谓面团中的湿面筋，它和所有胶体物质一样，具有特殊的黏性、延伸性等特性。

加热易使蛋白质失去水分而变性，蛋白质的变性程度取决于加热温度、加热时间和蛋白质的含水量。蛋白质变性后失去吸水能力,膨胀力减退,溶解度变小,面团的弹性和延伸性消失,面团的工艺性能受到严重影响。

2. 糖类

糖类是面粉中含量最高的化学成分,约占面粉重的75%,主要包括淀粉、糊精、可溶性糖和纤维素。淀粉的吸水率仅为蛋白质的1/5,在面团调制中起到调节面筋胀润度的作用。

3. 脂肪

面粉中含脂肪甚少,通常为1%~2%,主要存在于麦芽中。面粉贮藏期与脂肪关系很大。小麦脂肪是由不饱和程度较高的脂肪酸组成,极易在贮藏过程中发生氧化,产生陈宿味及苦味。所以制粉时要尽可能除去脂质含量高的胚芽,减少面粉的脂肪含量,延长面粉的贮藏期。

(三)面粉品质

1. 面筋的数量与质量

面筋在面团形成过程中起非常重要的作用,能决定面团的烘焙性能。面粉筋力的好坏、强弱决定于面筋蛋白质的数量与质量。面筋含量高,并不是说面粉的工艺性能就好,还要看面筋的质量。面筋的质量和工艺性能可以通过延伸性、韧性、弹性、可塑性等反映出来,以上性质关系到谷物食品的生产。当面筋性质不符合生产要求时,可以采取一定的工艺条件来改变其性能,使之符合生产要求。

2. 面粉吸水量

面粉吸水量是面粉烘焙品质的重要指标。面粉的吸水量大可以提高出品率,一般面粉吸水量在45%~55%。面粉实际吸水量的大小在很大程度上取决于面粉的蛋白质含量,吸水量随蛋白质含量的增加而提高。

二、糖

糖是谷物制品的重要原料之一,焙烤食品生产中常用的食糖主要有固体糖和液态的糖浆。固体的糖主要是白砂糖、绵白糖、葡萄糖等,其中又以白砂糖较为常用。白砂糖又分为粗粒砂糖、大粒砂糖、中粒砂糖、细粒砂糖。糖浆有淀粉糖浆和玉米糖浆等。淀粉糖浆是以淀粉及含淀粉的原料经酶法或酸法水解、净化而成的产品,其主要成分为葡萄糖、麦芽糖、低聚糖(三糖和四糖等)和糊精。以玉米为原料生产的糖浆称为玉米糖浆。糖在谷物制品中能增加制品的甜味,提高制品的色泽和香味,提供酵母生长与繁殖所需营养,调节发酵速度,调节面团中面筋的胀润度,并具有抗氧化作用,降低面团弹性,延长产品货架期。

糖有较强的吸水性,面团中的糖分会吸收一定量水分而影响面筋的吸水胀润,从而限制了面筋的形成。在酥性面团调制中,利用糖的吸水性来限制面筋的充分胀润,以便于操作,可避免由于面筋胀润过度而引起的饼干收缩变形现象。

三、油脂

油脂是粮油食品的主要原料，有的糕点用油量高达50%以上。油脂在焙烤中大致有以下几种作用。

（一）起酥功能

焙烤食品由于油脂的作用，产生层次结构，或质地变得酥松易碎，使得咀嚼方便，入口即化，这种变化称为"起酥"。

（二）充气功能

油脂在高速搅拌下能卷入大量空气，这种作用称为发泡。气泡越细小，分布越均匀，成品的结构就越细腻松软，体积也越大。油脂的充气功能与它的结构及饱和程度有关，饱和程度越高，卷入的空气量越多。同时，由于空气的进入，面糊的机械强度也大大增强，避免了坍塌，提高了面糊的稳定性。

（三）保水功能

油脂能防止水分的散失，保持产品的柔软可口，从而延缓了淀粉老化的速度，延长了产品的货架期。

（四）营养功能

油脂可赋予制品独特的香味，还能保持产品酥松柔软，滋润可口。油脂还含有人体必需的脂肪酸（如亚油酸、亚麻酸）和脂溶性维生素（维生素A、维生素D、维生素E、维生素K）。油脂能覆盖于面粉的周围并形成油膜，增加面团的塑性。

在油脂原料的选择方面，起酥性、稳定性、吸收率三者之间存在较大矛盾。如猪油和奶油具有良好的起酥性，吸收率也高，但稳定性较差，产品不耐贮藏。植物油吸收率高达98%，但起酥性差，除了椰子油和棕榈油有较高稳定性外，其余几乎都不耐贮藏。氢化油起酥性和稳定性均好，但是吸收率很低。

生产中经常使用抗氧化剂抑制油脂的酸败。常用的有BHA、BHT、PG、DLTP、TBHQ、THBP等，用量为油脂的0.01%～0.02%。在使用抗氧化剂的同时，常同时使用各种增效剂，如柠檬酸、维生素C、琥珀酸、酒石酸和磷酸等，因为这些增效剂能螯合铜、铁离子，从而使油脂稳定性提高。

四、乳制品

乳制品是生产焙烤食品的重要辅料，乳制品中以鲜乳、全脂乳粉、脱脂乳粉、甜炼乳、淡炼乳、奶油等最为常用。乳制品不但具有很高的营养价值，而且在工艺性能方面也发挥重要作用。乳制品能提高面团的吸水率，提高面团筋力和搅拌耐力，提高面团的发酵耐力，改善焙烤制品的着色性，改善产品组织结构，延缓产品的老化，提高产品的营养价值。

五、蛋制品

蛋制品主要有鲜蛋、冰蛋和蛋粉三种。鲜蛋的加工性能在各种蛋品中是最好的，价格也相对较便宜。在中小工厂或作坊中使用较普遍。不过鲜蛋的运输和贮存不便，使用时处理麻烦，大型加工企业很少直接使用鲜蛋。冰蛋是由蛋液经过滤、灭菌、装盘、速冻等工序制成的冷冻块状食品，有冰全蛋、冰蛋白、冰蛋黄等。冰蛋使用前必须先解冻成蛋液，其加工工艺性能与鲜蛋非常接近，且运输、贮存和使用都很方便，所以得到广泛使用。将蛋液干燥并粉碎即可得到蛋粉，其容积小，质量轻，便于贮藏和运输。蛋粉同样可分为全蛋粉、蛋黄粉、蛋白粉。

蛋白是一种亲水性胶体，具有良好的起泡性，在糕点生产中具有重要意义，特别是在西点的装饰方面。蛋白经过强烈搅打，蛋白薄膜将混入的空气包围起来形成泡沫，由于受表面张力制约，迫使泡沫成为球形，由于蛋白胶体的黏性和加入的原材料附着在蛋白泡沫层四周，使泡沫层变得浓厚坚实，增强了泡沫的机械稳定性。制品在烘烤时泡沫内的气体受热膨胀，增大了产品的体积，这时蛋白质遇热变性凝固，使制品疏松多孔并具有一定的弹性和韧性，因此蛋在糕点、面包中起到了膨松，增大体积，改善产品外观和风味，提高产品营养价值的作用。

六、疏松剂

在焙烤制品生产中能够使食品体积膨大、组织疏松的一类物质称为疏松剂，又称膨松剂。生产中常用的有碳酸氢钠、碳酸氢铵、发酵粉、酵母。发酵粉又称泡打粉、发粉、焙粉，主要由碱性物质、酸式盐和填充物三部分组成。由于发酵粉是根据酸碱中和反应的原理配制而成的，因此它的生成物显中性，消除了小苏打和碳酸氢铵各自使用时的缺点。用发酵粉制作的产品组织均匀，质地细腻，无大孔洞，颜色正常，风味纯正。

在饼干、糕点生产中，大部分采用化学疏松剂，这是由于一方面产品配料中糖、油含量较高，它们会影响酵母的正常生长；另一方面使用化学疏松剂生产过程简单。

酵母是一种单细胞生物，属真菌类，含有丰富的蛋白质和矿物质，这是面包营养价值较高的重要原因。生产中经常使用的品种有鲜酵母、活性干酵母、即发活性干酵母。在所有市售酵母中，即发活性干酵母的活力和发酵力最高，其次是活性干酵母，最差的是鲜酵母。酵母的使用量与其活性、发酵力有关，活性高、发酵力大，使用量就少。因此，即发活性干酵母的用量最少。酵母的使用量除了与其活性、发酵力有关外，还与发酵方法、配方、温度和面团软硬度等因素有直接关系。

七、食盐

盐按其来源可分为海盐、湖盐及井盐、矿盐。食盐在烘烤食品中的作用如下。

(1)风味的产生。首先，食盐能为制品带来咸味，刺激人的味觉神经，引起食欲，使其更加可口。其次，咸味与其他风味之间有协调作用，如少量盐可增强酸味，而大量盐则会减弱

酸味，少量盐能使甜味更加柔美。

(2)细菌的抑制。食盐对大部分的酵母菌和野生菌都有抑制作用，盐在面包中所引起的渗透压能延迟细菌的生长，甚至有时可毁灭其生命。

(3)面筋的安定。食盐可抑制蛋白酶的活性，减少其对面筋蛋白的分解破坏作用，具有调理和增强面筋的效应。由于食盐增强了面筋强度，面包品质也因此得到改善，气孔组织均匀细致，面包心的颜色也更白。筋力弱的面粉可使用较多量的食盐，强筋度的面粉宜用较少量的盐。

(4)发酵的调节。因为食盐有抑制酵母发酵的作用，所以可用来调整发酵的时间。完全没有加盐的面团发酵较快速，但发酵情形却极不稳定。尤其在天气炎热时，更难控制正常的发酵时间，容易发生发酵过度的情形，面团因而变酸。因此，盐可以说是一种“稳定发酵”作用的材料。

八、水

在面团制作中，水质对产品的影响不可忽视，所以烘焙对水质有一定要求，特别是水的硬度和酸碱度。

当所用水的硬度不符合要求时，必须进行处理。若水质太软，可添加少量磷酸钙、硫酸钙来提高水的硬度。若水质太硬，可采用石灰处理使之软化。酵母的发酵和酶的作用均需要弱酸性环境，因此弱酸性水适合面包的生产。因此，对于酸碱性不适的水必须进行处理。对酸性过强的水可以适当加碱中和。对碱性水则可添加适量乳酸、醋酸或磷酸二氢钙等加以中和。

水在焙烤食品中的作用如下：

(1)调节面团的胀润度。面筋蛋白吸水胀润形成面筋网，使面团具有弹性和韧性。在面团调制过程中，加水量适当，面筋的胀润度好，所形成的面团加工性能好。若加水量不足，则面筋蛋白不能充分吸水胀润，面筋不能充分伸展，面团品质差。

(2)调节淀粉的糊化程度。在烘烤过程中，淀粉遇热糊化，面包坯由生变熟。若面团含水量充足，淀粉充分吸水糊化，使制品组织结构细腻均匀，体积膨大；反之，则容易导致制品组织疏松。

(3)促进酵母的生长繁殖。水是酵母的重要营养物质之一。同时也是酵母进行各项生命活动的基础。酵母的最适水分活度(A_w)为0.88，当$A_w<0.87$时，酵母的生长繁殖受到抑制。

(4)促进原料溶解。面粉中的许多原料都需要水来溶解，如糖、食盐、乳粉以及膨松剂等，这些原料只有经水溶解后才能在面团中均匀分散。

第二节　面包加工技术

面包是以小麦面粉为主要原料，以酵母、鸡蛋、油脂、果仁等为辅料，加水调成面团，经发酵、整形、成型、烘烤和冷却等过程加工而成的焙烤制品。常见几种面包样式见图 7-1。

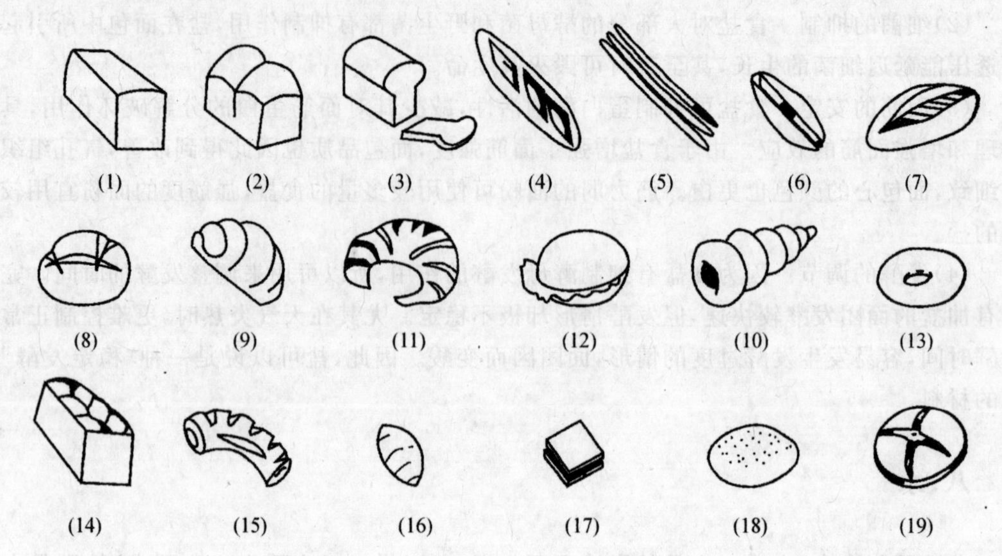

(1)方包;(2)山形面包;(3)圆顶面包;(4)法式长面包;(5)棍式面包;(6)香肠面包;(7)意大利面包;(8)百里香巴黎面包;(9)牛油面包;(10)牛角酥;(11)汉堡包;(12)奶油卷面包;(13)油炸面包圈;(14)美式起酥面包;(15)巧克力开花面包;(16)主食小面包;(17)三明治面包;(18)夹馅圆面包;(19)硬式面包

图 7-1 常见的几种面包样式

一、面包的分类

目前,国际上尚无统一的面包分类标准,分类方法较多,主要有以下几种分类方法。

(一)按面包的柔软度分类

1. 硬式面包

如法国长棍面包、英国面包、俄罗斯面包,以及我国哈尔滨生产的赛克、大列巴等。

2. 软式面包

如著名的汉堡包、热狗、三明治等。我国生产的大多数面包属于软式面包。

(二)按质量档次和用途分类

1. 主食面包

又称配餐面包,配方中辅助原料较少,主要原料为面粉、酵母、盐和糖,含糖量不超过面粉的 10%。

2. 点心面包

又称高档面包,配方中含有较多的糖、奶油、奶粉、鸡蛋等高级原料。

(三)按成型方法分类

1. 普通面包

成型比较简单的面包。

2. 花色面包

成型比较复杂，形状多样化的面包，如各种动物面包、夹馅面包、起酥面包等。

(四)按用料不同分类

奶油面包、水果面包、鸡蛋面包、椰蓉面包、巧克力面包、全麦面包、杂粮面包等。

(五)按发酵次数和方法分类

主要包括快速发酵法面包、一次发酵法面包、二次发酵法面包、三次发酵法面包、液体发酵法面包、过夜种子面团法面包、低温过夜液体法面包、低温过夜面团发酵法面包以及柯莱伍德机械快速发酵法面包。

(六)其他分类面包

主要品种有油炸面包类、速制面包、蒸面包、快餐面包等。这些面包面团很柔软，有的糨糊状，有的使用化学疏松剂，一般配料较丰富，成品体积大而轻，组织孔洞大而薄，如松饼之类。

二、面包制作的工艺流程

面包的基本工艺流程如图 7-2 所示。

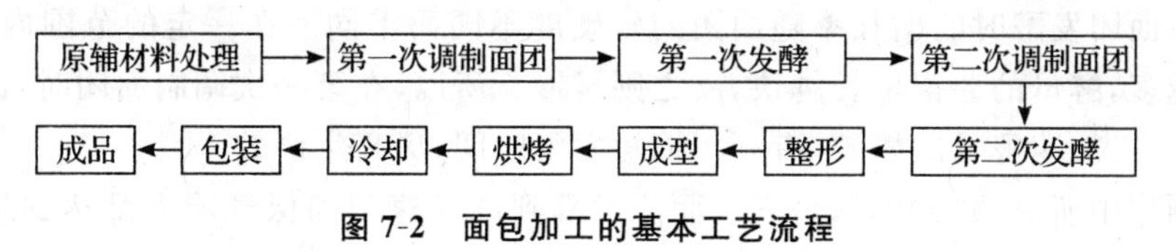

图 7-2　面包加工的基本工艺流程

三、面包制作的操作要点

(一)面团调制

面团调制就是将处理好的原辅料按配方的用量，根据一定的投料顺序，调制成适合加工性能的面团。投料顺序要根据面团的发酵方法来确定，面团发酵方法有一次发酵法、二次发酵法、三次发酵法。一次发酵法的投料顺序是将全部面粉投入和面机内，再将砂糖、食盐的水溶液及其他辅料一起加入和面机内，搅拌后，加入已准备好的酵母溶液，搅拌均匀进行发酵。二次发酵法分两次投料，第一次面团调制是将全部酵母和适量水投入和面机中搅拌均匀，再将配方中面粉量的 30％～70％投入和面机，搅拌 10 min，调成均匀面团，放在适宜条件下进行发酵。待面团发酵成熟后，将此面团投入和面机中，加入适量温水将发酵面团调开，再加入剩余的原辅料，搅拌均匀调成面团，注意此时不可过度搅拌，否则会破坏面团工艺性能，一般 8～10 min 即可进行第二次发酵。三次发酵法面团调制是分三次投料，因操作麻烦，一般不采用。

面团加水量要根据面粉的吸水率而定，一般为面粉量的45%～55%。加水量过多造成面团过软，给工艺操作带来困难；加水量过少，造成面团发硬，制品内部组织粗糙，并延缓发酵速度。

水的温度是控制面团温度接近发酵温度的一个重要手段。发酵面团一般要求在28～30 ℃，这个温度不仅适用于酵母的生长繁殖，而且也有利于面团中面筋的形成。为了得到适宜的温度，一般采用提高和降低水的温度来调节面团的温度。

为了使酵母能均匀地分布在面团中，需先将酵母与所有水充分搅匀，然后加入面粉中，以保证酵母均匀分布在面团中，促进发酵速度，这样还可以防止发生粉粒现象。

面团搅拌不可过度，否则表面变湿发黏，极不利于整形，使成品体积变小，内部组织孔洞多，粗糙，品质差。搅拌不足，面筋未得到充分延伸，持气性差，成品体积小，内部组织粗糙，颜色不佳，结构不均匀。面团发硬，不利于整形和操作，整形时表皮易撕裂，成品表皮不整齐。

(二)面团发酵

面团发酵就是利用酵母菌在其生命活动过程中所产生的CO_2和其他成分，使面团膨松而富有弹性，并赋予制品特殊的色、香、味及多孔性结构的过程。

温度是影响酵母进行发酵的重要因素，一般控制在25～30 ℃。

在一般情况下用标准粉生产面包时，酵母的用量为面粉用量的0.5%左右；用特制粉生产面包时，酵母的用量为面粉用量的0.6%～1%。

酵母在面团发酵时的增长率随面团的软硬度不同而不同。在一定的范围内，面团中加入的水量越多，酵母的芽孢增长越快，反之则越慢。所以，在第一次调制面团时，面团的加水量应多一些，以加速酵母的繁殖，有利于缩短发酵时间，提高生产效率。

面包制作中所讲的“成熟”，是表示面团发酵到产气速率和保气能力都达到最大程度的时候。尚未达到这一时期的面团，叫作嫩面团；超过这一时期的面团，叫作老面团。

面团的成熟与面包的质量有密切关系。用成熟适度的面团制得的面包，皮薄有光泽，瓤内的蜂窝薄，半透明，具有酒香和酯香；用嫩面团制的面包，面包体积小，皮色深，瓤内蜂窝不均匀，香味淡薄；用老面团制作的面包，皮色淡，灰白色，无光泽，蜂窝壁薄，气孔不匀，有大气泡，有酸味和不正常的气味。

(三)整形和成型

将发酵成熟的面团作成一定形状的面包坯的过程称为整形。整形包括分块、称量、搓圆、静置、整形、入模或装盘等工序。将整形好的面包坯经过末次发酵，使面包坯体积增加1～1.5倍，也就是形成面包的基本形状，这个过程称为成型或饧发。

在整形期间，面团仍在继续进行发酵过程。在这一工序中面团温度不能过于降低，表皮不能干燥，因此操作室最好装有空调设备。整形室适宜温度为25～28 ℃，相对湿度为60%～70%。

整形完毕后的面包坯，要经过成型才能烘烤。成型的目的是消除在整形过程中产生的内部应力，使面筋进一步结合，增强面筋的延伸性，使酵母进行最后一次发酵，进一步积累产物，使面坯膨胀到所要求的体积，以达到制品松软多孔的目的。一般成型室采用的温度范围

为 36～38 ℃，最高不超过 40 ℃；相对湿度 80%～90%，以 85%为最佳，不能低于 80%；成型时间 45～90 min。

已成型的面包坯从成型室中取出略微停放使其定形后，应立即进行烘烤。在运送中要注意不可震动，防止面包坯漏气而塌架。入炉前一般在面包坯表面刷一层蛋液或糖浆等液状物质，以增加面包表皮的光泽，使其丰润，皮色美观。

(四)面包的烘烤

烘烤是保证面包质量的关键工序，俗语说“三分做，七分烤”，说明了烘烤的重要性。面包坯在烘烤过程中，受炉内高温作用由生变熟，并使组织膨松，富有弹性，表面呈金黄色，有可口的香甜气味。

面包烘烤需要掌握三个重要条件，即温度、时间和面包的规格种类。在烘烤时需要根据面包的种类、规格来确定烘烤的温度与时间，如表 7-2 所示。

表 7-2　烘烤条件对面包品质影响及其纠正方法

面包质量特征	影响原因	纠正方法
体积小	炉温太高，上火过大	调节炉温，检查上火
体积过大	炉温太低，烘烤时间长	适当提高炉温
皮色太深	炉温太高，上火过大，烘烤时间过长	调整炉温，减少烘烤时间
底部白，中间生，皮色深	下火偏低，上火偏高	加大下火，降低上火，
皮色灰暗	炉温偏低，烘烤时间长	调整炉温和烘烤时间
皮层过厚有硬壳	炉内湿度小，炉温低，烘烤时间长	调整湿度，提高炉温度，减少烘烤时间
皮色太浅	炉内湿度小，上火不足，烘烤时间短	调整湿度，加大上火，延长烘烤时间
皮部起泡、龟裂	炉温太高，湿度小，上火过大	调整炉内温、湿度
过缘爆裂	炉内温度高，湿度小	调整炉内温、湿度
皮部有黑斑点	炉温不均匀，上火过大	调整炉温，降低上火

面包的重量越大，烘烤时间越长，烘烤温度应越低；同样重量的面包，长形的比圆形的、薄的比厚的烘烤时间短；装模面包比不装模面包所需烘烤时间要长；一般小圆面包的烘烤时间多在 8～12 min，而大面包的烘烤可长达 1 h 左右。

烘烤温度直接影响着面包的组织。如果入炉后上大火，面包坯很快形成硬壳，限制了面团的膨胀，造成面包坯内气压过大，使气孔膜破裂，形成粗糙、壁厚、不规则的面包组织。因此，适当的炉温和烘烤方法对获得均匀的面包组织非常重要。一般情况下，适当延长烘烤时间对于提高面包质量有一定作用。它可以使面包中的水解酶作用时间延长，提高糊精、还原糖和水溶性成分的含量，有利于面包色、香、味的形成。

炉内湿度对面包质量有很大影响。如果炉内湿度过低，会使面包皮过早形成并增厚，产生硬壳，表皮干燥无光泽，限制了面包体积的膨胀，增加了面包的质量损失。

(五)面包的冷却与包装

面包出炉以后温度很高，皮脆瓤软，没有弹性，经不起压力，如果立即进行包装或切片，必然会造成断裂、破碎或变形。同时,刚出炉的面包,瓤的温度很高,如果立即包装,热蒸汽不易散发,遇冷产生的冷凝水便吸附在面包的表面或包装纸上,给霉菌生长创造条件,容易使面包发霉变质。因此,为了减少这种损失,面包必须冷却后才能包装。

冷却的方法有自然冷却法和吹风冷却法,自然冷却是在室温下冷却,这种方法时间长,如果卫生条件不好易使制品被污染。吹风冷却法是用风扇吹冷,冷却速度较快。因自然冷却所需时间太长,故现在大部分工厂采用吹风冷却法。不论采用哪种方法冷却,都必须注意使面包内部冷透,冷却到室温为宜。

面包的包装材料首先必须符合食品卫生要求,不得直接或间接污染面包;其次,应不透水和尽可能不透气;再次,包装材料要有一定的机械性能,便于机械化操作。用作面包包装的材料有耐油纸、蜡纸、硝酸纤维素薄膜、聚乙烯、聚丙烯等。

包装环境适宜的条件是温度在 22～26 ℃,相对湿度在 75%～80%,最好设有空调设备。当面包冷却到 28～38 ℃时进行包装是比较适宜的。

四、面包生产中常见的质量问题及预防措施

(一)面包的老化及防止

面包在贮藏和运输过程中最显著的变化就是"老化",也称"陈化"、"硬化"或"固化"。面包老化后口味变劣,组织变硬,易掉渣,香味消失,口感粗糙,下咽困难,犹如潮湿的皮革一样,其消化吸收率均降低。

温度对面包老化有直接影响。将面包放置在 60 ℃保存,其新鲜度可以保持 24～48 h。贮存温度在 20 ℃以上老化进行得缓慢,−7～20 ℃是面包老化速度最快的老化带。已经老化的面包重新加热到 50 ℃以上时,可以恢复到新鲜柔软状态。

α-甘油单酸酯、卵磷脂等乳化剂及硬酯酰乳酸钙(CSL)、硬酯酰乳酸钠(SSL)、硬酯酰延胡索酸钠(SSF)等抗老化剂可延缓面包的老化。SSL 可以改善面包品质,增加面包体积,延长保存期。CSL 可以改善面包的保气性,阻止淀粉结晶老化。乳化剂和抗老化剂的正常使用量为小麦粉用量的 0.5%左右。这些添加剂的使用可使面包柔软,延缓老化,增大制品体积,同时还有提高糊化温度、改良面团物性等作用。

小麦粉的质量对面包的老化也有一定影响。一般来说,含面筋多的优质面粉会推迟面包的老化时间。在小麦粉中混入 3%的黑麦粉就有延缓面包老化的效果,加入起酥油也有抗老化的效果。在小麦粉中加入膨化玉米粉、大米粉、α-淀粉、大豆粉以及糊精等,均有延缓老化的效果。在面包中添加的辅料,如糖、乳制品、蛋和油脂等,不仅可以改善面包的风味,还有延缓老化的作用,其中牛乳的效果最显著。糖类有良好的持水性,油脂则具有疏水作用,它们都从不同方面延缓了面包的老化。糖类中单糖的防老化效果优于双糖,它们的保水作用和保软作用均较好。

包装可以保持面包卫生,防止水分散失,保持面包的柔软和风味,延缓面包老化,但不能阻止淀粉老化。

(二)面包的腐败及预防

面包在保管中发生的腐败现象有两种:一种是面包瓤心发黏,另一种是面包皮发生霉变。瓤心发黏是由细菌引起的,而面包皮霉变则是因霉菌作用所致。

面包瓤心发黏是由普通马铃薯杆菌和黑色马铃薯杆菌引起的。病变先从面包瓤心开始,原有的多孔疏松体被分解,变得发黏、发软,瓤心灰暗,最后变成黏稠状胶体物质,产生腐败臭味。添加丙酸盐等防腐剂可以抑制细菌的生长。

面包皮发生霉变是由霉菌作用引起的。初期生长霉菌的面包就带有霉臭味,表面具有彩色斑点,斑点继续扩大,会蔓延至整个面包表皮。可采用下述措施防止霉变:对厂房、工具定期进行清洗和消毒,定期使用紫外线灯照射和通风换气。南方春夏季节高温多雨,面包容易生霉。生产中应做到四透,即调透、发透、烤透、冷透,其中冷透和发透是关键。使用防腐剂,用醋酸 0.05%～0.15%或乳酸 0.1%～0.2%,在防霉上有良好效果。加有乳制品的面包,应增加防腐剂的用量。

第三节 饼干的加工技术

饼干是以小麦粉、糖、油脂为主要原料,加入乳品、蛋品及其他辅料,经调制、成型、烘烤而成的松脆食品。饼干水分含量少、轻薄、酥脆,营养丰富,品种繁多,风味各具特色。而且饼干易于保藏,包装和携带,是一种深受大众喜爱的方便食品。

饼干一般可按照加工工艺特点,分成以下四类:一般饼干、发酵饼干、千层酥类和其他深加工饼干。

一、饼干的分类

(一)一般饼干

1. 按制造原理分类

分为韧性饼干和酥性饼干。韧性饼干在面团调制中,油脂和砂糖用量较少,因而面团中容易形成面筋,一般需要较长时间调制面团,采用辊轧的方法对面团进行延展整形,切成薄片状烘烤。因为这样的加工方法可形成层状的面筋组织,为了防止焙烤中起泡,通常使用针孔凹花印模。成品松脆,质量轻,常见的品种有动物、什锦、玩具、大圆饼干之类。

酥性饼干与韧性饼干的原料配比相反。在调制面团时,砂糖和油脂的用量较多,而加水量较少。在调制面团操作时搅拌时间较短,尽量不形成过多的面筋,常用凸花无针孔印模成型。成品酥松,一般感觉较厚重,常见的品种有甜饼干、挤花饼干、小甜饼、酥饼等。

2. 按照成型方法进行分类

分为印模饼干、冲印软性饼干、挤出成型饼干、挤浆(花)成型饼干、辊印饼干等。

印模饼干是将韧性面团经过多次辊轧延展,折叠后经印模冲印成型的一类饼干。一般含糖和油脂较少，表面是有针孔的凹花斑，口感较硬。

冲印软性饼干使用酥性面团，一般不折叠，只是用辊轧机延展，然后经印模冲印成型，表面花纹为浮雕型，一般含糖比硬饼干多。

挤出成型饼干又分为线切饼干和挤条饼干。

挤浆（花）成型饼干的面团调成半流质糊状，用挤浆（花）机直接挤到铁板或键盘上，直接滴成圆形，送入炉中焙烤，成品如小蛋黄饼干等。

辊印饼干使用酥性面团，利用辊印成型工艺进行焙烤前的成型加工，外形均与冲印酥性饼干相同。

（二）发酵饼干

1. 苏打饼干

苏打饼干的制造特点是先在一部分小麦粉中加入酵母，然后调成面团，经较长时间发酵后加入其余小麦粉，再经短时间发酵后整形，整形方法与冲印硬饼干相同。我国常见的有宝石、小动物、字母、甜苏打等。

2. 粗饼干

也称发酵饼干，面团调制、发酵和成型工艺与苏打饼干相同，只是成型后的最后发酵在温度、湿度较高的环境下进行。经发酵膨松到一定程度后再焙烤。成品掰开后，其断面组织不像苏打饼干那样呈层状，而是与面包近似，呈海绵状，所以也称干面包。

3. 椒盐卷饼

粗结状椒盐脆饼，将发酵面团成型后，通过热的稀碱溶液使表面糊化后，再焙烤。成品表面光泽特别好，常被做成扭结状或棒状、粒状等。

4. 深切工花样饼干

给饼干夹馅或表面涂层等。

（三）派类

以小麦粉为主原料，将面团涂油脂层后，多次折叠、延展，然后成型焙烤。饼干一般分酥性饼干、韧性饼干、发酵（苏打）饼干、薄脆饼干、曲奇饼干、夹心饼干、威化饼干、蛋圆饼干、蛋卷和水泡饼干等。

二、饼干制作的工艺流程

不同类型的饼干，由于主要原料的配比不同，所以投料顺序、操作方法及配套设备均有差异，生产工艺各不相同。以韧性饼干为例，生产流程如图 7-3 所示。

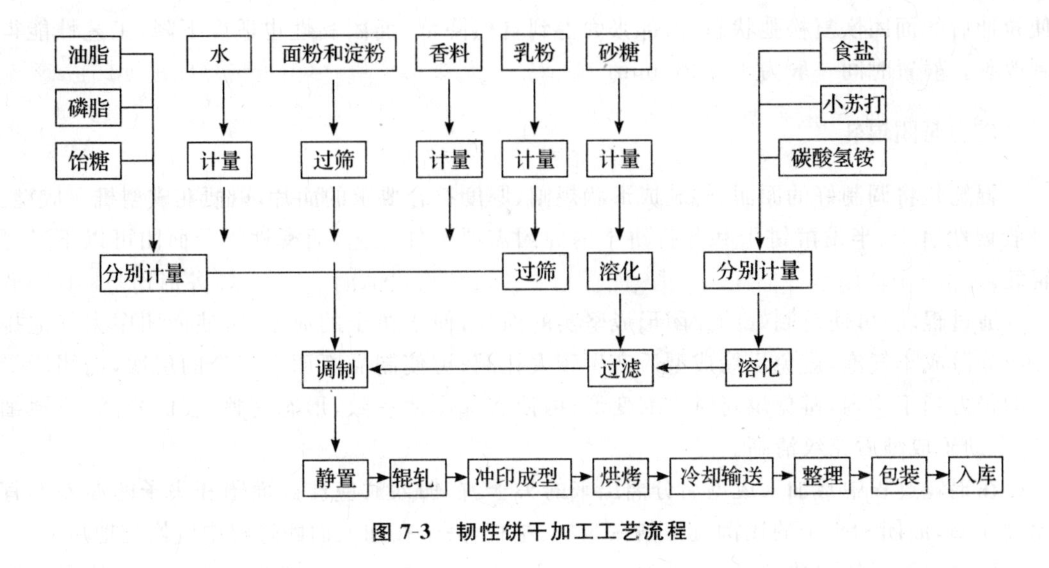

图 7-3　韧性饼干加工工艺流程

三、饼干制作的操作要点

(一)面团调制

面团调制是饼干生产的第一道工序，也是最关键的一道工序，更是关系到饼干成品质量优劣和生产操作顺利与否的关键环节。它直接影响成品的花纹、形态、疏松度、表面状况及内部组织结构等。因此，应重视掌握面团调制的操作技术。

1. 酥性面团调制

酥性面团要求面团有较大程度的可塑性和有限的黏弹性。成型后饼干花纹清晰，形态不收缩变形，烘烤后产品口感酥松，内部孔洞好。因此，在调制面团时应注意有限胀润的原则，适当控制面筋蛋白质的吸水率。调制酥性面团时，为了限制面筋蛋白吸水，控制面团起筋，应先将油、糖、乳品、蛋品和膨松剂等辅料与适量的水在调粉机内搅拌均匀，形成乳浊液，然后将面粉、淀粉等倒入，调制 6～12 min。

酥性面团水分含量一般以 16%～18%为最佳，水温以 22～28 ℃为宜，糖的用量占面粉的 32%～50%，油脂用量占面粉的 40%～50%。酥性面团一旦调制时间过长，会使筋性增强，降低酥性的物理性状。一般调粉时间在卧式调粉机中为 5～10 min，立式调粉机中为 7～15 min。面团调好后，应适当静置 10 min 左右，使蛋白质水化作用继续进行，降低黏性，增加弹性，方便辊轧。

2. 韧性面团调制

韧性面团是在蛋白质充分水化的条件下形成的面团。这种面团具有较强的延伸性和适度的弹性，柔软光滑，适宜做凹花饼干，制成饼干的胀发率较酥性饼干大得多。

韧性面团要保证面团充分吸水，因此先将水、糖和面粉等原料加入调粉机中调制均匀，再加入油脂继续调制，如加入改良剂，应在面团初步形成时加入，然后在调制过程中最后加入膨松剂和香精等辅料。韧性面团的温度应控制在 38～40 ℃，可采用热水调面。一般夏季 50～60 ℃，冬季 80 ℃左右的热水直接按比例加入面中。面团调制完毕，应静置一段时间，使拉伸后的面团恢复松弛状态，内部张力得到自然降低，面团黏性也适度下降，工艺性能得到改善。静置时间一般为 15～20 min。

（二）面团辊轧

辊轧是将调制好的面团，辊轧成形状规则、厚度符合要求的面片，以便在成型机上成型。一般韧性饼干、半发酵饼干和苏打饼干的面团需要辊轧工艺，而酥性饼干面团可以不经过辊轧。

通过辊轧，可使调制好的面团形成坚实的面片，便于饼干的成型；可使面团中大气泡排除或分散成小气泡，避免烘烤成型后产生较大孔洞；可使制品断面有清晰的层次，面团所受到的张力趋于均匀，避免烘烤时收缩变形；可使面片厚薄一致，形态完整，表面光泽，质地细腻，有助于成型后花纹清晰。

在辊轧过程中常加入成型后分离出来的头子，在加入时应注意面团和头子的温差不宜超过 6 ℃，面团和头子的比例应控制在 3∶1 左右，头子在加入面团过程中应均匀地加入。

韧性面团辊轧次数一般为 9～13 次，辊轧时应多次折叠并旋转 90°，注意不能使面粉撒得过多或不均匀，否则，由于面粉夹在辊轧后的层次中降低了面带上、下层之间的结合力，在烘烤时会产生起泡现象。

（三）饼坯成型

饼坯成型设备随配方和品种不同而异，可分为摆动式冲印成型机、辊印机、辊切成型机、挤条成型机、钢丝切割机、挤浆成型机、拉花成型机等多种形式。

1. 冲印成型

冲印成型是我国各饼干企业使用最广泛的一种成型方法。它的主要优点是能够适应大多数产品的生产，如韧性饼干、酥性饼干、苏打饼干等。冲印成型操作要求很高，必须使皮子不粘辊筒，不粘帆布，冲印清晰，头子分离顺利，落饼坯时无卷曲现象等。冲印成型分面带形成、冲印和头子分离三步，如图 7-4 所示。

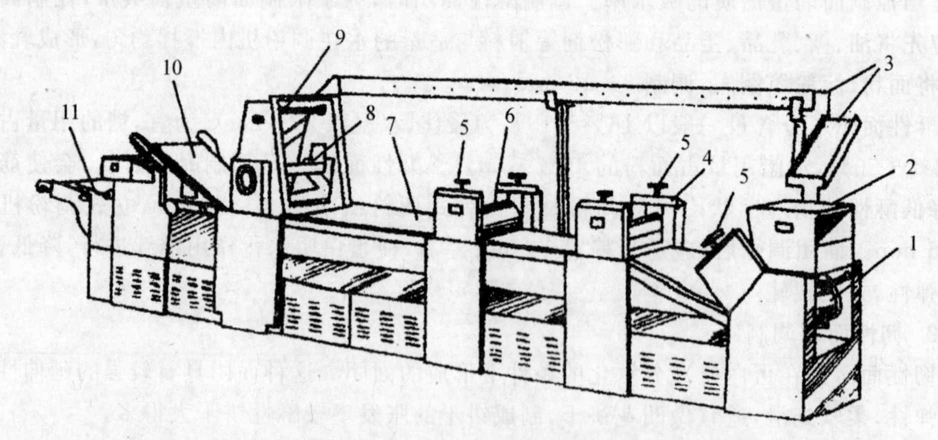

1. 头道辊；2. 面斗；3. 回头机；4. 一、二道辊；5. 辊距调整手轮；6. 三道辊；7. 面带输送带；8. 冲印成型机；9. 机架；10. 拣分输送带；11. 生坯输送带

图 7-4 冲印成型机

酥性和韧性面团要求各对辊压延比一般不超过 1：4，压延比过大会粘辊筒，使面带表面粗糙。印模基本上分为两大类：一类是用于生产凹花有针孔韧性饼干的轻型印模，另一类是用于生产凸花无针孔酥性饼干的重型印模。苏打饼干模型基本上属于第一类，不过一般只有针孔而无花纹。这些都是由饼干面团的特性所决定的。

在饼干的外观方面，最重要的首推花纹的深浅、清晰度及是否美观大方。酥性饼干为了使制品造型美观，同时配方及操作决定其面团的可塑性较好，花纹保持能力较强，因而不需要打针孔也不会使成型后的生坯起泡。韧性饼干面团弹性大，烘烤时易起泡，底部洼底，即使采用网带或镂空铁板，亦只能解决饼坯洼底而不能杜绝起泡，所以，印模上必须设有针柱，以使饼干上产生针孔，从而改善生坯的透气性，减少气泡的形成。苏打饼干面团弹性也较大，冲印后的花纹保持能力较差，所以一般只用带针孔的印模。

2. 辊印成型

辊印成型是生产油脂含量高的酥性饼干的主要成型方法之一。用冲印成型生产高油脂饼干时，面带在辊筒压延及帆布输送和头子分离等部分容易断裂。而辊印成型的饼干花纹是冲印成型无法比拟的，尤其是生产桃酥、米饼干等品种更为适宜，因此，辊印成型机又称为饼干桃酥两用机。

该设备占地面积小，产量比冲印机高 30％～50％，且没有冲印成型那样大的噪音，运转时无冲击震动。因为具有这些冲印成型所不可比拟的优点，所以受到欢迎，如图 7-5 所示。

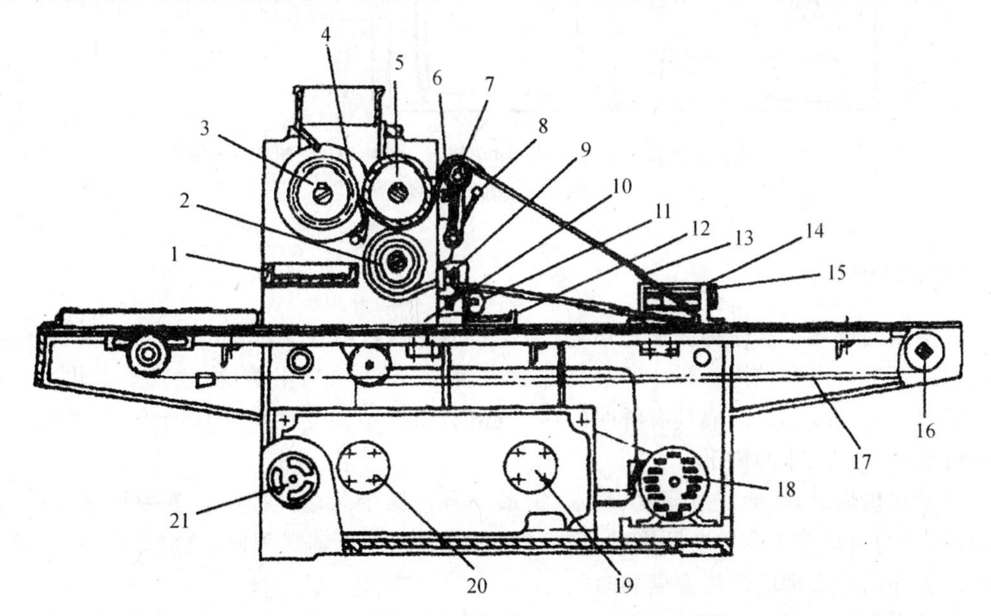

1. 接料盘；2. 橡胶脱模辊；3. 喂料槽辊；4. 分离刮刀；5. 印模辊；6. 间隙调节手轮；7. 张紧轮；8. 手柄；9. 手轮；10. 机架；11. 刮刀；12. 余料接盘；13. 帆布脱模带；14. 尾座；15. 调节手轮；16. 输送带支承轴；17. 生坯输送带；18. 电机；19. 减速器；20. 无级变速器；21. 调速手轮

图 7-5　辊印饼干机结构

辊印成型的方法为：面团调制完毕后，即置于加料斗中，在喂料槽辊及花纹辊相对运转中，面团首先在槽辊表面形成一层结实的薄层，然后将面团压入花纹辊的凹模中，花纹辊中的饼坯受到包着帆布橡胶辊的吸力而脱模，饼坯便由帆布输送带送入烤炉中。此种成型方法的特点是没有头子,减少了许多机械动作及质量管理上的麻烦。

3. 辊切成型

冲印及辊印各有优缺点,因此,人们结合两者的机械特性,综合两种成型方法的优点,创造出辊切成型新工艺。这种新设备是目前国际上较为流行和比较理想的成型设备。机身的前半段是冲印成型的多道压延辊,先经花纹芯子根压出花纹,再在前进中经刀口辊切出饼坯,然后由斜帆布分头子,如图 7-6 所示。

由于这种成型方法是先形成面带然后辊压成型,所以具有广泛的适用性,能生产苏打及韧性、酥性等多种不同品种的饼干,兼有冲印和辊印成型之长处。

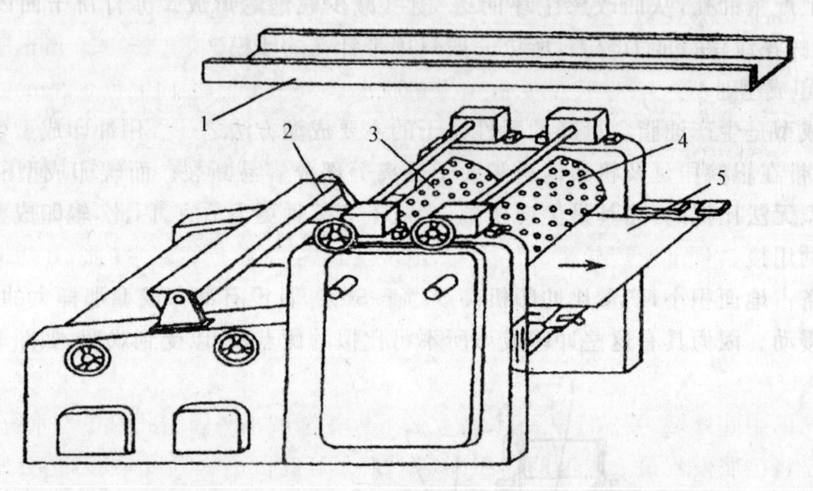

1. 余料回头机;2. 撒粉器;3. 印花辊;4. 切块辊;5. 帆布脱模带

图 7-6 辊印成型机

(四)饼干烘烤

成型后的饼坯应立即拣去形态不完整、花纹不清晰的不合格饼坯,之后将合格饼坯送入烤炉输送带进行高温烘烤。饼坯经过高温加热后,发生一系列化学、物理以及生化变化,水分含量减少,厚度增大,形成具有鲜明的浅金黄色,内部呈多孔性海绵状结构,形态稳定,并具有特殊香气及风味的饼干。

饼干在烘烤时,一般经过胀发、脱水、定形和着色四个阶段。控制和掌握烘烤温度及时间,对饼干的质量有十分重要的影响,应根据饼干的类型、原辅料配比、块形大小、饼坯厚薄、面团性能等确定合理的烘烤温度和时间。

1. 酥性饼干

酥性饼干的配方较为复杂,糖、油及乳制品用量相差较大,故烘烤温度视具体品种而定。一般糖、油、乳制品用量较多的饼干,在烘烤开始阶段就需加大上火和下火,使其底部迅速凝固,以免因油多而发生“油摊”,在烘烤的后几个阶段中,温度可逐步降低。

对糖、油用料一般的酥性饼干,需要依靠烘烤来胀发体积,因此前半部要有较高的下火和上火,使其在体积胀发的同时又不致在表面迅速形成坚实的硬壳。但面火要有一个渐升过程。另外,该类饼干由于调粉时加水量较多,辅料少,参与焦糖化反应和美拉德反应的原料也少,故上色较困难。

糖和油脂配料较少的产品，如果一进炉就遇到较高的面火温度，饼坯的表面会形成硬壳层，阻止 CO_2、水蒸气等气体的逸散，饼坯内部气体的膨胀力增大，而又难于挥发，就形成泡点。如果突然升高下火，将使底部形成的气体剧烈膨胀，由于此时饼坯尚软，而当使用没有打孔的烤盘时就会造成凹底。此类现象在配料较差，面团调制时面筋形成量又较多的情况下更易发生。

酥性饼干的烘烤时间与烘烤温度有关，温度高，烘烤时间相应缩短。如果烘烤开始阶段温度过高，会造成饼坯表面焦化，而里面温度还未升高，水分未排出，即平常讲“外焦里不熟”。因此，需要控制适当的烘烤温度和时间，以保证产品的质量。

以一般配料的酥性饼干为例，目前大多数工厂的烘烤时间掌握在 4～5 min。

不同的烘烤阶段其时间选择大致如下：表面层升温达到 100 ℃ 1～1.5 min，表面层达到 120 ℃，中心层达到 100 ℃ 1.5～2.5 min，大量脱水 0.5～1 min，表面上色 0.5 min 左右。

2. 苏打饼干

苏打饼干烘烤时，一般将烤区分为前中后三个区域。烤炉的前面部分应使下火大，上火略低，这样可使饼坯的表面尽可能保持柔软，有利于 CO_2 气体的膨胀，使体积膨大。增高下火温度有助于使热量迅速传导至饼坯中心，造成饼坯内 CO_2 气体急剧膨胀，在短时间内将饼坯胀发起来。生产中发现，如果此阶段炉温过低，特别是下火，即使发酵良好的饼坯，也将由于胀发缓慢而变成僵片。反之，发酵不理想的饼坯，如烘烤处理得当，亦可使饼干质量得到极大的改善。

在烘烤的中间区域，要求上火逐渐增大而下火逐渐减小。因为此时虽然水分仍在蒸发，但重要的是将已胀发到最大限度的体积固定下来。若此段上火温度不够高，会使表面迟迟不能凝固定形，造成胀发起来的饼坯重新塌陷，而最终使饼干不够酥松。

烘烤的最后是上色阶段，炉温通常低于前面各区域，以防止色泽过老。

综上所述，前段上火为 200～250 ℃，下火为 250～300 ℃；中段上火为 250～280 ℃，下火为 250～200 ℃；后段上、下火为 180～200 ℃。烘烤时间在 4.5～5.5 min。但由于各品种的苏打饼干在块形大小、厚薄、原料配比、发酵程度等方面都不相同，故在具体温度和烘烤时间上应视具体情况而定。

3. 韧性饼干

韧性饼干由于调粉时面筋充分吸水胀润，结合水较多，脱水较困难，因此一般采用较低的温度、较长的烘烤时间，以保证水分充分蒸发。韧性饼干因形状和块形大小变化较大，故对烘烤时间和烘烤温度的选择要视具体情况而定。某些用料好的韧性饼干，其烘烤时间可参考一般的酥性饼干。用料一般或块形较大的，烘烤时间则要相应有所延长。

（五）冷却、包装

饼干刚出炉时，表面温度在 200 ℃左右，中心温度在 100 ℃以上，水分含量在 8%～10%。此时饼干呈柔软状态，略受外力挤压就会发生变形，因此必须经过温度的逐步下降，以蒸发多余水分，使饼干由软变硬，形态固定下来，口感变得酥松，才能进行包装。

冷却输送带应具有良好的透气性，散热快，无污染；冷却温度为 30～40 ℃，冷却环境空气的相对湿度为 70%左右，冷却时间为 5～7 min。冷却过程中应防止饼干堆积挤压变形，保证有足够的冷却空间。

饼干冷却后应立即进行包装，以保证饼干的品质，避免吸水返潮变软并防止油脂的氧化；保护饼干，防止在运输销售过程中破损；减少污染，保证卫生；提高商品外观质量。

饼干包装的主要形式有塑料薄膜袋包装、真空包装、复合材料包装、铁听包装、卷装、纸盒装、箱装和牛皮纸装等。

第四节　糕点加工技术

糕点是以粮、油、糖为主要原料，配以蛋、乳、果仁等辅料和调味品，经过调制成型，熟化精制而成为具有一定色、香、味、形的方便营养食品。糕点也是我国古老的传统食品，历史悠久，誉满全球，受到国内外广大消费者的喜爱。随着国民经济的不断发展和人民生活水平的逐渐提高，糕点已成为人们日常的休闲食品，市场前景十分广阔。

一、糕点分类

糕点依国家、民族、地区的物产、气候、风俗习惯、嗜好等特点不同，而有各种不同的制作方法和品种花色，主要有中式糕点和西式糕点两类。中点和西点除国度上的区别以外，在用料、制作方法、口味及产品名称上也有很大的差别。

中点所用原料以面粉为主，油、糖、蛋、果仁及其他材料为辅。而西点所用面粉量比中点少，乳、糖、蛋的用量较大，辅之以果酱、可可、水果等原料。中点以制皮、包馅、利用模具或切块成型，种类繁多。个别品种有点缀，但图案非常简朴。生坯成型后，多数经过烘烤或油炸，即为成品。而西点则以夹馅、挤花为多。生坯烘烤后，多数需要美化、装饰后方为成品。装饰的图案比中点复杂。中点由于品种、地区、用料不同，故口味亦有差异，各有突出的地方风味，但主要以香、甜、咸为主。西点则突出乳、糖、蛋、果酱的味道。

中式糕点种类很多，按产品特点分为酥皮类、油炸类、酥类、蛋糕类、浆皮类、混糖皮类、饼干类和其他类；按制作方法分为烘烤制品、油炸制品、蒸制品和其他制品；按地理位置分为广式、京式、苏式三大帮式。西式糕点主要按产品特点分为奶油清酥类、蛋白类、蛋糕类、奶油混酥类、茶酥类、水点心类、肥面类和其他类。

二、糕点制作的工艺流程

原料处理→面糊调制→入模→烘烤→冷却→包装→成品。

三、糕点制作的操作要点

(一)面团调制

调制面团是糕点制作的重要工序，是糕点成型的前提条件。通过面团的调制，可以使粉

料黏结在一起成为软硬适当，具有一定的韧性、可塑性、延伸性，符合制品成型要求的面团，为糕点制作创造条件。

1. 水调面团

将面粉倒在案板上（或面缸里），中间扒一小窝，加入冷水（为防止水外溢，水不宜一次加足，应分次加），用手从四周慢慢向里搅拌，待形成雪花片状（有的也称麦穗面、葡萄面）后，再用力揉成面团。揉至面团表面光滑并已有筋、质地均匀时，盖上干净湿布静置一段时间（炀面），再稍揉即可使用。

2. 发酵面团

调制面团时，先对酵母进行活化处理。将酵母放入容器内加少量温水（25～30 ℃）以及少量糖、面粉，调稀糊状放置 15 min 左右，待表面有气泡产生即可。将活化的酵母放入调粉缸中，加入面粉、温水、糖、盐等原料充分揉匀、揉透，至面团光滑后盖上湿布静置发酵。

3. 油酥面团

油酥面团是指由油脂和面粉调制而成的面团。油酥面团的品种繁多，要求不一，大体上分为层酥、单酥和炸酥三类。

层酥类面团是将油脂加入面粉中搅拌均匀后，用双手掌根一层层地向前推擦，反复擦透、擦润，至无面粉颗粒，无白粉，面粉与油脂充分结成软硬适当的团块为止。

浆皮面团是将面粉放在案上中间扒一凹塘，另将糖浆、枧水、花生油混合搅拌成乳状，倒入面粉内拌和揉制成的，面团要充分揉透呈光滑状。

混酥面团是先将面粉过筛放入小苏打搅拌后置于案板上，然后将糖、油脂、鸡蛋一起搓擦成乳白色，加入面粉中拌和搓擦而成软硬适宜的面团。

4. 糖浆面团

用蔗糖制成糖浆或用饴糖与面粉调制而成，这种面团既有适度的弹性，又有良好的可塑性。

此面团含水量较高，为延缓面筋涨润时间，故将糖与水烧成糖浆调制面团，使操作有充分的时间，易于控制，避免胀润过早。为降低面筋弹性和烤熟后面皮的僵硬现象，配入适量碱液，起软化面筋作用。为避免制品成熟后砂糖发生结晶现象，需在糖液中加入柠檬酸或饴糖等抗结晶物质。

5. 米粉面团

米粉面团是由糯米粉或粳米粉与水调制或水磨而成，生面团无黏韧性，熟后具有黏、韧、软等特点。米粉中的蛋白质不像面粉蛋白质能够胀润而形成面筋，由冷水和米粉互相吸附而成团，有的是由含水分 20%左右的湿米粉经蒸糊化搅拌而黏结成团。

调制时，先取生糯米粉的 1/10，用水调制成饼块，放在沸腾的糖浆锅中成熟，一起搅成糖浆糊再与生糯米粉拌制成团，此法称熟芡面团，如制京果；或将米粒浸透，带水磨成浆，用布袋压干水分成团块，称水磨粉团，可直接做成生坯，如制麻球；或将湿米粉经蒸熟后，再拌制成团，称熟粉团，如年糕。

(二)糖膏和油膏的调制

1. 白马糖膏

白马糖膏大多用于蛋糕裱花，面包、大干点装饰，也用于小干点夹心，既增加甜度，又装饰外观。制作时将糖与水同时倒入锅内上炉熬制，温度达到 100 ℃时将葡萄糖浆加入，继续加热，让水分蒸发，待糖液浓缩起“骨子”时停止加热。糖浆稠度感观的检验方法是：用筷子挑出糖浆少许，滴入冷水中能结成软块，说明糖骨子恰到好处。当糖温下降到 50 ℃时，用木铲或搅拌机搅拌，搅到白色为止。

2. 蛋白膏

蛋白膏除用于蛋糕裱花外，还作面包饼干夹心用。制作时将琼脂洗净放入容器内，加水浸泡，泡开后倒入锅内放在炉上加热，用小火熬制，用筛滤去僵粒杂质。加入糖继续加热，待温度上升到 120 ℃时，糖浆熬到起骨子即离开火。将蛋白在打蛋机内搅发至原体积的 2～3 倍，冲入熬好的糖浆边搅打边冲入，一直搅打到蛋白能挺住不塌为止。

3. 奶油膏

奶油膏又名自脱淇淋，制作时将奶油倒入盆内，用木铲搅拌至发泡细腻后，再将过筛的糖粉分多次搅入奶油中，搅至呈细腻黏稠的油膏为止。如果需要着色时，则可分装至几个容器中，分别调入不同颜色，搅匀即可使用。

(三)包馅与成型

糕点成型是用皮坯，按照成品的要求包以馅心(或不包馅心)，运用各种方法，制成形状不同的制品的过程。因此，大多数情况下，包馅与成型是相辅相成、不可分割的两个方面，是决定制品外形组织结构和规格的中心环节。

成型通常分为印模成型、手工成型和机械成型。借助于印模使制品具有一定的外形或花纹，常用的有木模和铁皮模。手工成型包括搓、摘、擀、包、捏及挤注等方法。

(四)糕点熟制

糕点成熟是制品的熟化过程，在工艺和质量上是很重要的工序。其方法有烘烤、油炸、蒸制等多种。

烘烤是把生坯送进烤炉，经过加热，使产品烤熟定形，并具有一定的色泽。烘烤糕点应根据不同品种采用适当的炉温。温度在 170 ℃以下属低温烘烤，适宜烘烤白皮糕点；温度在 170～220 ℃间属中温烘烤，适宜烘烤酥皮、甜酥等品种；温度在 220 ℃以上属高温烘烤，常用于烘烤广式月饼等。

油炸是以油脂为热传导的介质，不仅可使制品成熟，而且能使制品疏松或膨胀，增加特有的香味。油炸温度一般为 160～180 ℃，油温和时间按制品特点而定，需注意原料组成、含水量、块形厚薄、受热面积大小等。为避免炸用油过早老化，或减轻老化程度，以改善制品质量，要求避免不必要的加热。因加热时间和油的老化成正比，故成型应与油炸紧密衔接。

蒸是把生坯放在蒸笼里用蒸汽加热使之成熟的方法。此法的特点是温度高，制品水分不仅没有减少，甚至略有增加。生坯受热后，淀粉受热膨润糊化成黏稠胶体，出笼冷却后为凝胶体状态，使制品具有光滑的表面，蛋白质在受热过程中逐渐变性凝固。产品的蒸制时间根据原料性质和块形大小而灵活掌握。操作时，一般需要在蒸笼里充满蒸汽时，才将生坯放入，蒸发酵制品时不宜时而掀开蒸盖，以免蒸僵。

制品在水中成熟的方法称为“煮”。其作用是在生坯成熟过程中，继续吸收水分，达到产品应有的特点和要求。一般用于原料加工，也有少数制品成熟时先煮后烤。如川湘地区的

水泡饼等，先将生坯投入沸水中煮成半熟后取出，再进炉烤熟。

（五）熬浆与挂浆

浆是用砂糖或白糖加水和一定量葡萄糖浆，经过加热浓缩到一定浓度的糖浆，糖浆熬制的好坏是影响挂浆类糕点质量的重要因素。

在已炸或烤熟了的制品表面上涂一层糖衣，谓之挂浆。其挂浆方法分为浇浆、拌浆、捞浆。浇浆是在烤好了的制品表面浇上熬好的糖浆，适用于酥脆制品，如千层酥、千层散子。拌浆是将糖熬好后，即将制品倒入锅内，用铲子拌和，制品周围沾上一层糖浆，如江米条。捞浆是制品倒入熬好浆的锅内，同时继续加温，待制品吃入适量糖浆后再捞出，此法适用于蜜三刀、蜜果等。

（六）糕点装饰

有些糕点在成型以后还要在外表进行装饰。装饰的目的不仅使产品外形美观，还可以增加制品营养成分，改善风味。

广式月饼、面包等品种要求表面金黄有光，可采用涂蛋浆的方法。以鲜蛋为原料，稍加搅打，加入1%的植物油打匀即可。

裱花是装饰制品外表的技艺，主要方法是挤注，原料是油膏或糖膏，大多用于西式蛋糕。通过特制的裱花头和熟练的技巧，裱制出各种花卉、树木、山水、动物、果品等图案，并配以文字。操作者要具有一定的美术和书法基础。要求构图美观，布局合理，形象生动，色彩协调。

（七）冷却与包装

糕点熟制后温度较高，水分含量还不稳定，糕点质地也较软，需要在冷却过程中挥发水分及降温方能获得应有的脆、酥、松、软等不同特征，才能保证正常的形态。

糕点包装是指糕点生产出来以后到消费食用的运输、保管、销售的整个流通过程中，为保持品质和食用价值而采用必要的材料和容器对产品外表进行的技术处理和装饰。糕点食品包装是生产中不可缺少的一个组成部分。

第五节　方便面加工技术

方便食品的种类很多，其中最具代表性的是面食类产品中的方便面。下面就介绍一下方便面的加工工艺。

1958年，日本日清公司经过多年的试验，在一般面条的基础上改进工艺后研制成功了方便面。方便面又称为“即食面”、“快餐面”等，它是随现代工业的发展、人们工作和生活节奏的加快而产生的，具有加工专业化、生产效率高、携带方便、营养卫生、食用方便、节约时间等特点。同时，可在生产时加入各种强化剂、风味料，增加产品花样，满足消费者的不同需要。

方便面按传统方式分为油炸干燥方便面与热风干燥方便面两大类。方便面还可按食用风味分类，例如分为中华面(中国风味)、和风面(日本风味)、欧风面(欧洲风味)。也可按包装形式分类，分为袋装面、碗装面、杯装面三类。

油炸干燥方便面是面条蒸煮后，以油炸方式脱去大部分水分，并使产品定形。其特点是：干燥速度快(一般 70 s 即可)，熟化度高达 85%以上，面条复水性能好，浸泡 3～5 min 即可食用；但油炸面的含油量在 20%以上，贮存时间短，又因油炸用油大多是进口棕榈油，成本高。油炸方便面还可分为油炸面和着味面两种，后者是在油炸之前，喷淋液体或粉末状调味料于面块表面，无须调味料包，食用更方便。热风干燥面的面条前期加工同油炸面，但采用热风干燥机脱水干燥。加工成本低，面块不会因为有油脂而酸败，保存时间长。然而，干燥速度慢，约需 1 h，使已熟化的淀粉有回生的现象，降低了面条的熟化度，因而面条的复水性差，口感差。

一、方便面的主要原辅料

(一)小麦粉

方便面生产品种的不同，对小麦粉的要求也不同，主要区别是小麦粉中湿面筋含量的高低。我国生产方便面常用的小麦粉有标准粉和特级粉，一般要求小麦粉的湿面筋含量 28%～36%，蛋白质含量 9%～12%，水分含量 12%～14%，灰分含量 0.4%。

(二)油脂

方便面生产用油脂主要是在油炸工序，在选用油脂时，首要原则是优质的稳定性。因为油炸时油脂一直处于连续高温状态，易酸败。在方便面保质期内，面块吸收的油脂大部分在产品表面，长时间与空气接触，易氧化。此外，还要考虑油脂的风味和色泽，生产中常用 50%的猪板油与 50%的棕榈油作煎炸油就是综合考虑了这些因素。购买油脂时要严格检测其各项指标，尤其是酸价和过氧化价。常用的油脂有棕榈油、精炼硬化油、猪板油、麻油。

(三)食盐

食盐起到强化面筋的作用，使小麦粉吸水快而匀，面团容易成熟，增加面团弹性，防止面团发酵，抑制酶的活性。食盐添加时需先溶于水，但添加过量将降低面团的黏合力，容易使面条变脆。一般添加量为 1.5%～2.0%。所用盐为精制盐，其中的氯化钾、氯化镁、硫酸镁的含量甚微，否则，既降低面筋弹性又增加水的硬度。

(四)碱水

碱水中的碱作用于蛋白质和淀粉，可使面筋具有独特的韧性、弹性和润滑性，面条煮熟后不糊汤，味觉良好。添加碱水后，应尽量使面团的 pH 保持在 7.5 左右，以防碱过量而产生不愉快的碱味。油炸方便面用碱量为小麦粉的 0.1%～0.3%，热风干燥方便面的用碱量为小麦粉的 0.3%～0.5%。

(五)品质改良剂

使用品质改良剂可增加面团弹性,缩短和面时间,减少吸油量,改善方便面口感,提高方便面的复水性能。常用的品质改良剂有复合磷酸盐、羧甲基纤维素(CMC)、瓜尔豆胶、海藻酸钠和分子蒸馏单甘酯。

(六)抗氧化剂

抗氧化剂主要用于煎炸油中,可延缓油脂高温氧化劣变,延长方便面的贮藏期。常用的抗氧化剂有丁基羟基茴香醚(BHA)、二丁基羟基甲苯(BHT)、没食子酸丙酯(PG)等。生产中常将几种抗氧化剂混合使用,用量大约为 0.1 g/kg。在使用抗氧化剂的同时还要配合使用增效剂,如柠檬酸、酒石酸。由于合成抗氧化剂有毒,许多国家限制了它的使用,以天然抗氧化剂取代,如维生素 E,用量约为 0.02%,其他天然抗氧化剂还有谷维素、植酸、麻油酚、迷油香及鼠尾草叶等。

二、方便面制作的工艺流程

(一)普通油炸方便面工艺流程

见图 7-7。

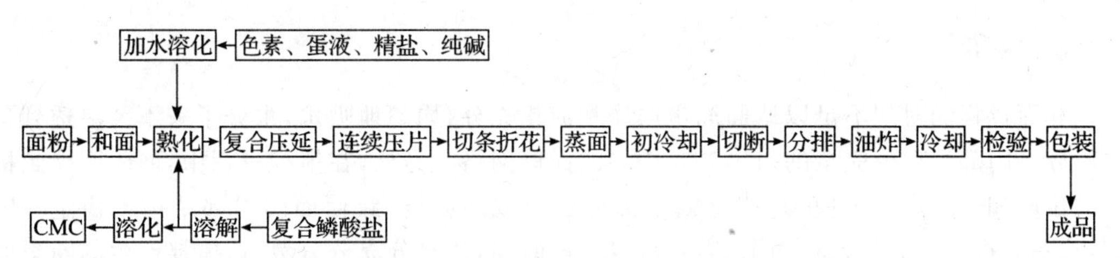

图 7-7　普通油炸方便面工艺流程

(二)热风干燥方便面工艺流程

见图 7-8。

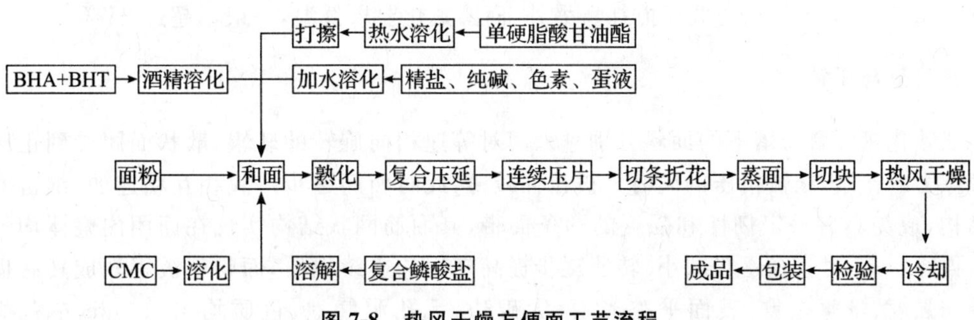

图 7-8　热风干燥方便面工艺流程

三、方便面制作的操作要点

(一)和面

和面是原料、辅料、水、添加剂的混合过程。所有用料与水经过搅拌,蛋白质与淀粉充分吸水胀润而形成具有一定弹性、韧性、延伸性和可塑性的湿面筋,干粉成为面团。方便面的面团应呈豆腐渣状的松散颗粒,大小一致,干湿统一,色泽均匀,湿度适宜,手握成团,轻轻揉搓仍能松散成小颗粒。

和面前,应将各种辅料预先溶化后一次性送入搅拌机中混合。例如,先将BHA用10倍质量的95%的酒精充分溶化后,再投入BHT,不停地搅拌直至完全溶解,再将增效剂柠檬酸用5倍于其自身重量的水完全溶解。然后将这两种溶液混合均匀,再投入搅拌机。

和面过程分为松散混合阶段、成团阶段、成熟阶段、塑性增强阶段四个阶段。一般掌握和面时间为15～20 min。和面时间的长短与诸多因素有关,如面粉性能、添加剂、加水量、和面水温、和面机型式及搅拌速度等。

要求面团温度尽量保持在25～30 ℃,冬天用温水和面,夏天用常温水和面。搅拌速度的快慢对和面效果也有影响,搅拌速度过慢,面团不易和匀打熟;搅拌速度过快,温度过高,容易破坏逐步形成的面筋组织。方便面的和面设备常用卧式双轴和面机,较合理的搅拌速度为70～80 r/min,冬天搅拌速度快些,夏天搅拌速度慢些。

(二)熟化

和面过程的时间不足以使面筋蛋白质和淀粉充分、均匀地吸水,水分子来不及渗透到蛋白质分子内部去形成完全的、良好的、均匀的面筋网络。另外,在搅拌过程中,面团因受到机械的拉伸和挤压产生了应力,撕扯断了部分已形成的面筋,致使面团内部结构不稳定。因此,从和面机出来的颗粒状面团,需要静置一段时间,让水分充分分散,让搅拌产生的断裂面筋组织逐渐重新变成完整的网状组织,使面团质量趋于均匀稳定,这个过程就是熟化。

熟化时间短,湿面筋形成不好。随着熟化时间的延长,面团黏弹性增加,拉伸性降低。当面团黏弹性增加到一定程度后,再延长放置时间,对它已无效果,只是延长了生产周期。所以,常温下熟化时间为30～45 min。长时间的静置,面团会粘连结块,因此,面团熟化时通常采用2.5～5 r/min的低速搅拌。另外,面团熟化要求低温,一般不超过25 ℃。

(三)复合压延

从熟化机下料管落下的面料分别进入两对等速相向旋转的轧辊,散状面团受到正压力和摩擦力的作用,在被挤压的同时又被拉伸减薄,此时面筋逐步形成相互粘连的、细密的网络结构,成为具有一定韧性和强度的两条面带,其面筋网状结构实现在面团内整体均匀分布。再经5～7对直径逐步减小、转速逐步提高轧辊的连续辊压,面带就被辊轧成具有良好韧性和强度、厚薄一致、表面平整光滑、无破边、无孔洞气泡、色质均匀、1 mm左右薄的面片。

(四)切条折花

经连续的压延,面片已达所需的厚度,需将其切成若干的细面条,再折叠成波浪形花纹。完成此过程的装置见图 7-9(a)。波纹的优点是:形态美观,条状波纹之间间隙大,易使面条脱水及淀粉熟化,不易粘连,油炸后的面块结构结实,贮运期中不易破坏,食用时复水速度快。

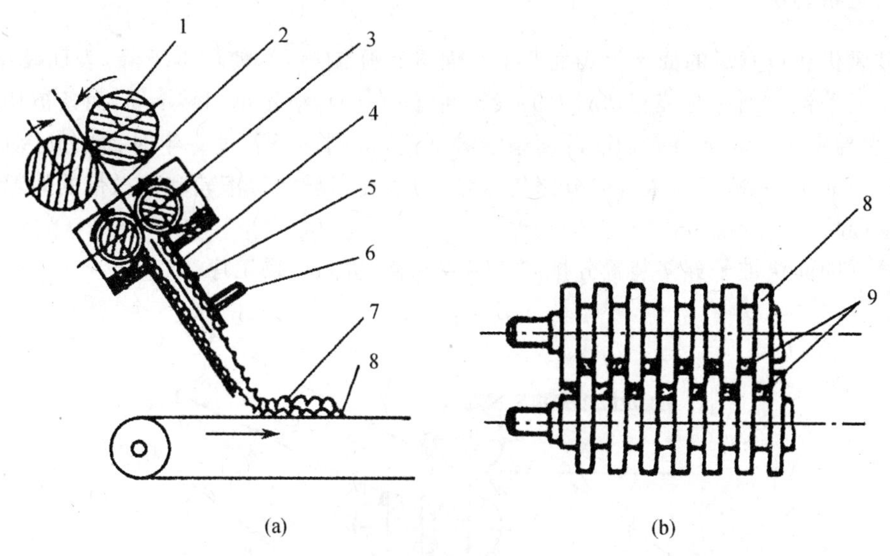

1. 完成轧辊;2. 未切面片;3. 面刀;4. 导向盒;5. 铰链;6. 压力门重量调节螺栓;
7. 已折花面块;8. 输送带;9. 已切面块

图 7-9　切花折花自动成型装置

切条刀是利用一对相对转动的切条刀辊上的凸缘相互啃合,对面片施加纯剪切力而分离成条,如图 7-9(b)所示。

折花自动成型器装在面刀下方一个设计精密的波浪成型导向盒中。切条后的面条进入导向盒,与盒内壁摩擦形成运动阻力,由于输送带的运动速度小于面条的运动速度,面条在盒的导向作用下有规律地折叠成细小的波浪形花纹,如图 7-9(a)所示。而花纹的大小松紧程度受两个因素影响:一是压力门上压力的大小,二是面条线速度与输送带速度之比。调节螺栓上的螺母质量可相应增减压力门的质量,从而改变压力门对面条的压力。压力门质量大则压力大,盒内壁与面条的摩擦力大,产生的波纹紧密;反之疏松。

(五)蒸面

折花后的面条由钢丝网输送带送入连续蒸面机的蒸汽室,蒸一定的时间,使面条中的淀粉糊化,蛋白质变性。考虑到小麦淀粉的糊化温度为 65～67.5 ℃,面坯又是多层面条波纹折叠,有一定的厚度和密度,要使这样的面坯在短时间内达到油炸面 α 化程度在 85%以上、热风干燥面 α 化程度在 80%以上,需要有较高的温度。在实际生产中,蒸面时通入 0.15～0.2 MPa 的蒸汽,喷出减压后通道内温度控制在 96～98 ℃。蒸面时间的长短与淀粉 α 化程度成正比,采用 60～90 s 为宜,既防止蒸不透,又避免蒸面过度而造成面条的韧性和食用口感下降。

蒸煮后的面条比生坯要粗壮，大概为生面条的 110%～130%，这是生坯内部气体在受热逸出时扩张的结果。蒸煮后的面条颜色由生坯的灰白色转变成微黄色，这是因为空气排除后，空气对光的反射也消除了。蒸熟的面条具有较强的延伸性和弹性，拉长后又能及时恢复原形，为入模时的人工整形提供了便利。

(六)定量切块

用鼓风机在蒸煮后的面条上表面和下表面进行强制冷却，使温度下降，表面硬结，有利于切块。面条被送到一对装有切断刀的滚轮间(图 7-10)，滚轮每回转 1 周，面条被切成一定长度，由引导定位滚轮夹持着切断的面条继续下落，落到面条长度一半时，向右运动的往复折叠导板与面条接触，将面条推向分路传送带，面条在引导定位滚轮和传送带的间隙里被折叠成双层面块。

折叠后的面块被子分路装置分排成三路或六路，进入干燥工序。

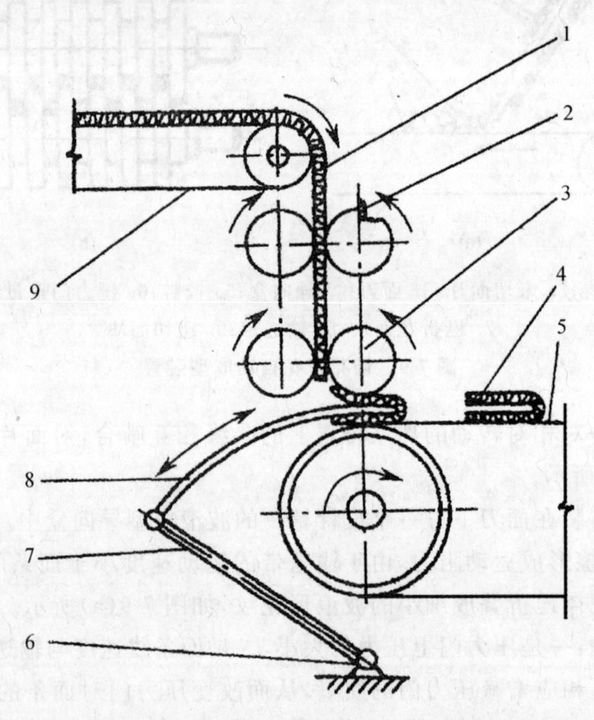

1. 蒸熟的面条；2. 回转式切断刀；3. 引导定位滚轮；4. 成型的面块；5. 分路传送带
6. 摆杆轴；7. 摆杆；8. 往复式折叠导板；9. 蒸面机输送带

图 7-10　定量切断二折式切块装置

(七)干燥

干燥就是使熟面块快速脱水，固定 α 化的形态和面块的几何形状，以防回生，并利于包装、运输和贮藏。干燥方法有油炸干燥、热风干燥及微波干燥三种。

1. 油炸干燥

油炸是高温瞬时干燥。切断折叠后的熟面条由输送带送入油炸机的面盒内，经 150 ℃

左右的高温连续油炸70 s左右，使α化程度进一步提高，面条中水分急剧汽化逸出，水分降至3%～4%，并在面条中留下许多微孔。

煎炸油在油炸时受高温容易酸败。生产过程中，应每隔2 h从油锅边上的小管内采样检测。方便面的酸价应低于1.8 mg/100 g KOH，这包括了贮藏期内的升高，因此油炸锅内的酸价应控制得更低。生产优质方便面的煎炸油酸价不应超过1.2 mg/100 g KOH，否则，全部换成新油。在管理较严的工厂里，还定时测过氧化价，低于1属于正常，同时随时观察油色与黏度变化，以便更换新油。一般情况下，每小时新油补充率不低7.5%，新油补充率越高，油炸工艺状况越佳。

2. 热风干燥

把切断的熟面块通过80～90 ℃的连续式烘干机45～60 min，在热风下进行干燥。干燥面的水分含量为12%左右。采用热风干燥，方便面即使长期贮存也没有油脂的酸败，生产成本低；但干燥时间长，干燥后的面条没有微孔，复水性较差，复水时间长。若采用强力热风干燥，干燥介质温度可达200 ℃，干燥时间缩短为10～20 s，面条有细微小孔，复水性提高；但面条黏性降低，口感较差，生产成本高，很少采用。

3. 微波干燥

微波干燥是利用915 MHz和2450 MHz的高频电磁波作用于物料。在高频电磁场作用下，水分子极性取向随外电场变化而变化，造成分子高速振荡和分子间相互摩擦而产生热量，使物料温度升高，水分蒸发，物料内部形成微孔状。另外，微波还改变淀粉分子的结构排列，加速了淀粉的糊化。再者，微波加热快，热效率高，与常规加热相比，热效率提高2～4倍；无污染，操作方便，易于控制。

（八）冷却、检验、包装

将干燥后的面块散布在多网孔、透气好的传送带上，进行强风冷却。对油炸方便面而言，强风冷却可以吹去附着在面块表面上的煎炸油，降低油炸方便面的含油量。

合格面块和调味包一起进入自动包装机，完成包装工序。国内均采用人工添加汤料包，包装形式有袋装、碗装、杯装。油炸方便面的包装材料要求有良好的透气性、隔湿性、耐油性、遮光性和一定的强度。袋装方便面的材料有氯乙烯（PVDC/PVC）、玻璃纸300#、聚乙烯（PT300#/PE）、复合塑料薄膜、偏聚乙烯—乙烯共聚树脂薄膜等。

第六节　膨化食品加工技术

膨化食品是指以谷物粉、薯粉或淀粉为主料，利用挤压、油炸、砂炒、烘焙等膨化技术加工而成的一大类食品。它具有品种繁多、质地酥脆、味美可口、携带食用方便、营养物质易于消化吸收等特点。由于生产这种膨化食品的设备结构简单，操作容易，设备投资少，收益快，所以发展得非常迅速，并表现出强大的生命力。到目前为止，这项技术已成为世界食品工业比较发达的国家食品加工的主要手段之一。

食品膨化的方法有两种：一种是采用急热使水分急剧汽化，另一种是含水物料在高压加热过程中突然减压。使用较多的是螺杆挤压机，它既能生产膨化食品，又能生产挤压非膨化食品(挤压食品)。膨化食品的种类见表 7-3。

表 7-3 膨化食品的种类

种类	产品名称	种类	产品名称
主食类	烧饼、面包、馒头、煎饼等	油茶类	膨化面茶
军用食品	压缩饼干	小食品类	米花糖、凉糕等
糕点类	桃酥、炉果、八件、酥类糕点、月饼、蛋卷等	冷食类	冰糕、冰棍的填充料

一、膨化的原理

当把粮食置于膨化器以后，随着加温、加压的进行，粮粒中的水分呈过热状态，粮粒本身变得柔软，当达到一定高压而启开膨化器盖时，高压迅速变成常压，这时粮粒内呈过热状态的水分一下子在瞬间汽化而发生“闪蒸”，类似强烈爆炸，水分子可膨胀约 2000 倍，巨大的膨胀压力不仅破坏了粮粒的外部形态，而且也拉断了粮粒内的分子结构，将不溶性长链淀粉切成水溶性短链淀粉、糊精和糖，于是膨化食品中的不溶性物质减少了，水溶性物质增多了。详见表 7-4。

表 7-4 膨化前后食品的水浸出物变化

%

成分	玉米		高粱米	
	膨化前	膨化后	膨化前	膨化后
水浸出物	6.35	36.82	2.3	27.32
淀粉	62.36	57.54	68.86	64.04
糊精	0.76	3.24	0.24	1.92
还原糖	0.76	1.18	0.63	0.93

从膨化原理上看，现在膨化食品有两大类：一类是压力膨化食品，另一类是常压高温膨化食品。挤压食品属于前者，爆玉米花属于后者。

二、挤压食品

(一)挤压食品工艺流程

挤压膨化食品是指将原料经粉碎、混合、调湿，送入螺旋挤压机，物料在挤压机中经高温蒸煮后通过特殊设计的模孔而制得的膨化成型的食品。在实际生产中，一般还需将挤压膨化后的食品再经过烘焙或油炸，使其进一步脱水和膨松，这既可降低对挤压机的要求，又能降低食品中的水分，赋予食品较好的质构和香味，并起到杀菌的作用，还能降低生产成本。

挤压膨化食品的工艺流程见图 7-11。

原料→混合→调湿→挤压膨化→切割→烘烤→调味→冷却→包装→成品

图 7-11　膨化休闲食品加工工艺流程

(二)操作要点

1. 原料

挤压膨化技术使用较广泛，一般玉米粉、米粉、燕麦粉、土豆粉、木薯粉、豆粉等以至纯淀粉或改性淀粉均可应用该技术。

2. 预处理

在挤压前要经过加水或蒸汽处理，为淀粉的水合作用提供一些时间。这个过程对最后产品的成型效果有较大的影响。一般混合后的物料含水量在 28%～35%，由混料机完成。

3. 挤压蒸煮、膨化、切割

挤压过程是膨化食品的重要加工过程，是膨化食品结构形成、营养成分形成的阶段。食品中主要成分的变化如下：

(1)淀粉的变化

挤压食品的原料主要是淀粉。原料在挤压过程中，经过高温、高压和高剪切力的作用，淀粉糊化之后又产生相互间的交联，形成网状的空间结构。该结构在挤出后，由于水分迅速闪蒸，温度迅速下降，从而定形成为膨化食品结构的骨架，给予产品一定的形状。挤压过程中淀粉主要发生糊化和降解。

(2)蛋白质的变化

经挤压之后，蛋白质的总量(以总氮计)有所降低，有部分蛋白质发生降解，使游离氨基酸的含量升高。挤压过程中，赖氨酸损失较明显，蛋氨酸损失也较大。蛋白质经挤压后，出于其结构的变化而易受酶的作用，因而其消化率和利用率得到了提高。虽然蛋白质是挤压食品中主要的营养成分之一，但是它的量也不能过高，高蛋白在挤出过程中物料黏度大，膨化率低，不利于产品的生产。

(3)脂肪的变化

在相同的条件下，挤压食品与其他类型的食品相比往往具有较长的货架期，它的这一特点除了挤压食品的水分含量较低，挤压过程是一个高温高压的过程，对原料的杀菌彻底，原料中的酶破坏彻底之外，与加工过程中脂肪的变化也有很大关系，一般认为，在挤压过程中脂肪与淀粉和蛋白质形成了复合物，复合物的形成对脂肪起到了保护作用，减少了脂肪在产品保存时的氧化程度。因此在一定程度上起到了延长产品货架期的作用。

挤压膨化食品中的脂肪有利于口感的提高，但过高的脂肪含量又会影响膨化率和货架期。所以，为了增加口感，也有后期在产品表面喷涂油脂的做法。

(4)矿物质和维生素的变化

虽然挤压过程中温度较高，但物料在套筒内停留时间较短，属于高温短时操作。物料挤出后，由于水分的闪蒸，温度下降较快。因此，相对其他谷物加工方法来说，挤压膨化过程中矿物质和维生素损失较少。

(5)风味物质和色素的变化

挤压过程中风味物质损失最多，所以膨化食品一般都通过采用在产品表面喷涂风味物质和色素的方法来调节产品风味和色泽。

4. 烘烤或油炸

为便于贮存并获得较好的风味质构，需经烘烤或油炸等处理使水分降低到3%以下。

5. 包装

为了保证产品质量，包装要快速、及时。现多采用充入惰性气体包装的方法，以防止油脂氧化、酸败。

三、非膨化挤压技术

非膨化挤压食品是用挤压机生产的非膨化食品，消费者在食用时可采用油炸或焙炒的方式使其膨化，然后根据自己的口味加上不同的调料即可，诸如泡司、虾条等。这类食品的特点是保存期较长(2年以上)，因为未膨化而体积小，便于运输和贮存，食用也很方便。它的生产工艺流程如图7-12所示。

原料→混合→蒸煮、挤压、切割→真空脱气、冷却→挤压、成型→切割→预干燥→干燥→包装

图7-12　非膨化挤压休闲食品加工工艺流程

原料一般用面粉或大米粉，也可添加玉米淀粉、盐、糖和大豆粉等，各组分混匀后进入蒸煮挤压机。在挤压机物料入口处加足量水，以调节水分含量为30%左右。物料在蒸煮挤压机内完全糊化，然后通过模头并被快速旋转的切刀切成不规则的薄片，经真空室脱气、降温后进入成型挤压机。在成型挤压机中获得组织紧密和具有特定形状的非膨化食品。制品在干燥前先预干燥，以防粘连。这类产品的干燥温度不宜太高，否则表面会龟裂。一般干燥温度为80 ℃左右，干燥时间为2～3 h。制品冷却后进行包装，食用时稍经烹调即可。

四、加工设备

膨化与挤压加工设备的分类多种多样。根据螺杆转速分为普通挤压机、高速挤压机和超高速挤压机；根据机筒装置结构分为整体式挤压机和可分式挤压机；根据螺杆头数分为单螺杆挤压机、双螺杆挤压机和多螺杆挤压机。

在一个机筒内并排安放两根螺杆，称为双螺杆挤压机。在单螺杆挤压机中，物料基本上紧密围绕在螺杆的周围，形成螺旋形的连续带状物料。因此，根据与螺杆螺母相似的关系，在物料与螺杆的摩擦力大于机筒与物料的摩擦力时，物料将与螺杆一起旋转，这就无法完成物料的输送。在模头附近高温或高压的情况下，反压力还易使物料逆流。物料的水分、油分越高，这种趋势越显著。

根据功能特点可以分为高剪切蒸煮挤压机、低剪切蒸煮挤压机、高压成型挤压机、通心粉挤压机和玉米膨化果挤压机。

在大多数情况下，高剪切蒸煮挤压机中的物料先经过蒸汽或热水预热，再由该挤压机对产品快速升温，当产品离开模板时，立即冷却。由于物料在机内停留时间短，故又称其为高

温段时装置。这种挤压机适应性宽，可按需要控制机筒温度和产品膨胀度，适合对不同含水量的原料进行加工。它主要用于生产休闲食品、植物组织蛋白等。

低剪切蒸煮挤压机具有中等剪切、高压缩比的特点，为了增强混合效果，在筒体上开槽以防物料沿筒体内壁打滑。由于所处理的物料粒度较低，所产生的机械能和滞耗散很少。它主要用于生产水分含量高的食品。

高压成型挤压机机内螺杆具有较大的加压能力，物料在模头处产生较大的压力。螺杆在推进物料的过程中，面团过热，为防止面团在模头出口处产生不必要的膨胀，通过向空心螺杆和筒体夹套中注入冷却水的方法来消除物料的过热现象。它主要用于生产未膨化的成型原料，这种原料再经过油炸或烘烤制成最终产品。

通心粉挤压机螺杆转速较低，螺槽较深，筒体内壁一般较光滑，由于减小了剪切作用，因此能耗最小。它一般用于生产糕点面团和家常小饼，也可用于生产复合挤压成型蛋卷、饺子等食品。

玉米膨化果挤压机的长径比较小（$L:D=3:1$），筒体内壁开有防滑槽，螺杆上开有凹槽，剪切作用很大，机械能黏滞耗散高。在挤压较为干燥的物料时，可迅速把物料加热到170 ℃以上，使淀粉发生流态化。当物料离开槽头时，引起物料的极度膨胀，结果使产品在失水的同时变成了松脆的膨化卷。

加工设备还可根据热力学特性分为自热式挤压机、等温式挤压机和多变式挤压机。自热式挤压机的热量来自于输入机械能和滞耗散，外加的或从筒体传来的热量很少或没有。膨化果挤压机和高剪切蒸煮挤压机正是它的实例。由于温度受控于原料组分和螺杆的结构形状，因此自热式挤压机灵活性小，控制很困难。

等温式挤压机筒体温度保持不变。为保持恒温，热量通过筒体的夹套进行传递，有加热与冷却措施。由于在等温挤压机中面团初始条件相对不变，故比较容易进行数学性描述。成型挤压机就是等温挤压机的典型机型。

多变式挤压机可根据具体情况进行配件的调整，如将蒸煮挤压机配备夹套筒体，交替地进行热量的加进或放出。

本章小结

本章分六节，主要包括原辅材料、面包生产技术、饼干生产技术、糕点生产技术、方便面生产技术、膨化食品加工技术，主要讲述了焙烤食品原料的性质及各种焙烤与膨化食品的加工技术。通过本章的学习，了解焙烤食品原料的加工特性，掌握面包和饼干的加工技术，了解糕点、方便面和膨化食品的加工技术。

思考题

1. 焙烤及膨化食品的主要原辅料有哪些？
2. 简述面包的基本工艺流程。
3. 何为面包的“老化”？如何预防面包的“老化”？
4. 简述蛋糕的加工工艺及操作要点。
5. 面包生产中面团调制的注意事项有哪些？

6. 面包生产的质量问题是什么？
7. 简述饼干的加工工艺及操作要点。
8. 简述膨化食品的加工工艺及操作要点？

【实验实训一】 面包的制作

一、实验目的

了解面包的生产工艺和操作方法

二、实验原料与设备

面粉 1000 g，酵母 20 g，白砂糖 70 g，奶粉 30 g，油脂 15 g，单甘酯 5 g，水 500 mL。
电子天平，温度计，烧杯，量筒，匙，玻璃棒，和面机，面包烤盘，醒发箱，铲刀等。

三、操作要点

1. 原料预处理

先将面粉过筛，备用；其次将油脂溶化，备用；再次将酵母活化：酵母用少量水(30 ℃左右)活化，在酵母分散液中加入少量白砂糖，最后将白砂糖、奶粉互混，加入单甘酯，用余下的水溶化。

2. 面团的调制

除油脂外所有物料一次性加入和面机内，低速搅打 2～3 min，成团后加入油脂快速搅打4～5 min。先将面团发酵：30 ℃，75%，10 min 左右。再将面团翻面：高速搅打 2～3 min。最后整形搓圆：将面团分割成一小块面团，用 5 个手指握住小面块，手心向下在台板上做旋转运动，直至将面块搓成表面光洁的球形面团。

3. 夹馅

将馅料分割成一定重量的小块，搓成球形，备用。

4. 中间醒发

30 ℃醒发 30 min。

5. 成型

将醒发后的面团成型。

6. 醒发

38 ℃醒发 90 min。

7. 静置

将醒发后的面团静置 20 min。

8. 焙烤

	上火	下火	时间
1	140 ℃	190 ℃	7～8 min
2	210 ℃	190 ℃	5～7 min
3	220 ℃	200 ℃	1～2 min

9. 冷却包装

等面包冷却后包装,得成品。

四、感官评定

色泽:表面金黄色,色泽均匀。

形态:高度大于 4 cm,周边带齿形,齿形均匀,表面光滑,不起泡。

组织:细密均匀,具有弹性,无大孔洞。

口味:松软,具烘烤制品的香味,无酸味,不粘牙。

水分:36%～42%。

酸度:pH＞4.2(春、秋、冬三季),pH＞4.5～4.8(夏季)

【实验实训二】　戚风蛋糕的制作

一、实验目的

了解并掌握制作戚风蛋糕的基本工艺流程

二、实验材料与设备

蛋黄糊材料:4 个蛋黄,牛奶 46 g,油 46 g,低粉 66 g,玉米粉 6 g,泡打粉 2 g。

蛋白霜材料:4 个蛋白,塔塔粉 2 g,细砂糖 60 g。

电子天平,打蛋器,电热烤箱,橡皮刮刀等。

三、操作要点

1. 将蛋白和蛋黄分开,放进不同的盆内(放蛋白的盆必须无油、无水,蛋黄不能残留在蛋白里。)

2. 在蛋黄盆子里放入牛奶,将蛋搅开后加入油,搅拌至水油混合,呈浓稠状。将低粉和玉米粉与泡打粉混合，筛入盛有蛋黄的盆子中，用橡皮刮刀以上下翻拌的形式将粉与蛋液拌匀。

3. 蛋清盆里加入塔塔粉，用低速开始打蛋，蛋清出现粗泡后分 3 次加入砂糖，逐渐加快速度，打至硬性发泡(打蛋器提起蛋白呈直挺的尖状)。打蛋白时烤箱开始预热到 150 ℃。

4. 将三分之一蛋白与面糊混合，用橡皮刮刀以上下翻拌的形式快速拌匀后，再将剩余的蛋白全部倒入面糊中拌匀。倒入模具中，放入烤箱中 150 ℃烤 10～15 min。烤完后将模具震两下，倒扣在网架上，放凉后脱模。

四、注意事项

1. 蛋白打发不够是造成蛋糕塌陷的最重要原因，一定要打到硬性发泡，提起打蛋头，呈鸡尾状为止。

2. 蛋糕烤的过程不能频繁打开箱门，否则会造成烤箱内温度急速下降，很容易造成蛋糕发不起来。如果需要加锡纸，动作要快。

3. 蛋糕烤完后，及时从烤箱内取出，倒扣放凉再脱模。不要出炉后就迫不及待地脱模，这样会造成蛋糕回缩，所以一定等蛋糕放凉后再脱模，这时只要轻压蛋糕边缘，再往上推活底就可以完整地取出蛋糕。

【实验实训三】 海绵蛋糕的制作

一、实验目的

了解并掌握制作海绵蛋糕的基本工艺流程。

二、原材料与设备

蛋白 372 g，蛋黄 328 g，低粉 400 g，花生油 100 g，白糖 600 g，牛奶 80 g，盐 12 g，香草水 1 g。

打蛋器，烤箱，电子天平，模具等。

三、操作要点

1. 蛋加糖、盐、色拉油后隔水加热至 35～40 ℃，用打蛋器快速打至浓稠，面糊用手指挑起不很快落下，颜色呈乳白色，再改为中速搅拌 2 min。

2. 面粉过筛，慢速拌匀于 1 中，注意搅拌时间不能太长，防止面筋形成。

3. 色拉油、牛奶、香精慢速加入拌匀即可。

4. 烤盘底部、四周垫纸，面糊倒入后表面刮平，使四周厚薄一致。

5. 烘烤：上火温度 190 ℃，下火温度 210 ℃，烘烤 8～10 min。

四、感官评定

海绵蛋糕属于乳沫类蛋糕，但又不需要加塔塔粉。海绵蛋糕的口感疏松、细腻，蛋腥味较轻。

【实验实训四】　月饼的制作

一、实验目的

了解并掌握月饼制作的基本工艺流程。

二、原材料与设备

高粉 10 g，低粉 80 g，花生油 20 g，糖浆 60 g，枧水 1 g，馅料 350 g，咸蛋黄 100 g。

打蛋器，烤箱，冰箱，电子天平，模具等。

三、操作要点

1. 糖浆与枧水搅匀，再加花生油搅匀。

2. 筛入 1/3 的月饼粉，拌匀后再加入剩下的，揉成团，将面团放入冰箱松弛 1 h。松弛好的面团，平均分成 15 个小团。

3. 馅料 15 g、咸蛋黄约 1/4，将馅料拍扁放入咸蛋黄滚圆，再将面团拍扁，放入馅料滚匀。

4. 将放好馅料的面团沾少许月饼粉，放入模具中压模成型。

5. 烤箱预热至 220 ℃，在压好的月饼表面刷上一层清水，烤制 8 min。

6. 等放凉后，刷蛋液再烤制 5 min，重复一次即可。第二次刷蛋液可只开上火，让其着色即可得成品。

四、注意事项

和面时要加入适量的枧水，其作用主要有几点：第一，中和转化糖浆中的酸，防止月饼产生酸味，影响口味。第二，控制回油的速度，调节饼皮软硬度。第三，使月饼的碱度（pH 值）达到易于上色的程度。第四，枧水和酸中和时产生的 CO_2 气体可使月饼适度膨胀，口感疏松。但如果枧水放得过多，会使成品色泽显得暗淡，易焦黑，烘熟后饼皮霉烂，影响回油。而枧水放得过少，烘烤时饼胚难上色，熟后饼边出现乳白点或皱纹，外观欠佳。

【实验实训五】 饼干的制作

一、实验目的

了解并掌握饼干制作的基本工艺流程。

二、实验原料及设备

椰丝 50 g，低粉 100 g，鸡蛋一个，奶粉 2 大勺，白砂糖 60 g，黄油 80 g。

电子天平，打蛋器，烤箱，模具等。

三、操作要点

1. 将黄油和白砂糖混合，把打散的鸡蛋分三次缓慢加入到糖油混合物中，并充分搅拌均匀。

2. 加入两大勺的奶粉，搅拌均匀，使其呈细腻浓滑状。

3. 加入 50 g 椰丝、100 g 的低粉，并混合搅拌。然后将面团放入模具中，捏成圆形或长方形等，摆在烤盘内，并在表面洒上椰丝。

4. 将已成型的饼干的面胚放入烤箱中烘烤，温度为 135 ℃，时间为 10～15 min。

四、思考题

简述饼干制作的工艺流程。

【实验实训六】 蛋挞的制作

一、实验目的

了解并掌握蛋挞制作的基本工艺流程。

二、原材料与设备

挞皮:低筋面粉 135 g,高筋面粉 15 g,黄油 20 g,玛琪淋 125 g,清水 75 g。

挞水:牛奶 180 g,低筋面粉 10 g,蛋黄 2 粒,白砂糖 30 g,炼乳 1 勺。

打蛋器,烤箱,冰箱,电子天平,模具等。

三、操作要点

1. 将低粉、白糖、牛奶、炼乳全部倒入一个小锅内调匀成奶浆,小火加热至白糖等完全溶化。

2. 将蛋黄打散,将煮过的奶浆稍微放凉后倒入打散的蛋黄中,调匀即为挞水。

3. 将除玛琪淋以外的材料倒入一个大容器,水一点点加入,和成一个耳垂般软的光滑面团,然后包上保鲜膜松弛 30 min。

4. 把玛琪淋装在一个保鲜袋内或放在两层保鲜膜之间,用擀面杖把它压扁,或用刀切成片拼在一起再擀,擀成一个约 5 mm 厚的四方形片。

5. 把松弛过的面团擀成一个和玛琪淋一样宽,长 3 倍的面皮,把玛琪淋放在面皮的中间,两边的面皮往中间叠,将玛琪淋完全包起来后捏紧边缘。

6. 将包好玛琪淋的面皮旋转 90°,再用擀面杖擀得薄一点,开始第一次叠被子,即上下的边往中间对折,然后两头向中间对折,叠成被子后用保鲜膜包起来放入冰箱松弛 20 min。

7. 取出面团后再将其压扁,擀成一个四方形面皮,按照步骤 6 的做法开始第二次叠被子,然后再包上保鲜膜进冰箱松弛 20 min。

8. 取出面团后再将其压扁,擀成一个四方形面皮,按照步骤 6 的做法开始第三次叠被子,然后再包上保鲜膜进冰箱松弛 20 min。

9. 取出后将被子压扁,擀成一个四方形面皮,然后卷起来,把卷好的面条平均分成 12 等份,把每一等份擀成比模具口稍大的面皮。

10. 模具内撒入面粉抹匀后倒出多余的面粉,将擀好的面皮放入模具内轻压,使之贴边。

11. 烤箱 220 ℃预热 10 min,这时把挞水盛入挞皮内 8 分满即可,将烤盘放在中层 220 ℃烤 20 min 至上色即可得成品。

第八章

发酵食品加工技术

【教学目标】

通过本章内容的学习，了解部分发酵食品的种类及生产原理，掌握它们的加工工艺及操作要点。

第一节 啤酒加工技术

啤酒是以麦芽和水为主要原料，加酒花，经酵母发酵制成的一种含 CO_2、起泡的、低酒精度的饮料。啤酒营养丰富，酒精含量较低，素有“液体面包”之称，在 1972 年第九届国际营养食品会议上被列为营养食品之一。

一、啤酒的营养成分

啤酒中含有的营养成分主要有酒精、糖类、糊精、蛋白质及其分解产物、维生素、无机盐、CO_2 等。

啤酒被列为营养食品主要是由于：一是含多种氨基酸和维生素。已检测出啤酒含 17 种氨基酸，其中包括 8 种必需氨基酸。此外，啤酒中还含有丰富的 B 族维生素。二是啤酒能产生高热量。三是啤酒酿造过程中原料中的淀粉和蛋白质等物质分解为小分子的糖类、肽和氨基酸等，有利于营养成分的消化吸收。此外，啤酒中的苦味物质、有机酸和微量元素等对人体也有不同的益处。

二、啤酒种类

根据啤酒的加工工艺或啤酒的特点，可以将啤酒划分为不同类型。

（一）按照酵母的性质划分

按酵母的性质将啤酒划分为上面发酵啤酒和下面发酵啤酒，其中上面发酵啤酒产量较少，仅少数国家生产此类啤酒，下面发酵啤酒是世界上最流行的酒种，产量最大。

1. 上面发酵啤酒

上面发酵啤酒是采用浸出糖化法制备麦汁，以上面酵母进行发酵的啤酒。此类酵母在啤酒酿造过程中易漂浮在泡沫层中，在液面发酵和收集，所以称为上面发酵酵母。

2. 下面发酵啤酒

下面发酵啤酒是采用煮出糖化法制备麦汁，以下面酵母进行发酵的啤酒。此类酵母在发酵结束时沉于器底，所以称为下面发酵酵母。

(二)按原麦汁浓度不同划分

按原麦汁浓度不同划分为低浓度啤酒、中浓度啤酒和高浓度啤酒。

1. 低浓度啤酒

原麦汁浓度 2.5～8 °P，乙醇含量为 0.8%～2.2%的啤酒。

2. 中浓度啤酒

原麦汁浓度为 9～12 °P，乙醇含量为 2.5%～3.5%的啤酒。我国啤酒多为此类型。

3. 高浓度啤酒

原麦汁浓度 13～22 °P，乙醇含量为 3.6%～5.5%的啤酒，多为浓色啤酒。

(三)根据啤酒色泽划分

根据啤酒色泽划分为淡色啤酒、浓色啤酒和黑色啤酒。

1. 淡色啤酒

色度一般在 5～14 EBC 单位，色泽较浅，呈淡黄色、金黄色或棕黄色，故常称黄啤酒。其口味淡爽醇和，是啤酒中产量最大的一种。

2. 浓色啤酒

色度在 15～40 EBC 单位之间，呈红棕色或红褐色。其麦芽香味突出，口味醇厚，苦味较轻。浓色爱尔啤酒是典型的浓色啤酒。

3. 黑色啤酒

色度一般在 50～130 EBC 单位之间，多呈红褐色或黑褐色。特点是原麦汁浓度较高，麦芽香味突出，口味醇厚，泡沫细腻，苦味有轻有重，差别较大。典型产品是慕尼黑啤酒。

(四)根据啤酒的灭菌方法划分

根据啤酒的不同灭菌方法划分为鲜啤酒、熟啤酒和纯生啤酒。

1. 鲜啤酒

不经过巴氏灭菌处理的啤酒，也称生啤酒，其保质期短。

2. 纯生啤酒

不经巴氏杀菌，而采用无菌过滤和灌装的啤酒。

3. 熟啤酒

经过巴氏灭菌处理的啤酒，也称杀菌啤酒。

(五)啤酒新品种

通常在原辅料或生产工艺等方面进行某些改变，使其成为具有独特风味的啤酒。常见的有干啤酒、低醇(无醇)啤酒、小麦啤酒、浊啤酒、冰啤酒、稀释啤酒。

1. 干啤酒

真正发酵度在72%以上的淡色啤酒,含糖量较低,苦味小,口味爽净,符合现代人的追求,喝后相对不易发胖,又有较好的口感。

2. 低醇(或无醇)啤酒

无醇啤酒是酒精含量在0.5%(V/V)以下的啤酒,而低醇啤酒是酒精含量在0.5%~2.5%(V/V)之间的啤酒。

3. 冰啤酒

一般采用低浓度麦汁发酵,后期经低温冰结晶处理,在-2.2 ℃下贮存数天后使之产生冷浑浊,然后精过滤除去浑浊物。其酒液外观更清亮,稳定性好,口感更柔和、醇厚。

另外,特殊类型的啤酒还有低糖啤酒、白啤酒、甜啤酒、果味啤酒、乳酸啤酒等,以满足不同消费者的需求和爱好。

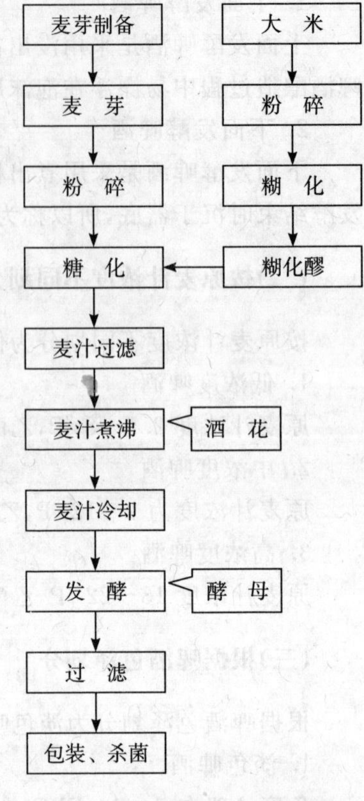

图 8-1 啤酒加工的工艺流程

三、啤酒的加工工艺

啤酒加工的工艺流程见图 8-1。啤酒生产概括起来包括麦芽制造、麦芽汁的制备、发酵、过滤与灌装等工艺过程。

(一)麦芽制造

由原料大麦制成麦芽,习惯上称为制麦。麦芽的制备也称制麦,即将原料大麦制成麦芽的过程。

啤酒麦芽制造的主要目的:

(1)大麦发芽使其中的酶活化,从而提供麦芽汁制造时所需的各种酶。

(2)由于酶的作用,使大麦胚乳中的成分适当分解,为麦汁制造提供大部分有效的浸出物。

(3)通过焙燥过程,赋予麦芽特有的色、香、味,从而满足啤酒对色泽、味道、泡沫等的特殊要求。

(4)制成的麦芽要求水分低,除根干净,使麦芽的成分稳定,可长期保存。

麦芽制造大体可分为大麦的清选、分级、浸麦、发芽、干燥、除根等过程,其工艺流程如图8-2 所示。

1. 大麦清选、分级

清选操作是根据形态、密度等机械性能的差异将大麦中的夹杂物包括土石、秸秆、其他植物种子以及破损粒等除去,保证麦芽的质量和设备的安全运转。

清选后大麦还必须进行分级处理。麦粒大小不均匀会使麦粒浸麦度及发芽长短不匀,麦芽溶解度也不一致。麦粒大小也一定程度反映了麦粒的成熟度,其化学组成有一定差异,从而影响到麦芽质量的均匀性。所以,必须将麦粒按腹径大小分成 2.2 mm、2.5 mm、

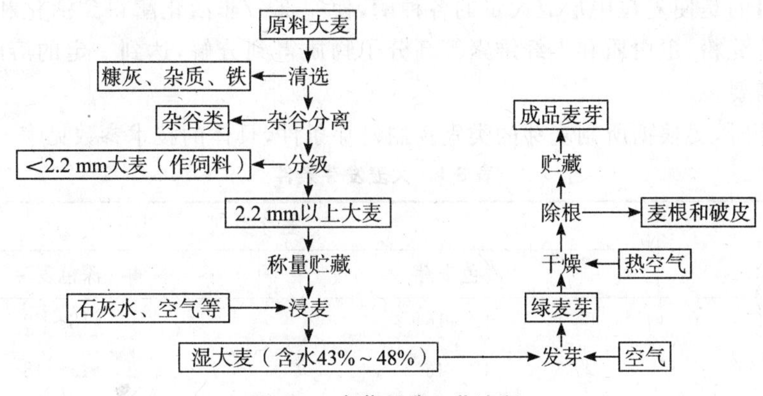

图 8-2 麦芽制造工艺流程

2.8 mm以上三个等级，分别投入浸麦生产，一般腹径<2.2 mm 的大麦作为饲料用。

2. 浸麦

大麦经清选分级后，即可分别投入浸麦槽进行浸麦。浸麦的目的是供给大麦发芽所需的水分以及氧气，一般使大麦含水量(浸麦度)达到 43%～48%。同时还可洗涤麦粒，除去麦皮中对啤酒有害的物质。

水温会影响麦粒吸水的速度，水温低于 10 ℃时浸麦时间明显延长；水温过高则浸麦时间短，吸水不均匀，易染菌和发酸。因此，一般要求浸麦用水温度在 10～20 ℃之间，最佳温度为 12～15 ℃。但为了缩短浸麦时间，有时也采用温水浸麦法，即用 30 ℃以内的温水浸麦。

浸麦水最好使用中等硬度的饮用水，浸麦时可在水中适当添加添加剂如石灰乳、漂白粉、氢氧化钠、赤霉酸、高锰酸钾和甲醛等，以达到杀菌，加速酚类物质、苦味物质等的浸出，促进发芽等目的。

传统的浸麦方法是采用湿浸法(又称水浸法)，大麦在水中浸泡，每天只换两次水。此法浸麦时间长，麦粒萌发慢，基本已被淘汰。随着工艺的不断改进，目前常见的方法有：

(1)间歇浸麦法，又叫断水浸麦法。浸水(又称湿浸)与断水(又称干浸)相间进行，间歇定时通风。将浸麦水通入盛有大麦的浸麦槽内，将大麦浸泡一段时间后把水放掉，并向浸麦槽通风排 CO_2，一段时间后再放进新鲜水浸泡，如此反复，直至达到所要求的浸麦度。常用的为浸 2 断 6(浸水 2 h，断水 6 h)，浸 4 断 4，浸 4 断 6，浸 4 断 8 等。在浸水时需要定时通入空气供氧，一般每小时 1～2 次，每次 15～20 min，通气间隔时间过长是不利的。整个浸麦时间需 40～72 h，要求露点率(露出白色根芽麦粒占总麦粒的百分数)达 85%～95%。断水后也要通风供氧，能促进水敏感性大麦的发芽，提高发芽率，并缩短发芽时间。断水时间长达 10～24 h 的称为长断水浸麦法，通风要求较高，适用于水敏性大麦或水温低、气温低的浸麦。

(2)喷雾浸麦法，又叫喷淋浸麦法。是在浸麦的断水阶段喷淋水雾，水雾含氧量高，又可带走麦层中产生的热量和 CO_2，有利于麦粒的吸水和萌芽。喷淋中要定时通风。此法可显著缩短浸麦和发芽时间，节省用水。

3. 发芽

浸渍大麦在理想控制的条件下发芽，生成适合啤酒酿造所需要的新鲜麦芽(绿麦芽)的过程称为发芽。然后进行干燥制成啤酒麦芽。

发芽的目的是使麦粒中形成大量的各种酶，使一部分非活化酶得到活化和增长。同时使麦粒的部分淀粉、蛋白质和半纤维素等高分子物质得到分解，达到一定的溶解度，从而满足糖化时的需要。

大麦发芽时，要根据所制麦芽的类别控制发芽条件，具体的技术参数见表 8-1。

表 8-1 大麦发芽条件

项目	麦芽类别	
	浅色麦芽	深色麦芽
温度/℃	12～16	18～22
水分/%	43～46	45～48
时间/d	6	8
空气相对湿度/%	95	
通风	发芽初期，充足的氧气有利于各种内酶的形成，CO_2 浓度不宜过高；发芽后期，应增加大麦层中 CO_2 比例，通风式发芽麦层中的 CO_2 浓度很低，后期通风应补充回风	

发芽方法可分为地板式发芽和通风式发芽两种。

(1)地板式发芽

地板式发芽是传统方法，目前已少有使用。它的特点是设备简单，手工操作多，动力消耗少。主要设备是发芽室，地板要求平整光滑，不积水。从屋顶风道进风，距地 30 cm 处回风口排风，控制风速 0.2 m/s，室温 8～12 ℃，最高室温 15 ℃，相对湿度 85%。每 100 kg 大麦占用地板面积 3.2～3.6 m²。采用人工翻麦时，操作要点是“一步三锹少铲高扬”，20 世纪 70 年代用手推式的翻麦机替代木锹。

(2)通风式发芽

通风式发芽是通过不断向麦层送入一定温度的新鲜饱和的湿空气，来控制麦层的温度、湿度、氧气与 CO_2 的比例。通风方式有连续通风和间歇通风、加压送风、吸引排风法等。普通采用的是萨拉丁发芽箱（图 8-3）、劳斯曼发芽箱、塔式制麦系统和发芽干燥两用箱等。下面以萨拉丁箱式发芽法为例，介绍发芽的具体操作方法。

浸渍完毕的大麦可用湿式或干式方法送入发芽箱，铺平后开动翻麦机以排出麦层中的水。麦层的高度以 0.5～1.0 m 为宜。发芽温度控制在 13～17 ℃，一般前期应低一些，中期较高，后期又降低。在发芽过程中要进行翻麦，翻麦有利于通气，调节麦层温湿度，使发芽均匀。一般在第一、二天可每隔 8～12 h 翻一次，第 3～5 d 为发芽旺盛期，每隔 6～8 h 翻一次，第 6～7 d 为 12 h 翻一次。通风对调节发芽的温度和湿度起主要的作用，一般发芽室的湿度应在 95% 以上。由于水分蒸发，应不断通入湿空气进行补充，浸麦度低时可间隔 12 h 喷水一次。由于大麦呼吸产热而使麦层温度升高，所以应不断通入冷空气降温，必要时进行强通风。直射强光会影响麦芽质量，一般认为蓝色光线有利于酶的形成。发芽周期为 6～7 d。

完成发芽的麦芽称为绿麦芽，要求新鲜，松软，无霉烂；溶解（指麦粒中胚乳结构的化学和物理性质的变化）良好，手指搓捻呈粉状，发芽率 95% 以上；叶芽长度为麦粒长度的 2/3～3/4。

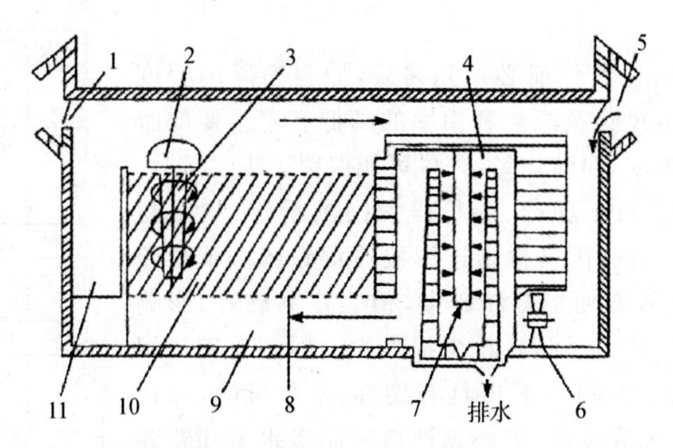

1. 排风；2. 翻麦机；3. 螺旋翼；4. 喷雾室；5. 进风；
6. 风机；7. 喷嘴；8. 筛板；9. 风道；10. 麦层；11. 走道

图 8-3　萨拉丁发芽箱

4. 绿麦芽干燥

绿麦芽要用热空气强制通风的方法进行干燥和焙焦，终止绿麦芽的生长和酶的分解作用，除去多余的水分，便于储存和粉碎。同时除去麦芽的生青味，赋予麦芽特有的色、香、味。绿麦芽干燥过程可大体分为凋萎期、焙燥期、焙焦期三个阶段，这三个阶段控制的技术条件如下：

(1)凋萎期

一般从 35～40 ℃起温，每小时升温 2 ℃，最高温度达 60～65 ℃，需时 15～24 h(视设备和工艺条件而异)。此期间要求风量大，每 2～4 h 翻麦一次。麦芽干燥程度为含水量 10%以下。要注意麦芽水分还没降到 10%以前，温度不得超过 65 ℃。

(2)焙燥期

麦芽凋萎后，继续每小时升温 2～2.5 ℃，最高达 75～80 ℃，约需 5 h，使麦芽水分降至 5%左右。期间每 3～4 h 翻动一次。

(3)焙焦期

进一步提高温度至 85 ℃，使麦芽含水量降至 5%以下。深色麦芽可增高焙焦温度到 100～105 ℃。整个干燥过程 24～36 h。

焙焦结束后应通入自然风迅速冷却，使麦温降至 45 ℃以下，防止麦芽中酶继续受到高温破坏，影响色泽。

5. 除根

经干燥的麦芽应用除根机除掉麦根，同时具有一定的磨光作用。因为麦根吸湿快，且具有苦味，会影响啤酒的口味、色泽及稳定性。在商业性麦芽厂中，麦芽在出售前还要使用磨光机进行磨光，以除去麦芽表面的水锈或灰尘，保证麦粒外表美观，口味纯正，收得率高。

新干燥的麦芽还必须经过至少 1 个月时间的储藏，使其恢复酶活力，才能用于酿造。

(二)麦芽汁制备

麦芽汁制备包括原辅料粉碎、糖化、麦汁过滤、麦汁煮沸和添加酒花、麦汁冷却等几个过程，如图 8-4 所示。

1. 原料粉碎

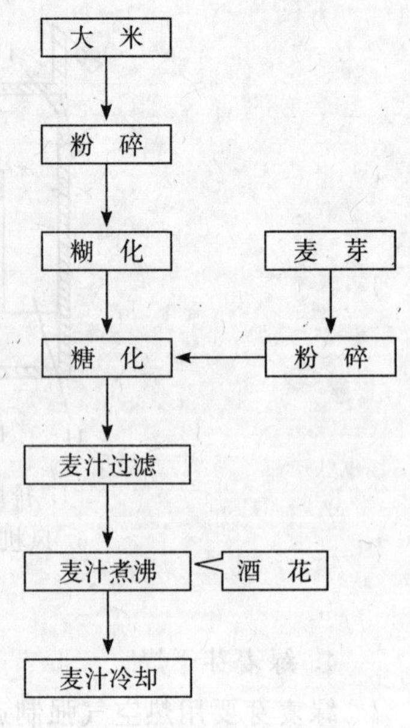

图 8-4 麦汁制备工艺流程

麦芽及其辅原料在糖化前必须先粉碎，原料粉碎的程度对糖化、过滤、啤酒的风味及原料利用率的高低有着重要的影响。麦芽粉碎时应彻底，粉粒均匀，并尽可能保留表皮。

麦芽粉碎的方法有干粉碎、湿粉碎和回潮粉碎（增湿粉碎），20 世纪 80 年代后德国又推出连续浸渍湿粉碎。干粉碎是传统的粉碎方法，较方便控制粉碎度，但表皮易破碎，影响麦汁过滤和啤酒的口味、色泽，且粉尘损失大。回潮粉碎是用水蒸气使麦芽轻微增湿，可使表皮具有韧性，不易破碎，加快麦汁过滤，减少麦壳成分浸出，但必须严格控制吸水量和粉碎时间，否则麦壳内粘连较多粉质，影响浸出率。湿粉碎是用 50～70 ℃水浸渍麦芽，使之吸水量达 18～22%后进行粉碎。此法可改善过滤性，减少粉尘，提高麦汁收得率，麦汁色度下降，口味柔和，但电耗增加，且不能贮存。

辅料粉碎，如大米多用辊式粉碎机粉碎，玉米多用锤式粉碎机粉碎。

2. 糖化

糖化是利用麦芽中所含的各种酶，在适宜的条件下将麦芽和辅料中的大分子物质如淀粉、蛋白质、半纤维素及其中间分解产物等逐步分解为可溶性的低分子物质的过程。过滤除麦糟所得的清汁称为麦汁。

(1)糖化的条件

糖化是啤酒酿造工艺中比较关键的环节，糖化工艺条件的控制就是为各酶类创造最适条件。

①料水比（醪液浓度）：淡色啤酒料水比为 1∶4～1∶5，浓色啤酒的料水比为 1∶3～1∶4。醪液过稀或过浓对浸出物收得率都有影响。

在糊化锅内进行糊化和液化的谷物辅料，投料时料水比一般控制在 1∶5 左右。

②糖化温度：糖化时的温度一般分四个阶段进行控制，每个阶段所起的作用不同。不同糖化阶段的温度控制及其主要作用见表 8-2。

表 8-2 不同糖化阶段的温度控制及其主要作用

糖化阶段	温度范围/℃	主要的目的与作用
第一阶段	35～40	浸渍，即固形物的浸出
第二阶段	45～55	蛋白质的分解
第三阶段	62～70	糖化，在 62～65 ℃，生成可发酵性糖多，适于制造高发酵度啤酒；在 65～70 ℃，可发酵性糖相对减少，适于制造低发酵度啤酒糊精化
第四阶段	75～78	

③pH：麦芽中各种主要酶的最适 pH 一般都较糖化醪的 pH 低，控制糖化醪 pH 值在 5.4～5.8 之间，可使原料利用率较高，产品啤酒质量也较好。可利用石膏、食用磷酸、乳酸或乳酸麦汁等调节糖化水的 pH 值。

④糖化时间:随不同的糖化方法而异。

(2)糖化方法

主要有煮出糖化法和浸出糖化法两大类基本方法,其他一些方法均由这两类方法演变而来。

①煮出糖化法:此法是将糖化醪液的一部分分批加热到沸点,然后与其余未煮沸的醪液混合,使全部醪液温度分阶段地升高到不同酶分解底物所要求的温度,最后达到糖化终了温度。煮出糖化法根据部分醪液煮沸的次数,分为一次、二次和三次煮出糖化法。

②浸出糖化法:浸出糖化法是全部糖化醪液自始至终不经煮沸,仅利用酶的作用进行糖化的方法。其特点是将全部醪液从一定的温度开始,缓慢分阶段升温到糖化终了温度。此法要选用溶解良好的麦芽,麦汁色浅,口味柔和,糖化收得率偏低。浸出糖化法常采用二段式糖化,第一段在 63～65 ℃左右糖化 20～40 min,然后升温至 78 ℃进行第二段糖化。

③双醪糖化法:为了节省麦芽,降低成本并改进质量,很多国家采用部分未发芽谷类原料作为麦芽的辅助原料,由此衍生出双醪糖化法,又称复式糖化法。由于未发芽谷物中的淀粉是包含在胚乳细胞壁中的生淀粉,只有经过破除细胞壁,使淀粉溶出,再经过糊化和液化,使之形成稀薄的淀粉浆的一系列过程,才能受到麦芽中淀粉酶的充分作用,形成可发酵性糖和可溶性低聚糊精。因此,未发芽的谷物需先在糊化锅内进行糊化、液化,再与糖化锅中进行蛋白质分解的麦芽并醪,然后按煮出糖化法操作进行糖化,即为双醪煮出糖化法;若按浸出糖化法进行糖化的,即为双醪浸出糖化法。谷物预处理时注意应加入适量的麦芽或 α-淀粉酶,以促进糊化、液化。

双醪一次煮出糖化法适合制造浅色麦汁,其操作流程见图 8-5。

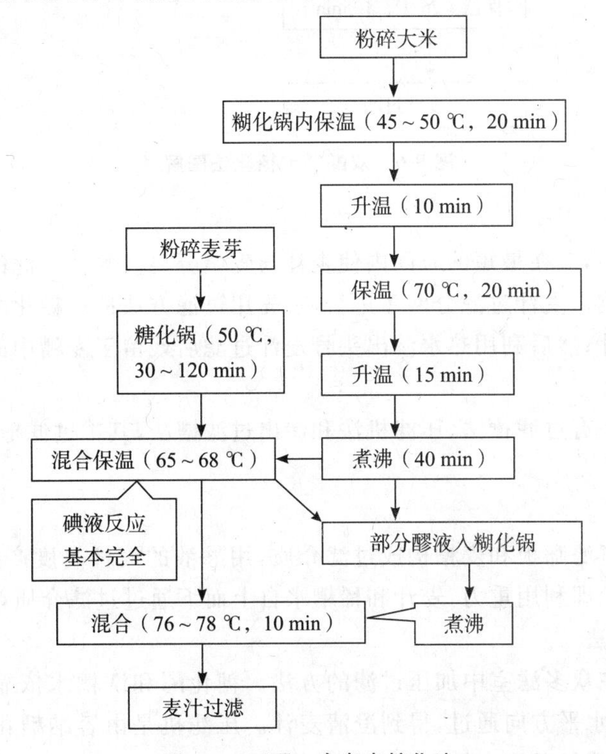

图 8-5 双醪一次煮出糖化法

双醪浸出糖化法常用于酿制淡爽型啤酒和干啤酒，它的操作比较简单，糖化周期短，3 h 内即可完成，操作流程见图 8-6。

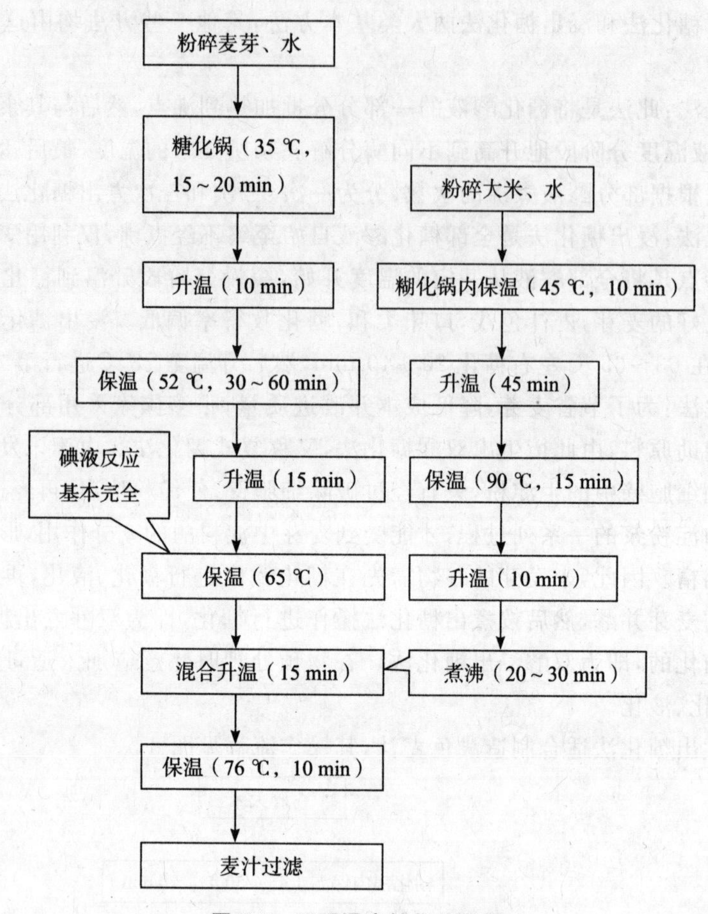

图 8-6　双醪浸出糖化法图解

3. 麦汁过滤

糖化工序结束后，应在最短的时间内使麦汁与麦糟分离。麦汁过滤的好坏，对麦汁的产量和质量有重要影响。麦汁过滤分两步进行，首先用过滤方法提取糖化醪中的麦汁，此称为头号麦汁或过滤麦汁；然后利用热水洗出头号麦汁过滤后残留于麦糟中的浸出物，此称为第二次麦汁或洗涤麦汁。

麦汁过滤的方法有过滤槽法、压滤机法和渗出过滤槽法，其中过滤槽法是最古老也是至今最普遍的方法。

(1)过滤槽法

过滤槽法是以过滤筛板和麦糟构成过滤介质，用醪液的液柱高度产生的静压力为推动力实现过滤的方法。即利用重力，麦汁和稀糟水自上而下通过过滤介质，从而达到澄清。

(2)压滤机过滤法

压滤机过滤是在众多滤室中加压过滤的方法。糖化醪和洗槽水依靠外加压力，克服滤布和麦糟层的阻力，水平方向通过，得到澄清麦汁。压滤机是由容纳糖化醪的框、分离麦汁的滤布、收集麦汁的滤板以及支架和压紧螺杆等组成的过滤装置。

4. 麦汁煮沸和加酒花

麦汁过滤结束，应升温将麦汁煮沸，以钝化酶活力，杀灭微生物，使蛋白质变性和沉淀絮凝，起到稳定麦汁成分的作用，并蒸发掉多余水分达到浓缩的目的。此外，加入酒花后，煮沸可促进酒花有效成分（树脂、酒花油等）融入麦汁中，赋予麦汁独特的酒花香气和爽口的苦味，提高麦汁的稳定性。

（1）麦汁的煮沸

淡色啤酒的麦汁煮沸时间控制在 90 min 左右，浓色啤酒的可适当延长一些。煮沸强度（在煮沸时每小时蒸发的水分相当于麦汁的百分数）应控制在 6%～8%，以 8%～12%为佳。煮沸时麦汁的 pH 值控制在 5.2～5.4 范围内较为适宜。

（2）酒花的添加

在麦汁的煮沸过程中要添加酒花，酒花的有效成分树脂、酒花油、多酚和果胶等在麦汁煮沸过程中溶出，除了提高麦汁的生物和非生物稳定性，赋予麦汁独特的风味外，还可以防止有害菌的入侵。酒花的添加量根据酒花中 α-酸和 β-酸含量、啤酒的品种、消费者的嗜好等来确定，一般为麦汁量的 0.8%～0.15%。

酒花添加的方法对酒花利用程度和啤酒的口味有着重要的作用。一般使用整酒花或粉碎酒花，分 3～4 次添加。以三次法为例：第一次在煮沸 5～15 min 后添加总量的 5%～10%，起消除沸腾物泡沫的作用；第二次在煮沸 30～40 min 后添加总量的 55%～60%，主要是萃取 α-酸，促进其异构化；第三次在煮沸终了前 10 min 加入剩余的酒花，主要是为了萃取酒花油，提高酒花香。最后一次添加的应是香型酒花或质量较好的酒花，以赋予啤酒较好的酒花香味。

5. 麦汁冷却

麦汁经煮沸并达到要求的浓度后，要及时分离酒花和热凝固物，同时应在较短的时间内把它冷却到接种温度（6～10 ℃），并设法除去析出的冷凝固物。这一过程通常应用回旋沉淀槽和薄板冷却器等设备。麦汁冷却后，应给麦汁通入无菌空气，以供给酵母繁殖所需要的氧气。通气后的麦汁溶解氧浓度应达 6～10 mg/L。

（三）啤酒发酵

1. 啤酒酵母的扩大培养

啤酒酵母是最能决定啤酒品质的因素。啤酒工厂得到优良菌株后，经若干次扩大培养，达到一定数量后供生产使用。酵母的扩大培养关键在于选择优良的单细胞出发菌株，扩大培养中要保证酵母纯种，强壮，无污染。扩大培养的顺序如下：

斜面试管（原菌种）→富氏瓶培养（或试管培养）→巴氏瓶培养（或三角瓶培养）→卡氏罐培养→汉森罐培养→酵母繁殖罐培养→发酵罐。

以上从斜面试管到卡式罐培养为实验室扩大培养阶段，之后为生产现场扩大培养阶段。生产中把汉森罐作为保存生产菌种的手段，即从汉森罐压出大部分母液后，仍保留 15%左右的酵母于罐内，再加入麦汁准备下次扩大培养用。

2. 啤酒发酵

啤酒发酵是麦汁某些成分在啤酒酵母的作用下产生酒精及一系列副产物，构成有独特风味饮料酒的过程。啤酒发酵的方法可分为：

分批式发酵{传统发酵；大罐式发酵{单罐式发酵；多罐式发酵}}

连续式发酵

固定菌体式发酵{分批式；连续式}

世界啤酒工业主要的发酵方式依旧是分批式发酵，在20世纪60年代推出连续式发酵，后为分批式大罐发酵所取代。而固定菌体发酵还处于研究阶段，尚未投入工业化生产。下面主要介绍分批式发酵的两种发酵方法。

(1)传统发酵

传统的啤酒发酵分为下面发酵和上面发酵，两者采用不同的酵母菌种，发酵工艺和设备条件也不同，制出的啤酒风味各异。

①下面发酵法

下面发酵过程包括主发酵和后发酵两个阶段。

a. 主发酵：主发酵实际上又分两步进行，即前发酵和主发酵。前发酵又称酵母增殖期，将冷却至发酵温度的麦汁泵入酵母增殖池(又称前酵槽)，添加扩大培养的酵母液，促使酵母增殖后除去冷凝固物及死酵母，再泵入主发酵槽进行主发酵。主发酵必须在低温和清洁卫生的条件下进行。主发酵的现象及要求见表8-3。

表8-3 主发酵现象及要求

发酵阶段	主要现象和要求
酵母增殖期	冷却麦汁添加酵母8～16 h后，表面形成白色泡沫，酵母繁殖20 h后，可送入主发酵槽，沉于池底的蛋白质等冷凝固物和死酵母分离出去，发酵液中酵母细胞数为(10～20)×10^6个/mL
气泡期	倒池后4～5 h，表面逐渐出现白色泡沫，由四周拥向中间，形成菜花状泡沫，1～2 d，品温上升0.5～0.8 ℃/d，降糖0.3～0.5 °Bx/d
高泡期	发酵第三天后，泡沫继续增高，呈卷曲状隆起，高达20～35 cm，由于蛋白质—酒花树脂氧化，形成棕黄色泡盖。通过冰水控制发酵的最高温度，保持2～4 d，降糖2～1.5 °Bx/d
落泡期	发酵5天后，泡沫逐渐回缩，并逐渐呈棕褐色泡盖。要控制品温的下降，一般降温0.5 ℃/d左右；降糖1～0.5 °Bx/d，一般保持2 d左右
泡盖形成期	发酵7～8 d后，酵母大部分沉淀，泡沫回缩，表而覆盖由泡沫、蛋白质—单宁氧化物组成的褐色泡盖，味极苦，厚2～5 cm。每天降糖0.5～0.2 °Bx，控制降温0.5 ℃左右/d，使下酒时品温4～5.5 ℃，可发酵糖1.5%，最终发酵度与外观发酵度差10%以上

b. 后发酵：主发酵结束后，酵母沉淀，并下酒进入后发酵。后发酵又称啤酒后熟、储酒。将主发酵后并除去大量沉淀酵母的发酵液送到储酒罐(后酵罐)，在低温下长时间贮酒。后发酵的目的是使主发酵液的残糖继续发酵，达到要求的发酵度；增加CO_2的溶解量，排除氧气；促进发酵液的成熟，改善口味，促使啤酒自然澄清。

后发酵操作大致过程为下酒、敞口发酵、加压发酵等过程。

下酒：即将主发酵后并除去大量沉淀酵母的发酵液送到储酒罐的操作。储酒罐可用单批发酵液装满，也可几批发酵液混合分装几个储酒罐内。下酒时可以把酒液经管道从储酒罐的上口或下口注入。下酒前应用CO_2充满储酒罐，以驱除罐内氧气。下酒后的液面上方应留 10～15 cm 空隙，作为CO_2的压力储存。

敞口发酵：下酒后 2～3 d 要实行敞口发酵，排除啤酒中的生青味物质。一般下酒后24 h就有泡沫从罐口冒出，数天后泡沫变黄回缩，即可封罐。

加压发酵：封罐后进入加压发酵，该发酵期的发酵室温和罐内压力十分重要。封罐 1 周后，罐压应升到 0.05 MPa 以上，以后逐渐上升，当罐压上升到 0.1 MPa 以上时，应缓慢放掉部分CO_2。整个后酵过程的罐压应保持相对稳定，不可忽高忽低。

后发酵温度多用室温控制，或用储酒罐自身的冷却设施冷却。传统的后发酵多控制先高后低的储酒温度，即前期控制 3～5 ℃，而后逐步降温至－1～1 ℃。新型的后发酵工艺前期温度控制得高一些，以期尽快降低双乙酰含量，后期则保持 7～14 d 低温（－1～0 ℃）储酒，以利CO_2饱和和酒液的澄清。后发酵时间根据啤酒类型、原麦汁浓度和储酒温度不同而异，一般来说，淡色啤酒的酒龄较长，浓色啤酒的酒龄较短。

②上面发酵法

上面发酵是采用上面酵母，在较高的温度下进行发酵，发酵时间较短，啤酒成熟快，并有独特的风味。

上面发酵的麦汁接种温度为 13～16 ℃，发酵 2～3 d 即达发酵旺盛阶段，酵母上浮到液面，发酵液开始澄清，这时采用 12～14 ℃水加以降温，控制发酵最高温度 18～20 ℃，酵母形成泡盖时立即撇去，发酵 4～6 d 后即行结束。

上面发酵一般不采用后发酵，主发酵的发酵度接近最终发酵度，分离酵母后，加鱼胶澄清酒液一段时间，而后采用人工充CO_2使其达到饱和。

(2)大罐发酵

20 世纪 60 年代以后，各国设计和采用了多种形式的大容量发酵罐，这些罐的容量从几十吨到几百吨各异，具有完善的冷却和自控设施，一般设置在露天。与传统发酵相比，有产量大、控制灵活、缩短发酵周期、减少厂房投资、降低劳动强度和提高劳动生产率等优点。

露天大罐发酵可分为低温发酵和高温发酵、单罐发酵和多罐发酵。

①单罐法发酵

单罐发酵就是主发酵和后发酵在同一个罐内进行。此种方法发酵时不能及时排除分离的物质，生产的啤酒比多罐法口味粗糙，有后苦。下面简单介绍典型的工艺操作方法。

a. 单罐低温发酵：麦汁冷却到 6～8 ℃，在酵母添加槽中添加 0.8%左右的酵母，然后送入锥形罐。由于锥形罐的容量较大，常分批送入麦汁，一般在 16～24 h 内满罐，满罐时品温以 9 ℃以下为宜。

满罐后麦汁即进入发酵，品温上升，24 h 后从罐底排放一次冷凝固物和酵母死细胞。于 9 ℃下发酵 6～7 d 后，糖度降到 4.8～5.0 度左右，让其自然升温至 12 ℃，罐压升到 0.08～0.09 MPa，糖度降到 3.6～3.8 度，双乙酰还原达到要求时，提高罐压到 0.1～0.12 MPa，并以每小时 0.2～0.3 ℃的速度降温到 5 ℃，保持此温 24～48 h，并排放酵母。发酵将至终了时，在 2～3 d 内继续以每小时 0.1 ℃的速度降温至－1～0 ℃，并保持此温 7～14 d，保持罐压 0.1 MPa，整个发酵周期约 20 d。

b. 单罐高温发酵:在11 ℃的麦汁中添加0.6%~0.8%的酵母,入罐后保温36 h,升温到12 ℃保持2 d,开始旺盛发酵。自然升温到14 ℃,保持4 d,罐压升到0.125 MPa。大约在第7 d时降温到5 ℃,保持1 d,排出沉淀酵母。继续降温至0 ℃左右,保持5~7 d,过滤。整个发酵期约14 d。

②两罐法发酵

两罐法发酵又分为两种,一种是主发酵在发酵罐内完成,后发酵和储酒成熟在储酒罐内完成。另一种是主发酵和后发酵都在发酵罐内完成,储酒成熟单独在储酒罐内完成。第一种情况的主发酵工艺操作同单罐低温发酵,在主发酵结束酒温降至5~6 ℃时,先回收酵母,再将嫩啤酒送入储酒罐内进行后发酵和双乙酰还原,罐压缓慢上升维持在0.06~0.08 MPa,待双乙酰下降达到要求后,急剧降温至-1~0 ℃,进行保压储酒。第二种情况在主、后发酵后,待双乙酰还原达到指标时,酒温降至5~6 ℃,回收酵母,然后降温至-1~0 ℃,再转入储酒罐保压储酒。两种情况下储酒时间均为7~14 d,整个发酵周期为3周左右。

(四)过滤、灌装、杀菌

1. 啤酒过滤与离心分离

啤酒发酵结束,需要经过机械过滤或离心分离,去除啤酒中的少量酵母和蛋白质凝固物等微粒,使啤酒澄清,口味纯正,改善啤酒的稳定性,延长保存期。

啤酒的过滤方法可分为过滤法和离心分离法。过滤法包括棉饼过滤法、硅藻土过滤法、板式过滤法和膜过滤法。其中最常用的是硅藻土过滤法。离心分离采用高速离心机进行分离,经离心分离的啤酒澄清度较差,易产生冷浑浊,可进一步利用板式过滤机精滤,改善过滤效果。

2. 啤酒灌装和灭菌

啤酒灌装包括容器洗涤和灌装两个过程。罐装过程中应尽量避免啤酒与空气接触,防止啤酒因氧化而造成老化味和氧化浑浊,还需防止啤酒中CO_2的逸出。

啤酒灭菌的方法与啤酒品种有关。熟啤酒灭菌均采用巴氏灭菌,基本过程分预热、灭菌和冷却三个过程。一般以30~35 ℃为起温,缓慢地升到灭菌温度60~62 ℃,维持30 min,缓慢地冷却到30~35 ℃。然后经检验、贴标签,最后装箱入库。纯生啤酒不经过加热杀菌,而是通过严格的除菌过滤和无菌包装来达到无菌的要求。

第二节 果酒加工技术

果酒是世界上最早的饮料酒之一,在世界各类酒中占据着十分显赫的位置。尤其是葡萄酒,其产量在世界饮料酒中仅次于啤酒,列第二位,是最健康、最卫生的饮料。广义上凡含有一定糖分和水分的果实经过破碎、压榨取汁、发酵或者浸泡等工艺精心调配酿制而成的各种低度饮料酒都可称为果酒。果酒中以葡萄酒最为典型。

一、果酒制品分类及特点

(一)果酒分类

我国习惯上按原料品种对果酒进行分类,如葡萄酒、苹果酒、猕猴桃酒等。而在国外,只有葡萄榨汁经酒精发酵后的制品才称为果酒(wine),其他果实发酵酒则名称各异。

按酿造方法和产品特点不同,果酒分为四类。

1. 发酵果酒

用果汁或果浆经酒精发酵酿造而成的,如葡萄酒、苹果酒。根据发酵程度不同,又分为全发酵果酒与半发酵果酒。

2. 蒸馏果酒

果品经酒精发酵后,再通过蒸馏所得到的酒,如白兰地。

3. 配制果酒

配制酒指以发酵酒、蒸馏酒或食用酒精为酒基,加入可食用的辅料或食品添加剂,进行调配、混合或再加工制成,已改变了其原有酒基风格的酒。如味美思就是典型的配制酒之一,它以葡萄发酵酒为酒基,加入多种药材浸泡,或加入多种药材萃取液混合调配,或在葡萄酒发酵过程中加入多种药材一同发酵等法制成。

4. 起泡果酒

酒中含有 CO_2 的果酒。如香槟就属于此类。

(二)葡萄酒分类

1. 按酒的颜色分类

(1)红葡萄酒

选用皮红肉白或皮肉皆红的葡萄为原料,将葡萄皮与破碎的葡萄浆混合发酵而成的产品,酒色深红(因原料种类或发酵工艺不同有所差异,如宝石红、紫红、石榴红)。

(2)白葡萄酒

选用白葡萄或红皮白肉的葡萄为原料,将分离果皮后的葡萄浆液发酵而成的制品。酒色近似无色或浅黄色。

(3)桃红葡萄酒

选用皮红肉白或皮肉皆红的葡萄为原料,将破碎的红葡萄浆液先带皮发酵,而后皮渣分离发酵而成。酒色呈桃红或浅玫瑰红色。

2. 按含糖量分类

(1)干葡萄酒

由于酒色不同,又分为干红葡萄酒、干白葡萄酒和干桃红葡萄酒。含糖量(以葡萄糖计)≤4.0 g/L,品评感觉不出甜味,具有洁净、爽怡、和谐怡悦的果香和酒香的葡萄酒为干葡萄酒。

(2)半干葡萄酒

由于酒色不同,又分为半干红葡萄酒、半干白葡萄酒和半干桃红葡萄酒。含糖量 4.1～

12 g/L，微具甜感，酒的口味洁净、舒顺，味觉圆润，并具和谐怡悦的果香和酒香的葡萄酒为半干葡萄酒。

(3)半甜葡萄酒

由于酒色不同，又分为半甜红葡萄酒、半甜白葡萄酒和半甜桃红葡萄酒。含糖量12.1～50 g/L，具有甘甜、爽顺、舒润的果香和酒香的葡萄酒为半甜葡萄酒。

(4)甜葡萄酒

由于酒色不同，又分为甜红葡萄酒、甜白葡萄酒和甜桃红葡萄酒。含糖量≥50.1 g/L，具有浓甜、醇厚、舒适的口味及和谐的果香和酒香的葡萄酒为甜葡萄酒。

天然的半干、半甜葡萄酒采用含糖量较高的葡萄为原料，在主发酵尚未结束时即停止发酵，使糖分保留下来。我国生产的半甜或甜葡萄酒常采用调配时补加转化糖以提高含糖量的办法。亦有采用添加浓缩葡萄汁以提高含糖量的方法。

3. 按酿造方法分类

(1)天然葡萄酒

葡萄原料在发酵过程中不添加糖或酒精，即完全用葡萄汁发酵酿成的葡萄酒称天然葡萄酒。

(2)加强葡萄酒

人工添加白兰地或脱臭酒精，以提高酒精含量的葡萄酒称加强干葡萄酒。除了提高酒精含量外，同时提高含糖量的葡萄酒称加强甜葡萄酒，在我国称浓甜葡萄酒。

(3)加香葡萄酒

按含糖量不同可将加香葡萄酒分为干酒和甜酒。甜酒含糖量和葡萄酒含糖标准相同。开胃型葡萄酒采用葡萄原酒浸泡芳香植物，再经调配制成，如味美思、丁香葡萄酒等，或采用葡萄原酒浸泡药材，制成滋补型葡萄酒，如人参葡萄酒等。

4. 按 CO_2 压力分类

(1)平静葡萄酒

不含 CO_2 的葡萄酒称静酒，即静止葡萄酒。

(2)起泡葡萄酒

酒中所含 CO_2 是由葡萄原酒密闭二次发酵产生或由人工压入，酒中 CO_2 在 20 ℃时保持压力 0.35 MPa 以上。

(3)葡萄汽酒

酒中所含 CO_2 是由葡萄原酒密闭二次发酵产生或由人工压入，其压力 20 ℃时在 0.051～0.25 MPa 之间的酒称葡萄汽酒。

二、葡萄酒

(一)酿造用葡萄品种

不同类型的葡萄酒对葡萄的特性要求不同，葡萄中供酿酒用的品种就多达千种以上。

1. 酿造白葡萄酒的优良品种

酿造白葡萄酒选用白葡萄或红皮白肉的葡萄。我国的优良品种有龙眼、贵人香、李将

军、雷司令、白羽等。

2. 酿造红葡萄酒的优良品种

我国红葡萄优良品种主要有佳丽酿、法国兰、蛇龙珠、赤霞珠，黑品乐、品丽珠等。

(二)红葡萄酒加工工艺

红葡萄酒的加工工艺流程见图 8-7。

1. 原料的选择与处理

包括原料品种的选择、采收、运输与分选。要选择适合酿造红葡萄酒的品种，如佳丽酿、法国兰、蛇龙珠等。葡萄应在充分成熟时采收，运输时要防止挤压。采后的葡萄应按不同品种、不同质量分别存放。

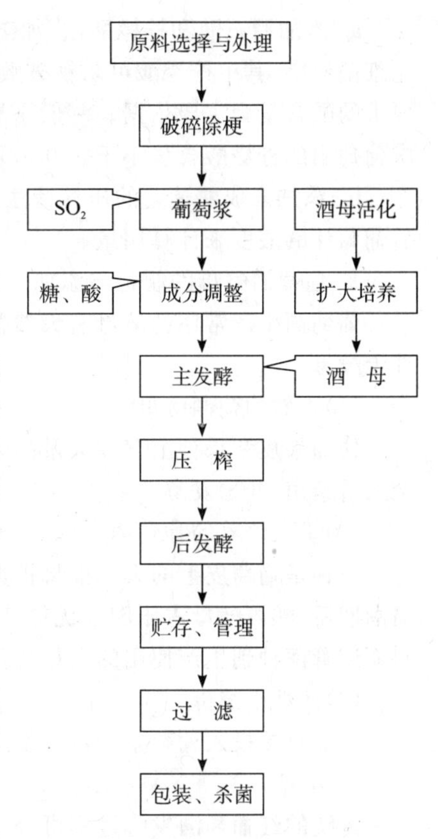

图 8-7　红葡萄酒的加工工艺流程

2. 破碎、除梗

红葡萄酒是由带葡萄皮与种子的葡萄浆液混合发酵而来，所以发酵前无须去皮去籽。而果梗中单宁和苦味树脂含量较高，会使得产品带有严重的苦涩味，因此发酵前必须除梗，可先除梗后破碎，也可先破碎后除梗。

破碎是将果粒压碎使果汁流出的操作，要求每粒葡萄破裂。由于果核中含有单宁、树脂等影响葡萄酒风味的物质，破碎时应注意避免将果核压碎。若先破碎后除梗，也应注意避免压碎果梗。

3. 添加 SO_2 与成分调整

(1)添加 SO_2

在葡萄汁发酵前添加 SO_2，具有杀菌、澄清、抗氧化、增酸、促进果皮中有效物质溶解等作用，使发酵能顺利进行，抑制褐变，有利于葡萄酒的贮存。

SO_2的具体添加量与葡萄品种、葡萄汁成分、温度、存在的微生物及其活力、酿酒工艺及其时期等有关。添加方式有气体、液体和固体，如燃烧硫黄来产生 SO_2气体，用于发酵桶的消毒，目前较少使用；可添加液体亚硫酸试剂到葡萄浆中，也可将固体偏重亚硫酸钾溶解于水添加到葡萄浆中。

(2)葡萄汁的成分调整

由于气候条件、栽培管理等因素不同，同品种的葡萄成分不一，对葡萄汁成分进行调整，可使产品成分接近，便于管理；防止发酵不正常，产品质量较好。葡萄汁成分的调整包括糖与酸的调整。

①糖的调整

通过添加浓缩葡萄汁或蔗糖调整葡萄汁的含糖量。

a. 加糖调整法：一般果汁中 17 g/L 糖可生成 1%的酒精，若葡萄汁中含糖量低于应生成的酒精含量，可添加蔗糖来提高葡萄汁潜在酒精含量。加糖时间最好在酒精发酵刚开始时，用少量果汁将糖溶解，再加到大批果汁中，搅拌均匀。

b. 添加浓缩葡萄汁法：采用添加浓缩葡萄汁提高糖分的方法，一般在主发酵后期添加。添加时要注意浓缩汁的酸度，葡萄酒浓缩后酸度也同时提高，若酸度太高，可在浓缩汁中加入适量的碳酸钙中和，降酸后使用。

②酸的调整

葡萄汁在发酵前一般将酸度调整到 6 g/L，pH 3.3～3.5，可采用酒石酸、柠檬酸或未成熟葡萄的压榨汁来调节。

a. 添加酒石酸和柠檬酸法：加工红葡萄酒时，最好在发酵前添加酒石酸或柠檬酸，可防止细菌侵染，其中柠檬酸可防铁破败病。加酸量以葡萄汁液的含酸量以及调整后葡萄汁所要求的酸含量为主要依据。一般添加酒石酸调整葡萄浆液的酸度，因葡萄酒的质量标准要求葡萄酒的柠檬酸含量小于 1.0 g/L，所以柠檬酸的用量一般小于 0.5 g/L。

b. 添加未成熟葡萄的压榨汁法：根据原葡萄汁的酸度、未成熟葡萄汁的酸度以及调整后葡萄汁的酸度来计算用量。

4. 葡萄酒酵母的制备与添加

葡萄酒生产常用的酵母有天然葡萄酒酵母、扩大培养的葡萄酒酵母（天然及纯种）和活性干酵母。

(1)天然葡萄酒酵母

葡萄果皮和果梗上存在大量的天然酵母菌，葡萄破碎后无须人工添加酵母，天然酵母就会大量繁殖，开始发酵。

(2)扩大培养的葡萄酒酵母

一种是葡萄皮上的天然酵母扩大培养。利用自然发酵方式酿造葡萄酒时，待发酵进入高潮期后，酿酒酵母占压倒性优势，即可作为种母使用。另一种是纯种酵母的扩大培养。从斜面试管菌种到生产使用的酒母，需经过数次扩大培养。

(3)活性干酵母

不能直接投入葡萄浆中进行发酵，需要复水活化或活化后扩大培养才可使用。

5. 发酵

传统的红葡萄酒发酵过程可分为主发酵（前发酵）和后发酵，即葡萄浆带皮进行主发酵，然后进行皮渣分离，分离皮渣后的醪液进行后发酵。

(1)主发酵

指葡萄汁从送入发酵容器（发酵醪占发酵容器容积的 80%）开始至新酒分离为止的整个发酵过程，主要作用是酒精发酵以及浸提色素和芳香物质。发酵温度控制在 25～30 ℃，至皮渣、酵母下沉，汁液澄清，残糖降至 5 g/L 以下，主发酵结束。一般需 4～6 d。

葡萄汁发酵时产生 CO_2，葡萄皮渣密度较小，易浮于表面，形成很厚的“酒盖”（或称“皮盖”）。酒盖与空气接触，容易感染有害菌，需将其压入酒醪中，并使葡萄汁循环，可促使果皮与果核中的色素及芳香物质等成分浸提；加快热量散失，利用控温；抑制杂菌侵染；避免 CO_2 对酵母正常发酵的影响。

(2)压榨

主发酵结束后将皮渣与酒液分离。将自流原酒从排出口放净后，清理出皮渣进行压榨，得压榨酒。自流原酒的成分与压榨酒液相差很大，若酿制高档酒，应将自流酒液单独贮存。

(3)后发酵

发酵的主要目的是使残糖继续发酵；将残留的酵母及其他果肉纤维等悬浮物逐渐沉降，使酒逐渐澄清；进行缓慢的氧化还原作用，促使醇酸的酯化，使风味更完善，起到陈酿的作用；压榨可诱发苹果酸—乳酸发酵，起到降低酸度、改善口味的作用。

酒液加入后发酵容器后，补加 SO_2 30～50 mg/L，品温控制在 18～25 ℃，进行隔氧发酵。后发酵时间一般为 3～5 d，但也可持续 1 个月左右。

6. 贮存

新鲜葡萄汁发酵制得的葡萄酒称为原酒。原酒不具备商品的质量水平，还需要经过一定时间的贮存（或称陈酿）和适当的工艺处理，使酒质逐渐完善，最好达到商品葡萄酒应有的品质。

葡萄酒的贮存容器有橡木桶、水泥池和不锈钢罐。橡木桶是酿造高档红葡萄酒或某些特种酒必不可少的容器，而优质白葡萄酒的贮存最好用不锈钢罐。

贮酒一般在低温下进行，以 8～18 ℃为佳，湿度以饱和状态为宜（85%～90%），室内要有通风设施，保持空气新鲜，并保持室内清洁。不同葡萄酒要求的贮存期不同，一般干白葡萄酒 6～10 个月，白葡萄酒 1～3 年，红葡萄酒 2～4 年。

葡萄酒贮存过程中的处理有换桶与满桶、澄清、冷热处理、过滤等工艺过程。

（1）换桶与满桶

换桶是指葡萄酒贮存过程中，将酒从一个贮桶转入另一个贮桶的操作。换桶的目的是分离酒脚，将澄清的酒和底部酵母、酒石等沉淀分离；通气，使适量溶解氧，促进酵母最终发酵结束；使过量的挥发性物质挥发。换桶的次数取决于葡萄酒的品种及其质量。干红葡萄酒换桶方法如表 8-4。

表 8-4　干红葡萄酒贮存中的换桶操作

次数	换桶时间	换桶操作
第一次	发酵结束后 8～10 d	开放式换桶，使酒与空气接触
第二次	第一次换桶后 1～2 月，即当年的 11～12 月	开放式换桶，使酒与空气接触
第三次	第二次换桶后 3 月，即次年的春季	密闭式操作，避免酒与空气接触

干红葡萄酒贮存期间一般进行三次换桶，第一次换桶时除去大部分酒脚；第二次换桶时采用开放式，让酒接触空气，有利于葡萄酒的成熟，又起匀质作用；第三次换桶则需密闭式操作，避免引起氧化。

满桶也称添桶。贮酒过程中由于气温变化、蒸发以及 CO_2 逸出等原因，出现酒液不满或溢出的现象。为防止葡萄酒接触空气引起氧化，避免杂菌污染，需添加同质量的酒液或排出少量酒液，保持贮酒桶内的葡萄酒装满。添桶操作根据气温等情况而定。一般在第一次换桶后一个月内，每周满桶一次，以后的整个冬季，每两周满桶一次。春季和夏季时，及时从桶中取出少量酒，或安装自动满桶装置。

（2）澄清

葡萄酒可采用下胶净化或离心处理的澄清方法，除去酒中的大部分悬浮物。

①下胶澄清法

指在酒中添加一种有机或无机的不溶性成分，使它与酒液中产生胶体的沉淀物，将酒中的悬浮物质包括有害微生物固定在胶体沉淀上，下沉到容器底部。

下胶材料即澄清剂可分为动物性、植物性和矿物性三类，比较常用的材料有明胶、鱼胶、蛋清、干酪素、单宁、皂土等。

②离心澄清法

在一些大型生产企业，离心澄清法已被普遍使用。高速离心机可使杂质或微生物细胞在很短时间内沉淀下来。

(3)冷、热处理

①冷处理

冷处理主要是使过量的酒石酸盐，残留的蛋白质、死酵母、果胶等沉淀的操作过程。该操作可改善口味，提高稳定性；低温下溶入较多的氧气，加速新酒的陈酿。冷处理通常在－7～－4 ℃的条件下处理5～6 d为宜。不同的酒冷处理的温度不同，一般冷处理的温度高于葡萄酒冰点0.5～1.0 ℃，要求降温迅速。冷处理后，在相同的温度下过滤。

②热处理

热处理起到改善风味，澄清，提高稳定性以及除去酵母、细菌、氧化酶等有害物质的作用。热处理也会对酒的色、香、味产生不利的一面，通常采用先热处理，再冷处理，效果较好。热处理常用的方法是在密闭容器内将葡萄酒间接加热至67 ℃，保持15 min，或70 ℃下保持10 min。

7. 过滤

过滤是葡萄酒生产中常见的澄清方法。要获得清亮透明的葡萄酒，必须将下胶处理或冷热处理后的葡萄酒进行过滤。为了达到理想的效果，一般需要多次过滤。

第一次过滤：在下胶澄清后，采用硅藻土过滤机进行粗滤。

第二次过滤：葡萄酒经冷处理后，在低温下用棉饼过滤机或硅藻土过滤机过滤。

第三次过滤：葡萄酒装瓶前，采用纸板过滤或超滤膜精滤。

(三)白葡萄酒加工工艺

白葡萄酒的加工工艺与红葡萄酒相比，主要区别在原料的选择、果汁的分离及处理、发酵与贮存条件等方面。生产白葡萄酒选用白葡萄或红皮白肉的葡萄，常用的品种有龙眼、雷司令、贵人香、白羽、李将军等。白葡萄酒加工工艺流程见图8-8。

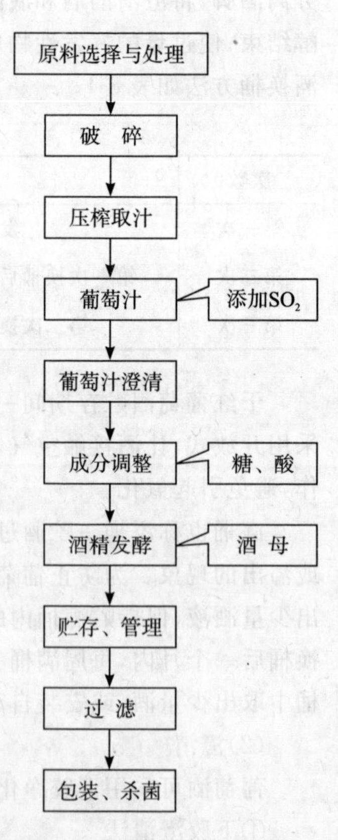

图8-8　白葡萄酒加工工艺流程

1. 破碎与压榨取汁

白葡萄酒与红葡萄酒在发酵原料上有很大的差异，红葡萄酒取葡萄果肉、果皮及果核一起进行发酵，而白葡萄酒只取用葡萄汁进行发酵。原料破碎时不除梗，破碎后立压榨，利用果梗作助滤剂，提高压榨效率。葡萄破碎后经淋汁，取得自流汁，再经压榨取得压榨汁。自流汁与压榨汁品质不同，应分别存放。

现代葡萄酒厂在酿制白葡萄酒时使用果汁分离机分离果

汁，将葡萄除梗破碎，果浆流入果汁分离机进行果汁分离。此法效率较高，缩短与空气接触的时间，减少氧化。红皮白肉的葡萄酿制白葡萄酒时，只取自流汁。

2. 澄清

葡萄汁需澄清后再进行发酵。澄清的目的是尽量减少果汁中的杂质，避免杂质发酵产生异杂味。葡萄汁澄清方法有SO_2澄清法、果胶酶法、皂土法与离心法等。

3. 白葡萄酒的发酵

葡萄汁澄清后，根据具体情况决定是否进行改良，之后再进行发酵。白葡萄酒的发酵多使用人工培养的优良酵母或固体活性酵母，在密闭式容器中低温发酵。发酵分为主发酵和后发酵两个阶段。白葡萄酒的主发酵温度以16～22 ℃为宜，发酵期15 d左右。残糖降至5 g/L，即转为后发酵。后发酵的温度不超过15 ℃，发酵期为一个月左右，残糖缓慢降至2 g/L。

4. 贮存

白葡萄酒贮存过程中的处理方法与红葡萄酒相近，也包括换桶、满酒、澄清、冷热处理，只是个别工艺条件或操作方法有差异。干白葡萄酒换桶时必须采取密闭的方式，以防止氧化褐变，甚至产生氧化味、氧气外观和风味的不良变化。

(四)桃红葡萄酒加工工艺

桃红葡萄酒的色泽和风味介于红葡萄酒和白葡萄酒之间，它的生产工艺既不同于红葡萄酒又不同于白葡萄酒。目前桃红葡萄酒生产方法主要有桃红色葡萄带皮发酵法、红葡萄与白葡萄混合发酵法、冷浸法、CO_2浸出法和直接调配法。直接调配法是先分别酿造红葡萄原酒和白葡萄原酒，再将二者按一定比例调配。

三、白兰地

白兰地是一种以水果为原料酿制而成的蒸馏酒。通常所说的白兰地，是指以葡萄为原料，经发酵、蒸馏、橡木桶贮存、配制生产而成的蒸馏酒。以其他水果酿成的白兰地，应以原料水果的名称命名，如樱桃白兰地、李子白兰地等。

用来蒸馏白兰地的葡萄酒叫作“白兰地原料葡萄酒”，简称“白兰地原料酒”。由白兰地原料葡萄酒蒸馏所得的葡萄酒简称为“原白兰地”。原白兰地必须经过橡木桶的长期陈酿，调配勾兑，才能成为成品白兰地。

白兰地按生产方法的不同可分为三种类型，即葡萄原汁白兰地、葡萄皮渣白兰地和葡萄酒泥白兰地。葡萄原汁白兰地是指用葡萄的自流汁或压榨汁，发酵成原汁葡萄酒，而后蒸馏成原白兰地，陈酿后成为品质最好的白兰地。用发酵后的葡萄皮渣蒸馏成的白兰地叫葡萄皮渣白兰地。用葡萄酒泥蒸馏成的白兰地，叫作葡萄酒泥白兰地。葡萄皮渣白兰地和葡萄酒泥白兰地质量较差。葡萄皮渣白兰地甲醇含量较高，不可直接饮用，可少量掺入无甲醇酒精里，用于生产配制白兰地。葡萄酒泥白兰地里含有大量白兰地油，香味太重，也不适宜直接饮用，只能用于生产配制白兰地。

(一)酿酒葡萄品种

用于酿造白兰地的葡萄应具有以下特点：糖度较低；酸度较高；具有弱香或中性香，品种香不太突出;高产抗病,品种色为白色或蔷薇色。如白玉霓、白福儿、鸽笼白等。目前我国适合酿造白兰地的品种有红玫瑰、白羽、龙眼、佳丽酿、白雅等。

(二)白兰地的生产工艺

白兰地生产工艺流程见图 8-9。

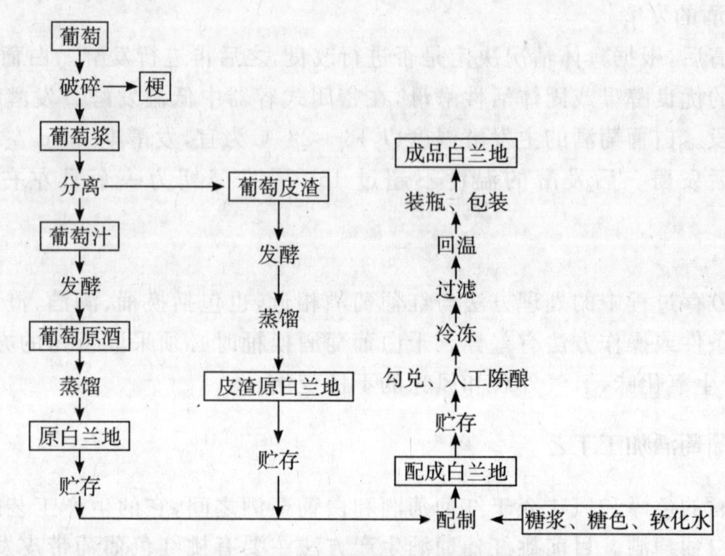

图 8-9　白兰地生产工艺流程

1. 白兰地原料酒的酿造

用来蒸馏白兰地的葡萄酒叫作白兰地原料酒。其生产工艺与传统法生产白葡萄酒的工艺相似,但在加工过程中禁止使用 SO_2,因使用 SO_2 时蒸馏出来的原白兰地带有硫化氢、硫醇类物臭味,并腐蚀蒸馏设备。

白兰地原料酒采用自流汁发酵,它应含有较高的滴定酸度,以保证发酵能顺利进行,也能保证在贮酒过程中酒不易变质。发酵温度控制在 30～32 ℃,时间 4～5 d。当发酵完全停止时,残糖已达到 0.3%以下,挥发酸在 0.05%以下,即可进行蒸馏。

2. 蒸馏

白兰地酒中的芳香物质主要是通过蒸馏而获得的。白兰地虽然是一种蒸馏酒,但它与酒精不同,不像蒸馏酒精那样要求很高的纯度,而是要求蒸馏得到原白兰地含酒精在62%～70%(V/V)范围内,保持适当量的挥发性混合物,以奠定白兰地芳香的物质基础。

目前在白兰地生产中,普遍采用的蒸馏设备是夏朗德式蒸馏锅,需要进行两次蒸馏,第一次蒸馏白兰地原料酒得到粗馏原白兰地,然后将粗馏原白兰地进行重蒸馏,掐去酒头和酒尾,取中馏分,即为原白兰地。

3. 原白兰地的贮存

原白兰地需要在橡木桶里经过多年的贮存陈酿,才能使质量达到完美的程度,成为名贵的陈酿佳酒。原白兰地在贮存过程中的变化主要包括化学变化、物理变化、物理化学变化,以及对橡木成分的萃取作用。

原白兰地在橡木桶中贮存前是无色的,在贮存过程中,橡木桶中单宁、色素等物质溶入

其中，白兰地的颜色逐渐变为金黄色。贮存时空气渗过木桶进入酒中，引起一系列缓慢的氧化作用，使酸及酯含量增加，产生强烈的清香。贮存时间长，由于蒸发作用，导致白兰地酒精含量降低。

白兰地陈酿时间和温度有关，贮存温度高(25～30 ℃)时，第二年就能变成金黄色，温度低时则需要几年甚至几十年。

4. 勾兑和调配

在生产中单靠白兰地长期在橡木桶里贮藏是不现实的，这样除了会延长生产周期，还会导致质量不稳定。在白兰地生产中，勾兑和调配是必需的，是得到高质量白兰地的关键所在。

不同产地生产白兰地的工艺不同，贮藏方法也就不同。一种是原白兰地经过几年的贮存后，基本成熟，经过勾兑、调配，再经橡木桶短时间贮存，然后把不同酒龄、不同桶号的白兰地进行勾兑，经过加工处理即可装瓶出厂。第二种是将原白兰地进行短时间贮藏，勾兑调配后在橡木桶里贮藏多年，再经勾兑和加工后装瓶出厂。

(1)勾兑

原白兰地勾兑方法有：

①不同品种原白兰地勾兑。不同品种的葡萄生产的原白兰地质量是不同的，可通过勾兑使它们取长补短，提高白兰地的质量。勾兑时也可使用不同质量的原白兰地，如使用葡萄原汁和葡萄皮渣蒸馏的原白兰地进行勾兑。

②不同桶藏原白兰地勾兑。由于新旧橡木桶对陈酿的效果不同，可以将新桶和老桶贮藏的白兰地按适当比例勾兑，使白兰地的口味恰到好处。容量不同的橡木桶，由于原白兰地与桶内表面接触的比例不同，陈酿速度也不同，对二者进行勾兑有利于保持白兰地质量稳定。

③不同酒龄原白兰地勾兑。原白兰地酒龄不同，质量也就不同，一般酒龄越长，质量越好。

(2)调配

除了勾兑外还可以通过调配来改良白兰地的风味和色泽。所谓白兰地的调配就是对陈酿、经过勾兑的白兰地，在出厂前进行色、香、味的微调整，并进行澄清和稳定处理，保证市售白兰地的质量稳定一致。如橡木刨花浸剂可补偿木质香；配制型的白兰地以中性蜜糖酒精为主体，勾兑一定比例的葡萄酒精、葡萄皮渣酒精或酒泥酒精，完全靠调香配制成白兰地。为了使白兰地口味绵软醇和，可以在白兰地中调入一定量的糖浆或甘油。白兰地着色速度与橡木桶的新老、大小有关，为了保持颜色一致，可加入焦糖色进行调配。

5. 贮藏、勾兑、人工老熟

经勾兑、调配的配成白兰地需要再贮藏一定时间，之后再进行勾兑，若有需要可再进行调配。然后根据需要判断是否进行人工老熟，即利用物理、化学的方法处理，促进陈酿的速度。

6. 冷冻、过滤、回温、装瓶

白兰地装瓶前进行冷冻处理可使不稳定的成分沉淀，提高稳定性；另外，低温下溶氧量增高，加速白兰地的氧化过程，改善风味。冷冻一段时间后趁冷过滤，避免沉淀物溶解。然后回温，至室温后即可装瓶。

四、香槟酒

起泡葡萄酒是一种含 CO_2 的葡萄酒，以葡萄酒为基础，CO_2 可以由加糖发酵法产生或人工压入，其含量在 0.3 MPa 以上(20 ℃)。

香槟酒是起泡酒的一种，起源于法国，因产于法国香槟地区而得名。法国政府酒法规定，只有香槟地区按独特工艺酿造的含 CO_2 的白葡萄酒才能称香槟酒。

起泡酒生产工艺有瓶式发酵和罐式发酵，传统的香槟生产工艺采用的是瓶式发酵法。

(一)原料白葡萄酒的生产

酿制香槟酒的原料白葡萄酒的生产工艺与一般白葡萄酒基本相同。因香槟酒色淡，一般葡萄破碎后只使用自流汁发酵。在葡萄破碎时要添加一定量的 SO_2，防止破碎的葡萄浆与空气接触而发生氧化。

葡萄汁澄清后接入优良的香槟酵母，在 15 ℃下低温发酵。发酵周期约 15 d，发酵完的葡萄酒酒精含量在 10%～12%。原酒需经与一般葡萄酒一样的稳定性处理与贮存。

(二)传统香槟酒生产工艺

传统香槟酒生产工艺流程见图 8-10。

1. 糖浆

蔗糖溶于酒中，按发酵生产 CO_2 的需要量添加到澄清酒液中。

2. 酵母

采用凝聚效果好的低温香槟酵母。

3. 瓶内二次发酵

加入糖浆的酒液经均质后装入酒瓶，接入 5% 酵母培养液，在 10～15 ℃下发酵。瓶子要水平堆放，避免瓶塞干而漏气。

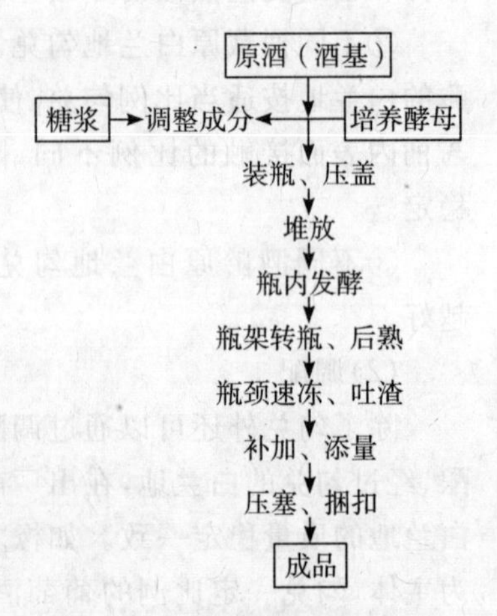

图 8-10 传统香槟酒生产工艺

4. 倒堆、瓶架转瓶和后熟

(1)倒堆

主发酵后，要进行一次倒堆。就是将瓶子倒置，用手将瓶子用力晃动一下，使沉淀于瓶底的酵母重新浮悬于酒液中，继续消耗仅有的一点残糖。对于有些澄清困难的酒，在晃动过程中，所有沉淀都会浮悬于酒液中，使酒石酸盐下沉时结合成大颗粒，便于沉降。原来分散的蛋白质分子和其他杂物通过摇晃，起到酒下胶的作用，有利于酒的澄清。

(2)瓶架转瓶和后熟

当堆放发酵结束后，CO_2 量达到所规定的标准，此时酒要放在一个特别的酒架上后熟，其目的是将酒中的酵母泥和其杂物集中沉淀于瓶口处，以便除去。酒瓶垂直倒立在特制的木架上，每天人工转瓶，使所有粘在瓶壁上的沉淀物能脱离开来，全部凝集。在此过程中沉淀集中在瓶颈，酒自然澄清，并伴随着酯化反应和复杂的生化反应，最终使酒的滋味丰满、醇

和、细腻。

5. 瓶颈速冻与吐渣

(1)从酒架上取下酒瓶,以垂直状态进入低温操作室,置瓶颈于速冻机上。

(2)瓶颈倒立于−24～−22 ℃的冰液中,浸渍高度可以根据瓶颈内聚集沉淀物的多少而调节,使瓶内沉积物和部分酒冻成冰塞状。

(3)将瓶子握成45°斜角,瓶口上部插入一开口特殊的铜瓶套中,迅速开塞,利用瓶内CO_2的压力将瓶塞顶出,冰塞状沉淀物随之排出。

(4)随后迅速将瓶口插入补料机上,补充喷出损失的酒液,一般补量为30 mL左右(3%的量),以同类原酒补加。

整个过程要在低温室中操作(5 ℃左右),CO_2损失一般在0～0.01 MPa。

6. 调整成分与封盖

补料时,按照生产类型和产品标准,在添料机贮酒罐中,加上一些糖浆、白兰地、防腐剂来调整产品的成分。如果生产干型起泡酒可用同批号原酒或同批号起泡酒补充,生产半干、半甜、甜型起泡酒可用同类原酒配制的糖浆补充,若要提高起泡酒的酒精含量,可以补加白兰地。从酒瓶瓶颈速冻开塞到添料机添料,应该在很短时间内完成,然后迅速压盖或加软木塞,捆上铁丝扣。

第三节　其他发酵食品加工技术

一、白酒

白酒是用谷物、薯类或糖分等为原料,经糖化发酵、蒸馏、陈酿和勾兑制成的酒精浓度大于20%(V/V)的一种蒸馏酒,澄清透明,具有独特的风味。我国白酒生产历史悠久,工艺独特,与国外的白兰地、威士忌、伏特加、朗姆酒和金酒并列为世界六大蒸馏酒,我国许多名白酒在国际上享有盛誉。

(一)白酒的种类

1. 白酒的命名

我国的白酒品种繁多,有的按产地命名,如茅台酒(产于贵州仁怀市茅台镇)、汾酒(产于山西汾阳县)、西凤酒(产于陕西凤翔县)等;也有的按原料命名,如高粱酒、薯干酒和五粮液(用高粱、玉米、小麦、大米和糯米五种粮食酿制而成)等。

2. 白酒的分类

白酒有多种分类方法。如按生产中所用的糖化发酵剂不同,分为大曲白酒、小曲白酒、麸曲白酒等;按香型不同分为浓香型白酒(又称泸香型白酒,以泸州老窖为代表)、酱香型白酒(又称茅香型白酒,以茅台酒为代表)、清香型白酒(也称汾香型白酒,以汾酒为代表)、米香型白酒(也称蜜香型白酒,以广西桂林三花酒为代表)等;按酒度高低分为高度白酒(酒度

41°～65°)和低度白酒(40°以下)两类。

(二)大曲白酒生产工艺

大曲白酒主要以高粱为原料,大曲为糖化发酵剂,经固态发酵、蒸馏、储存(陈酿)和勾兑而制成。它是中国蒸馏酒的代表,产量约占白酒的20%。我国的名优白酒绝大多数都是大曲白酒。

大曲是以小麦或大麦或豌豆等为原料,经破碎、加水拌料、压成砖块状的曲坯后,再在人工控制的温度和湿度下培养、风干而制成。大曲中的微生物非常复杂,种类繁多,并随制曲工艺不同而异。总的来说有霉菌、酵母菌和细菌三大类。

大曲白酒生产采用固态配醅发酵工艺,是一种典型的边糖化边发酵(俗称双边发酵)工艺,大曲既是糖化剂又是发酵剂,并采用固态蒸馏的工艺。

大曲白酒生产方法有续渣法和清渣法两类。续渣法是大曲酒和鼓曲酒生产中应用最为广泛的酿造方法,是将粉碎后的生原料(称为渣子)与酒醅(或称母糟)混合后在甑桶内同时进行盖料和蒸酒(称为混烧),凉冷后加入大曲继续发酵,如此不断反复。浓香型白酒和酱香型白酒生产均采用此法。清渣法是将原辅料单独清蒸后不配酒醅进行清渣发酵,成熟的酒醅单独蒸酒。清香型白酒的生产主要采用此工艺。下面简单介绍浓香型白酒的生产工艺。

浓香型大曲白酒的生产工艺流程见图8-11。

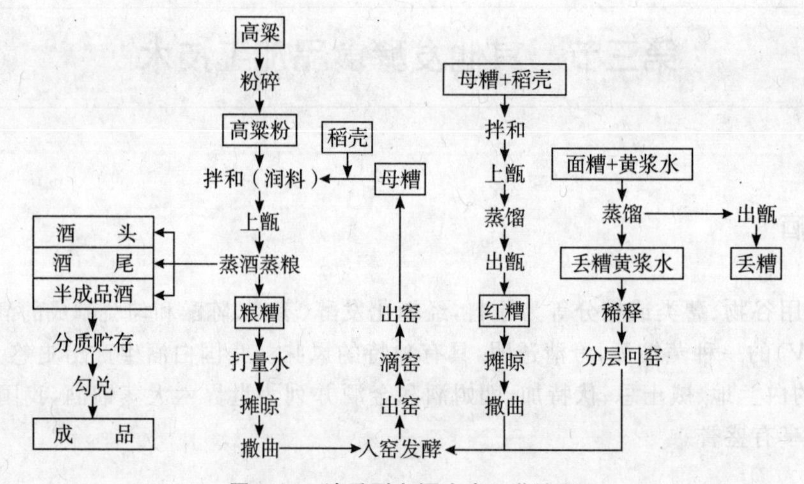

图8-11　浓香型白酒生产工艺流程

1. 原料及预处理

主要原料是优质糯种高粱,拌料前进行粉碎(不需粉碎过细)。新鲜稻壳用作填充剂和疏松剂,要求将稻壳清蒸20～30 min。大曲使用前磨成细粉,水必须优质。

2. 配料、拌和

高粱粉、酒醅和稻壳按适当比例混合。一般高粱∶酒醅=1∶(4～5),稻壳占粮量20%～22%。配料时要以甑容、窖容为依据,同时根据季节变化适当调整。

3. 蒸酒蒸粮

拌料后约经1 h的润湿作用,然后边进气边装瓶。装瓶要求周边高中低,装甑时间40～50 min。如装瓶太快,料醅会相对压得实,高沸点香味成分蒸馏出来就少;如装甑时间过长,

则低沸点香味成分损失会增多。蒸酒蒸粮时要掌握好蒸汽压力、流酒温度和速度。一般要求蒸酒温度 25 ℃左右(不超过 30 ℃),流酒时间(从流酒到摘酒)为 15～20 min。流酒温度过低,会让乙醛等低沸点杂质过多地进入酒内;流酒温度过高,会增加酒精和香气成分的挥发损失。接酒时注意去头去尾,先后流出的不同质量的酒应分开接取,分开储存。断尾(蒸酒结束)后,应加大火力蒸粮,以达到促进淀粉糊化和降低酸度的目的。蒸酒蒸粮时间,从流酒到出甑为 60～70 min。

此外,需另蒸面糟和红糟。面糟(指酒窖上层的那部分糟,又称回糟)与黄浆水一块蒸,蒸得的丢糟黄浆水酒稀释到 20%(*V/V*)左右,泼回窖内重新发酵,可以抑制酒醅内产酸细菌的生长,促进醇酸酯化,加强产香。红糟蒸酒后,一般不打量水,只需扬冷加曲,拌匀入窖再发酵,作为封窖的面糟。

4. 打量水、撒曲

粮糟出甑后,堆在甑边,立即泼加 85 ℃以上的热水,称为"打量水",以增加粮醅水分含量,并促进淀粉颗粒糊化,达到使粮醅充分吸水保浆的目的。水温不应低于 80 ℃,温度过低淀粉颗粒难以将水分吸入内部。量水量视季节不同而异,一般每 100 kg 粮粉打量水 80～90 kg,这样便可达到粮糟入窖水分 53%～57%的要求。

经打量水的醅摊凉后,加入大曲粉。每 100 kg 粮糟下曲 18～22 g,每甑红糟下曲 6～7.5 kg,随气温冷热有所增减。

5. 入窖发酵

泥窖是续渣法大曲酒生产的糖化发酵设备。窖越老,有益微生物及其代谢产物越多,产品质量也随之提高。新建发酵窖时,常用老窖泥或老窖酒醅中流出的"黄水"接种。粮糟入窖时应控制好淀粉含量、用曲量、水分、温度和酸度等条件,具体见表 8-5。

每装完两甑应进行一次踩窖,使松紧适中,减少窖中空气,抑制好气性细菌的繁殖,形成缓慢的正常发酵。浓香型的名酒厂常采用回酒发酵,即从每甑取 4～5 kg 酒尾,冲淡至 20 度左右,均匀地洒回到醅子上。装完面糟后,应用踩揉的窖皮泥(优质黄泥与老窖皮泥混合踩揉熟而成)封于窖顶,封窖后应定时检查窖温,冬季应加盖稻草保温。传统发酵周期一般 40～50 d,但现在普遍延长为 60 d,也有 70～90 d 的。

表 8-5　浓香型大曲酒醅入窖条件

条件＼季节	冬季	夏季	春季和秋季
入窖温度(℃)	16～17(南方) 18～20(北方)	能低则低	13～14
入窖酸度(°)	1.3～1.7	<2.0	1.7～1.9
入窖淀粉(%)	17～18	14～15	15～16
入窖水分(%)	53～55	54～57	54～56
用曲量(%)	20～22	19～20	19～21

6. 储酒与勾兑

刚蒸馏出来的酒只是半成品,具有辛辣味和冲味,必须经过一定时间的储存,在生产工艺上称此为白酒的"老熟"或"陈酿"。名酒规定储存期一般为 3 年,一般大曲酒也应储存半年以上。成品酒在出厂前还须经过精心勾兑，加入一定的"特制调味酒"，主要是调节酒中的醇、香、甜、回味等，使之达到某等级酒的要求。此外，还可以采用先勾兑后储存方法。

(三)小曲白酒生产工艺

小曲白酒是以大米、高粱、玉米等为原料，小曲为糖化发酵剂，采用固态或半固态发酵，再经蒸馏并勾兑而成，是我国主要的蒸馏酒品种之一，尤其在我国南部、西部地区较为普遍。桂林三花酒、广西湘山酒、广东长乐烧、广东豉味玉冰烧酒等都是著名的小曲酒。

1. 小曲

小曲也称酒药、白药、酒饼等，是用米粉或米糠为原料，添加或不添加中草药，自然培养或接种曲母，或接种纯粹根霉和酵母，然后培养而成。

小曲的种类和名称很多。按主要原料分为粮曲(全部为米粉)和糠曲(全部或多量为米糠)；按是否添加中草药可分为药小曲和无药白曲；按用途可分为甜酒曲与白酒曲；按形状分为酒曲丸、酒曲饼及散曲等；按产地分为汕头糠曲、桂林酒曲丸、厦门白曲、绍兴酒药等。另外还有用纯种根霉和酵母制造的纯种无药小曲、纯种根霉麸皮散曲、浓缩甜酒药等。

纯种培养制成的小曲中主要微生物是根霉和酵母。自然培养制成的小曲微生物种类比较复杂，主要有包括根霉在内的霉菌、酵母菌和细菌三大类群。根霉中含有丰富的淀粉酶(包括液化型和糖化型淀粉酶)及酒化酶等酶系，能边糖化边发酵。

2. 小曲白酒生产工艺

小曲白酒发酵方法有固态发酵法和半固态发酵法，后者又可分为先培菌糖化后发酵和边糖化边发酵两种典型的传统工艺。下面简单介绍这两种传统工艺。

(1)先培菌糖化后发酵工艺

此工艺特点是采用药小曲为糖化发酵剂，前期固态培菌糖化，后期半固态发酵，再经蒸馏、陈酿和勾兑而成。广西桂林三花酒是这种生产工艺的典型代表。工艺流程如下。

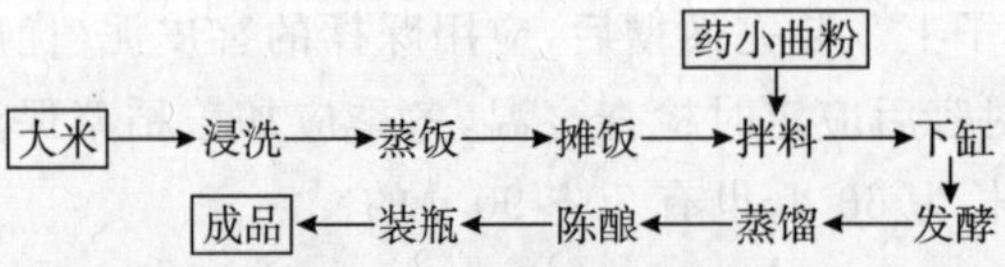

药小曲粉 ↓
大米 → 浸洗 → 蒸饭 → 摊饭 → 拌料 → 下缸
↓
成品 ← 装瓶 ← 陈酿 ← 蒸馏 ← 发酵

①蒸饭、摊凉、拌料

大米浸泡后，蒸熟成饭，此时含水量 62%～63%，摊冷至 36～37 ℃，加入原料量 0.8%～1%的药小曲粉。

②下缸

拌料均匀后入缸发酵，每缸 15～20 kg(以原料计)，饭厚 10～13 cm，中央挖一空洞，使其有足够的空气进行培菌和糖化。待品温降至 30～32 ℃时加盖，使其进行培菌糖化，经 20～22 h，品温达 37～39 ℃为宜。糖化时间 24 h 左右，糖化率达 70%～80%即可加水使之进入发酵。

③发酵

加水进行发酵，加水量为原料量的 120%～125%，此时醅料含糖量应为 9%～10%，总酸含量 0.7 以下，酒精含量 2%～3%(V/V)。在 36 ℃左右发酵 6～7 d，残糖接近零，酒精含量为 11%～12%(V/V)，总酸在 1.5 以下，则发酵结束，之后进行蒸馏。

④蒸馏、陈酿

蒸馏所得的酒应进行品尝和检验，色、香、味及理化指标合格者，入库陈酿。陈酿期 1 年以上，最后勾兑装瓶即为成品。

(2)边糖化边发酵工艺

边糖化边发酵的半固态发酵法，是我国南方各省酿制米酒和豉味玉冰烧酒的传统工艺。工艺流程如下：

①蒸饭、摊凉

将大米洗清，蒸熟，摊凉至 35 ℃(夏季)，冬季为 40 ℃。

②拌料

按原料量加 18%～22%酒曲饼粉，拌匀后入埕(酒瓮)发酵。

③入埕发酵

装埕时先给每只埕加清水 6.5～7.0 kg、饭 5 kg，封口后入发酵房。室温控制在 26～30 ℃，品温控制 30 ℃以下。发酵期夏季为 15 d，冬季为 20 d。

④蒸馏

发酵结束后进行蒸馏，截去酒头酒尾。

⑤陈酿

蒸馏酒装入坛内，每坛 20 kg，并加肥猪肉 2 kg，陈酿 3 个月，使脂肪缓慢溶解，吸附杂质，并起酯化作用，提高老熟度，使酒香醇可口，同时具有独特的豉味。

⑥压滤、包装

将酒倒入大池沉淀 20 d 以上，坛内肥肉供下次陈酿。经沉淀后进行勾兑，除去油质和沉淀物，将酒液压滤、包装，即为成品。

二、酱油

世界上的酱油，以原料不同大致可分为三类：一般酱油以粮食为原料，经制曲、发酵而成；广义上的酱油也包括鱼露，又名虾油或鱼酱油，以小杂鱼、虾为原料，经盐腌发酵而成；化学酱油则利用蛋白质为原料，由食用级的稀盐酸水解而成。

酱油以色泽不同可分为浓色、淡(白)色等；以形态不同，可分为液态酱油、固态酱油及半固态酱油等。各种酱油有其不同的用途，如白酱油适用于汤菜及作馄饨的汤料或制凉菜；红酱油用于烧肉溜菜上色；辣酱油通常用于西餐或煎鱼、烧排骨等；忌盐酱油专供肾脏病及某些忌盐病患者食用。

(一)酱油的营养成分

酱油营养成分丰富，中国生产的酿造酱油每 100 mL 中含有可溶性蛋白质、多肽、氨基酸达 7.5～10 g，含糖分 2 g 以上。此外，还含有较丰富的维生素、磷脂、有机酸以及钙、磷、铁等无机盐。可谓是咸、酸、鲜，甜、苦五味调和，色、香俱备的调味佳品。

(二)酱油发酵的方法

酱油的生产方法主要以发酵工艺的类型来区分。酱油发酵工艺的种类很多，将成曲加入多量盐水，使呈浓稠的半流动状态的混合物称为酱醪；将成曲拌加少量盐水，使呈不流动状态的混合物，称为酱醅。根据醪及醅状态的不同可分为稀醪发酵、固稀发酵、固态发酵。根据加盐多少的不同又可分为有盐发酵、低盐发酵、无盐发酵，根据发酵加温状况又有日晒夜露发酵（自然发酵）及保温速酿发酵之分。上述几种发酵方式各有优点，成品酱油风味上有所不同。

1. 稀醪发酵

稀醪发酵是指豆麦制曲后，在成曲内一次性加入相当成品重量约 250% 的盐水（相对密度 1.1413～1.1597，即 18～20 °Bé），使成酱醪而进行发酵的方法。一般有自然发酵和保温发酵两种。自然发酵生产周期长，最快也要半年以上，保温发酵可使发酵时间缩短为两个月。稀醪发酵的特点是酱醪稀薄，便于保温、搅拌和输送，适合于机械化生产，而且酱油滋味鲜美，酱香和醋香浓厚，色泽较淡。但生产周期长，设备利用率低，压榨工序繁杂，劳动强度高。

2. 固稀发酵

所谓固稀发酵，即先固态后稀醪发酵，而且蛋白质原料与淀粉质原料分开制曲，高低温分开制醅及制醪发酵。一般固态发酵温度保持在 40～50 ℃，然后再加一定量的盐水进行稀醪发酵，温度保持在 30～40 ℃。其特点是吸取了两种发酵方法的优点，先固可促使蛋白质及淀粉先分解，后稀可便于保温，促进醇类、酸类及酯类的发酵合成，产品风味浓郁、醇厚。但生产工艺复杂，劳动强度大。

3. 固态发酵

也叫干发酵，可分为固态无盐发酵和固态低盐发酵。固态低盐发酵是在成曲中拌入少量盐水进行保温发酵。其特点是操作方便，不需要特殊设备，生产周期大约 15 d。成品色泽浓润，滋味鲜美，后味浓厚。

固态无盐发酵法排除了食盐对酶活力的抑制作用，生产周期较短，仅 56～72 h，设备利用率较高。且采用浸出法代替压榨，节省压榨设备。但是由于采用高温发酵，成品酱油风味较差，缺乏酱香气；生产过程中的温度和卫生条件要求较高。

在我国，以低盐固态发酵法最为常用。

（三）酱油酿造工艺

酱油酿造工艺流程如图 8-12 所示。

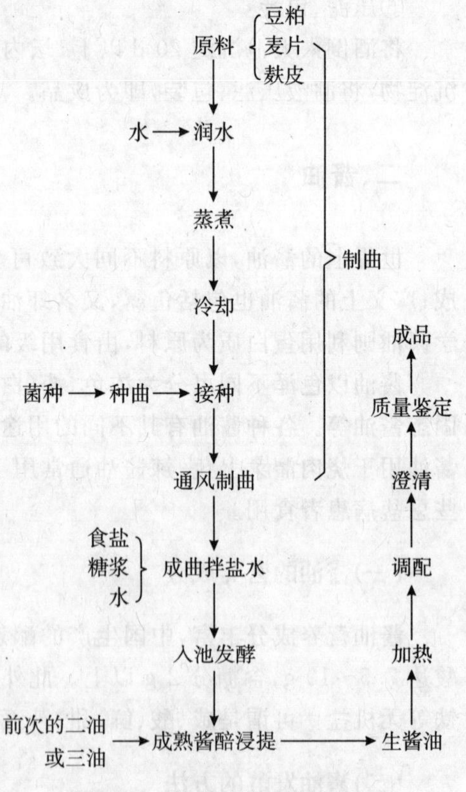

图 8-12　酱油酿造工艺流程

1. 原料

酿造酱油的原料一般包括：蛋白质原料，一般以大豆为主，生产上常使用提油后的饼粕为主要原料；淀粉原料，如麸皮、小麦、碎米等；食盐；水。

将大豆、麸皮等原料粉碎、混合，再进行润水，使原料充足吸收水分，然后进行蒸料。蒸料的目的主要是使原料中的蛋白质适度变性，有利

于米曲霉在制曲过程中旺盛生长和米曲霉中蛋白酶水解蛋白质。蒸料也可使物料中的淀粉糊化成可溶性淀粉和糖分，成为容易为酶作用的状态。此外，还可以通过加热蒸煮杀灭附在原料表面的微生物，以利于米曲霉的正常生长和发育。

2. 制曲

制曲是酱油加工中的关键环节，制曲工艺直接影响着酱油质量。“曲”包括种曲和成曲。

①种曲培养

种曲是米曲霉接种在适合的培养基上，30 ℃下培养而来的，待全部长满黄绿色孢子后即可使用。

②成曲培养

原料蒸熟出锅后，打碎并冷却至 40 ℃左右，按 0.3%量接入种曲。曲料接种后移入曲池培养，装池时使料层疏松、厚薄均匀，品温控制在 35 ℃，品温过高则立即通风降温。22～26 h后曲已着生淡黄绿色孢子，即可出曲。

3. 发酵

酱油发酵方法有多种，固态低盐发酵法是较为常用的一种，以下介绍此法的具体操作。

(1)制醅

在固态低盐发酵中，酱醅的水分含量以 52%～55%为宜，含盐量在 7%左右。配制一定量糖浆和盐水并加热至 50～55 ℃，将成曲通过制醅机与部分糖浆、盐水混合，送入发酵池内。剩余部分糖浆、盐水浇于料面，待全部吸入料内，面层加盖聚乙烯薄膜，四周加盐将薄膜压紧，并在指定地点插入温度计。地面加盖。

(2)发酵

固态低盐发酵可分为前期水解阶段和后期发酵阶段。

①前期

主要是曲料中的蛋白质和淀粉在酶的作用下被水解。因此，前期应把品温控制在蛋白酶作用的最适温度 42～45 ℃，一般需要 10 d 左右才能基本完成水解。曲料入池后的第 2 天开始进行浇淋，每天 1～2 次，以后可减少至 3～4 d 一次。浇淋是用泵把渗流在发酵池假底下的酱汁抽取回浇于酱醅面层，使之均匀地透过酱醅下渗，以增加酶与底物的接触，促进底物的分解，同时也起到调节品温的作用。

②后期发酵阶段

主要通过耐盐乳酸菌和酵母菌的发酵作用形成酱油的风味。当进入后发酵阶段时，应补加适量的浓盐水，使酱醅含盐量达到 15%左右，并使醅温下降至 30～32 ℃。此时，可将酵母菌培养液和乳酸菌培养液浇淋于酱醅上，直至酱醅成熟。在此期间，进行数次酱汁浇淋。此阶段一般需 14～20 d。

4. 浸出

浸出是酱醅成熟后利用浸泡和过滤方法将有效成分从酱醅中分离出来的过程。操作方法：

(1)将上批生产的 5 倍豆饼原料量的二油加热至 70～80 ℃，注入成熟酱醅中，加盖，保持 55 ℃以上品温浸泡 20 h，过滤放出头油(避免头油放得过干，酱渣紧缩，影响第 2 次滤油)，余渣称为头渣。

(2)向头渣中注入 80～85 ℃的三油，浸泡 8～12 h，滤出的是二油，余渣为二渣。

(3)用热水浸泡二渣 2 h 左右，滤出三油，三油用于下批浸泡头渣提取二油，余渣称为残渣。

残渣可用作饲料。清除池中残渣，池经清洗后可再装料生产。头油用以配制成品，二油、三油则用于循环浸醅淋油提油。

5. 加热及配制

从酱醅中淋出的头油称生酱油，还需经过加热及配制等工序才能成为酱油成品。生酱油加热至 65～70 ℃，持续 30 min 或采用 80 ℃连续灭菌，可杀灭产膜酵母、大肠杆菌等有害菌，使悬浮物和杂质与少量凝固性蛋白质凝结发生沉淀，从而澄清酱油，并具有调和香气、增加色泽的作用。

酱油配制要求符合部颁标准，可以添加防腐剂、甜味料、酱色、助鲜剂、酱香等添加剂。常用的防腐剂有苯甲酸钠、山梨酸、维生素 K 等。常用的甜味料有砂糖、饴糖、甘草汁等。常用的助鲜剂有味精、5′-鸟苷酸钠、5′-肌苷酸钠等。

三、食醋

食醋是一种营养丰富的调味品，不仅具有酸味，而且含有香气和鲜味，除用作调料外，在医学上也有一定的应用价值。

食醋的种类很多，通常以原料不同可分为粮谷醋、酒醋、酒精醋、糖醋、果醋和再制醋。其中，粮谷醋以各种谷类或薯类为主要原料；酒醋则由白酒等蒸馏酒、果酒、酒精等原料氧化而成；糖醋可由饴糖、糖渣、甜菜废丝及废糖蜜等酿制而成；再制醋则是在冰醋酸或醋酸的稀释液里添加糖类、酸味剂、调味剂、食盐、香辛料、食用色素、酿造醋等。根据酿造用曲不同，可分为大曲醋、小曲醋、麸曲醋。根据发酵工艺不同，可分为固态发酵醋、液态发酵醋、固稀发酵醋。

我国人民自古以来就有酿醋的传统，采用不同的原辅料、菌种及发酵方法，形成了许多不同风格的名醋，如山西陈醋、镇江香醋、四川麸醋、浙江玫瑰醋、福建红曲醋和东北白醋等。

(一)食醋酿造用微生物

传统工艺酿醋是利用自然界中野生菌制曲、发酵，涉及的微生物有霉菌属的曲霉、根霉、犁头霉、毛霉，酵母菌属的假丝酵母、汉逊氏酵母，以及醋酸菌、乳酸菌、产气杆菌、芽孢杆菌等。新法酿醋采用的是经人工选育的纯培养菌株，与传统工艺酿醋相比，新法酿醋周期短，原料利用率高，主要使用的微生物有曲霉、酵母菌和醋酸菌。其中曲霉能使淀粉水解成糖，使蛋白质水解成氨基酸，酵母菌能使糖转变为酒精，醋酸菌能使酒精氧化成醋酸。

(二)食醋生产中的生化变化

1. 生化作用

食醋生产是一个复杂的生化过程，第一步是在酶的作用下糊化淀粉转化为可发酵性糖，即糖化作用；第二步是酵母菌在厌氧条件下将发酵性糖转化成酒精、CO_2及甘油、高级醇、有机酸等副产物；最后酒精在醋酸菌氧化酶的作用下生成醋酸。

2. 食醋色、香、味、体的形成

(1)色

食醋的色素来源于原料本身的色素，原料预处理时发生化学反应所产生的有色物质，发酵过程中化学反应、酶反应所生成的色素，微生物的有色代谢产物，熏醅时产生的焦糖色素以及进行配制时人工添加的色素。其中酿醋过程中发生的美拉德反应是形成食醋色素的主要途径。

(2)香

食醋的香气成分主要来源于食醋酿造过程中产生的酯类、醇类、醛类、酚类等物质。有的食醋还添加桂皮、芝麻、陈皮、茴香等香辛料来增香。

(3)味

食醋的酸味主体是醋酸，是挥发性酸，酸味强，有刺激气味。此外还含有一定量的琥珀酸、苹果酸、柠檬酸、葡萄糖酸、乳酸等不挥发性有机酸，使食醋的酸味柔和。食醋中残存的糖类和甘油、二酮等代谢副产物赋予食醋甜味。食盐与食醋其他风味缓冲，赋予食醋良好的口感。蛋白质水解产生的氨基酸、核苷酸的钠盐以及酵母菌、细菌菌体自溶产生的5′-鸟苷酸、5′-肌苷酸等各种核苷酸，赋予食醋鲜味。

(4)形

食醋的体态由固形物的含量决定。固形物包括有机酸、氨基酸、盐类、酯类、糖分、蛋白质、糊精、色素等。用淀粉质原料酿制的醋固形物含量高，体态好。

3. 糖化剂

糖化剂是将淀粉转变成可发酵性糖所用的催化剂，有曲或酶制剂。

(1)曲

曲是以麸皮、碎米等为原料，以曲霉菌纯菌种或多菌种混合进行微生物培养而制得的糖化剂或糖化发酵剂。有大曲、小曲、麸曲、红曲、液体曲。

(2)酶制剂

淀粉酶制剂是从产生淀粉酶能力很强的微生物培养液中提取并制成的。

4. 酒母及醋母

(1)酒母

老法制醋是利用曲中和空气中的酵母进行酒精发酵，现采用优良酵母菌扩大培养为酒母。

(2)醋母

老法是靠空气、原料、曲等上面附着的醋酸菌将酒精氧化为醋酸，现采用人工选育的优良菌株扩大培养为醋母。

5. 酿制方法

我国食醋的生产方式很多，总体上讲，可以分为两大类：固态发酵和液态发酵。如山西老陈醋、镇江香醋、保宁醋、上海老法香醋以及辽宁喀左陈醋等，均采用传统的固体发酵法生产。其中山西老陈醋是大曲醋的代表，镇江香醋是小曲醋的代表，麸曲醋是目前食醋生产中最为普遍的产品。此外，酿制福建红曲老醋以及浙江玫瑰醋等，则采用液态发酵法生产。

固态发酵法制醋工艺流程(以麸曲醋为例)如下：

(1)原辅料配比

甘薯干100，细谷糠175，粗谷糠50，蒸料前加水275，蒸料后加水125，醋酸菌种子40，

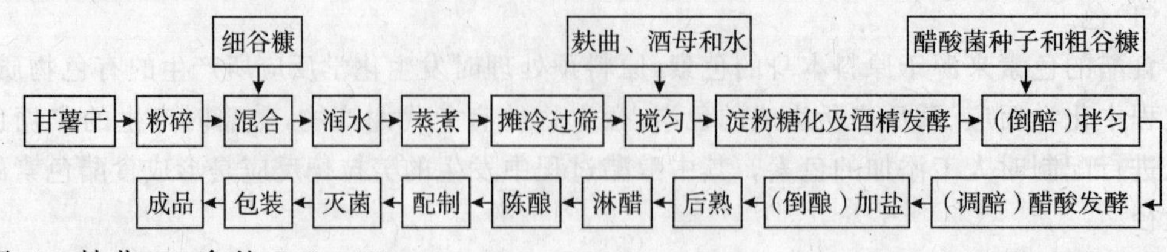

酒母 40,鼓曲 50,食盐 7.5～15。

(2)原料处理

甘薯干粉碎成粉,与细谷糠混合均匀,加水,随加随翻,润水均匀后在 150 kPa 蒸汽压下蒸料 40 min,再过筛除团并冷却。

(3)添加麸曲、酒母和水

熟料夏季降温至 30～33 ℃,冬季降温至 40 ℃,加水、麸曲和酒母拌匀,使醋醅含水量 60%～62%,醅温 24～28 ℃。

(4)淀粉糖化及酒精发酵

醋醅入缸后保持室温 28 ℃左右,当醅温上升至 38 ℃,进行第一次翻醅倒缸,然后盖严,保持醅温 30～34 ℃,边糖化边酒精发酵。5～7 d 后,醅中含酒精 7%～8%,发酵结束。

(5)醋酸发酵

拌入细谷糠和醋酸菌种子,每天倒醅一次,为醋酸发酵提供充足的氧气,保持品温在 37～39 ℃。约经 12 d 品温下降,醅中醋酸含量达 7.0%～7.5%,醋酸发酵基本结束。这时在醅中加入食盐,以控制杂菌生长及过度发酵,再经 48 h 后熟即可结束发酵过程。

(6)淋醋

采用循环法淋醋。淋缸放入成熟醋醅,用淋出的二醋倒入盛有成熟醋醅缸内浸泡 20～24 h,淋下的醋液称为头醋,余渣称为头渣;用淋下的三醋放入头渣缸内浸泡,淋下的是二醋,余渣为二渣;二渣用清水浸泡淋下的醋为三醋。当淋出的头醋醋酸含量下降到 50 g/L 时停止淋醋。

(7)陈酿

陈酿是醋酸发酵后为改善食醋风味而进行的贮存、后熟过程。一种是醋醅陈酿,将成熟醋醅加盐压实,15～20 d 倒醅一次再封缸,陈酿数月后再进行淋醋;另一种是醋液陈酿,将成品食醋坛内封存 1～2 个月即可。

(8)配制、灭菌

将半成品醋根据质量标准进行配兑。含醋酸＞5%的一级醋不需要加防腐剂,二级醋(含醋酸＞3.5%)需加入 0.06%～0.1%苯甲酸钠作防腐剂。如果采用热交换器灭菌,温度控制在 80 ℃以上,若直接火煮灭菌则 90 ℃以上。灭菌后经包装即得成品。

四、果醋

是以新鲜果实、果汁、果渣或果酒为原料,采用醋酸发酵技术酿造而成的醋。它含有丰富的有机酸、维生素,风味芳香,具有良好的营养、保健作用。

(一)果醋发酵原理

果醋发酵需经过两个阶段。首先是酒精发酵阶段,其次为醋酸发酵阶段。如以果酒为

原料则只进行醋酸发酵。

1. 醋酸发酵微生物

醋酸菌大量存在于空气中，种类繁多，对乙醇的氧化速度有快有慢，醋化能力有强有弱，性能各异。果醋生产为了提高产量和质量，避免杂菌污染，采用人工接种的方式进行发酵。

果醋生产用醋酸菌要求菌种耐酒精，氧化酒精能力强，分解醋酸产生 CO_2 和水的能力弱。用于生产食醋的醋酸菌种主要有白膜醋酸杆菌和许氏醋酸杆菌等。目前用得较多的是恶臭醋酸杆菌浑浊变种（As1. 41）和巴氏醋酸菌亚种（沪酿 1. 01 号）以及中国科学院微生物研究所提供的醋酸杆菌（As7015）。醋酸杆菌产醋力 6%左右，并伴有乙酸乙酯的生成，增进醋的芳香，缩短陈酿期，但它能进一步氧化醋酸。

醋酸菌的繁殖和醋化与下列环境条件有关：

（1）果酒中的酒精浓度超过 14°时，醋酸菌不能忍受，繁殖迟缓，生成物以乙醛为多，醋酸产量少。若酒精浓度在 14°以下，醋化作用能很好地进行直至酒精全部变成醋酸。

（2）果酒中的溶解氧越多，醋化作用越完全。缺乏空气，醋酸菌则被迫停止繁殖，醋化作用受到阻碍。

（3）果酒中的 SO_2 对醋酸菌的繁殖有抑制作用。若果酒中的 SO_2 含量过多，则不适宜醋酸发酵。

（4）温度在 10 ℃以下，醋化作用进行困难。30 ℃为醋酸菌繁殖最适宜温度，30～35 ℃醋化作用最快，达 40 ℃时停止活动。

（5）果酒的酸度对醋酸菌的发育亦有妨碍。醋化时，随着醋酸量逐渐增加，醋酸菌的活动逐渐减弱。当酸度达某一限度时，醋酸菌的活动完全停止，醋酸菌一般能忍受 8%～10%的醋酸浓度。

（6）太阳光线对醋酸菌的发育有害。因此，醋化应在暗处进行。

2. 醋酸发酵的生化变化

醋酸菌在充分供给氧的情况下生长繁殖，并把基质中的乙醇氧化为醋酸，这是一个生物氧化过程。首先是乙醇被氧化成乙醛：

$$CH_3CH_2OH + 1/2O_2 \rightarrow CH_3CHO + H_2O$$

其次是乙醛吸收一分子水形成水化乙醛：

$$CH_3CHO + H_2O \rightarrow CH_3CH(OH)_2$$

最后水化乙醛再氧化成醋酸：

$$CH_3CH(OH) + 1/2O_2 \rightarrow CH_3COOH + H_2O$$

理论上 100 g 纯酒精可生成 130. 4 g 醋酸，而实际产率较低，一般只能达理论数的 85%左右。原因是醋化时酒精挥发损失，特别是在空气流通和温度较高的环境下损失更多。此外，醋酸发酵过程中，除生成醋酸外，还生成二乙氧基乙烷、高级脂肪酸、琥珀酸等，在陈酿时这些酸类与酒精作用产生酯类，赋予果醋芳香风味。此外，在醋化过程中，部分醋酸进一步氧化成为 CO_2 和水，来维持醋酸菌的生命活动。因此在醋酸发酵完成后，常用加热杀菌的办法阻止醋酸继续氧化。

（二）果醋酿制工艺

优良的醋酸菌种可从优良的醋醅或生醋中采种繁殖，扩大培养。

1. 果醋酿制

果醋酿制分液体酿制和固体酿制两种。

(1)液体酿制法

液体酿制法以果酒为原料进行酿制。酿制果醋的原料酒必须保证酒精发酵完全，澄清透明。优质的果醋应用品质良好的果酒，但质量较差的或酸败的果酒也可酿制果醋。

将酒度调整为7°～8°的原料果酒，装入醋化器中，为容积的1/3～1/2，接种醋母液5%左右，用纱罩盖好，如果温度适宜，24 h后发酵液面上有醋酸菌的菌膜形成。发酵期间每天搅动1～2次，经10～20 d醋化完成。取出大部分果醋，留下醋膜及少量醋液，再补充果酒继续醋化。

(2)固体酿制法

以果品或残次果品等为原料，同时加入适量的麸皮，固态发酵酿制。

①酒精发酵

果品经洗净、破碎后，加入酵母液3%～5%，进行酒精发酵，在发酵过程中每日搅拌3～4次，经5～7 d发酵完成。

②制醋醅

将酒精发酵完成的果品，加入麸皮或谷壳、米糠等(为原料量的50%～60%)作为疏松剂，再加培养的醋母液10%～20%(亦可用未经消毒的优良的生醋接种)，充分搅拌均匀，装入醋化缸中，稍加覆盖，使其进行醋酸发酵。醋化期中，控制品温在30～35 ℃之间。若温度升高至37～38 ℃时，则将缸中醋醅取出翻拌散热。若温度适当，每日定时翻拌1～2次，充分供给空气，促进醋化。经10～15 d，醋化旺盛期将过，随即加入2%～3%的食盐，搅拌均匀，将醋醅压紧，加盖封严，待其陈酿后熟，经5～6 d后，即可淋醋。

③淋醋

将后熟的醋醅放在淋醋器中。淋醋器用一底部凿有小孔的瓦缸或桶，距缸底6～10 cm处放置滤板，铺上滤布。从上面徐徐淋入约与醋醅等量的冷却沸水，浸泡4 h后，打开孔塞让醋液从缸底小孔流出，这次淋出的醋称为头醋。头醋淋完以后，再加入凉水，再淋，即二醋。二醋含醋酸很低，供淋头醋用。

2. 果醋的陈酿和保藏

(1)陈酿

果醋的色、香、味除了在发酵过程中形成外，很大一部分和陈酿后熟有关。在贮藏期间，醋中的糖分和氨基酸结合产生类黑色素物质，使果醋色泽加深；酒精氧化生成乙醛；有机酸与醇结合生成各种酯。通过陈酿，果醋变得澄清，风味更加纯正，香气更加浓郁。陈酿时将果醋装入桶或坛中，装满，密封，静置1～2个月即完成陈酿过程。

(2)过滤、灭菌

陈酿后的果醋经澄清处理后，用过滤设备进行精滤。在60～70 ℃温度下杀菌10 min，即可装瓶保藏。

本章主要介绍了啤酒、果酒(包括葡萄酒、白兰地、香槟酒)、白酒、酱油、食醋和果醋的加

工技术。通过学习，对发酵食品加工技术有较全面的了解，熟练掌握几类发酵食品的加工技术及操作要点。

思考题

1. 叙述 SO_2 在葡萄酒加工中的作用。
2. 啤酒生产中麦汁制备时什么情况下需要添加外加酶？
3. 阐述红葡萄酒和白葡萄酒加工工艺的不同点。
4. 为什么白兰地生产后期需要进行两次勾兑、调配？
5. 简述酱油生产的工艺流程。
6. 叙述食醋发酵过程中主要发生的生化变化。
7. 简述果醋酿造的原理，并说明影响醋酸发酵的因素。
8. 白酒、葡萄酒、啤酒、酱油、食醋及果醋发酵的原理有何异同？

【实验实训一】　糯米甜酒酿的酿制

一、实验目的

通过学习甜酒酿的制作方法，了解小曲酒发酵的原理及生产工艺。

二、材料和设备

糯米，甜酒曲。

手持糖度计，天平，pH 试纸，发酵瓶，纱布。

三、实验步骤

1. 洗米、浸米、蒸饭

将糯米洗净后浸泡，一般冬春季节 8～10 h，夏秋季节 5～6 h，以手指能捻碎为度，将沥干的糯米放入蒸笼旺火蒸熟，要求达到“熟而不糊，透而不烂，疏松易散，均匀一致”。

2. 淋饭

将蒸熟的糯米饭摊开，用冷开水冲淋，降温的同时使饭粒松散。

3. 拌药

米饭温度降到 35 ℃左右时即可将甜酒曲拌入米饭，甜酒曲用量为糯米用量的 0.5%。甜酒曲撒在饭粒上，边撒边翻，应撒匀翻透。

4. 搭窝

将拌好曲的米饭装入清洗热烫过的发酵容器，米饭不要压太紧。将落杯好的米饭搭成

"V"字形凹窝，并将四周轻轻压实，表面上洒少许剩余的酒曲，然后加盖封口。搭窝有利于通气均匀、糖化菌的生长和甜酒液的渗出。

5. 保温发酵

温度 30 ℃左右保温发酵 24 h，待"V"字形的凹窝内渗出大量的甜酒液时，即可品尝食用。

四、结果分析

观察发酵过程的现象，并在不同时间进行品尝，并测定酒液的糖度及 pH 值。

【实验实训二】 葡萄酒的酿造

一、实验目的

了解实验室条件下的葡萄酒生产，掌握生产的工艺过程，了解产品质量控制的关键点。与工业化葡萄酒生产相比较，了解之间的区别。了解生产过程中的各种现象和原因。

二、实验原料和用具

选择无病果、烂果并充分成熟的鲜食或酿酒葡萄，颜色为深色品种；白砂糖，鸡蛋，食用酒精等。

不锈钢盆或塑料盆、瓦缸、纱布、木棒、胶皮管和手套等。

三、工艺流程

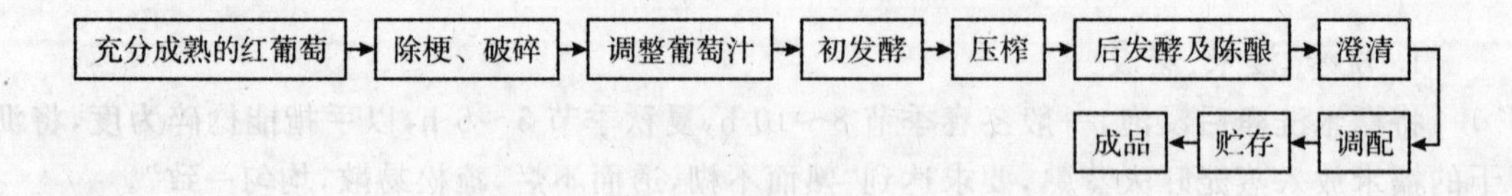

四、操作要点

1. 除梗、破碎

用手将葡萄挤破，去除果梗，容器为塑料盆或不锈钢，不能用铁制容器。

2. 调整葡萄汁

糖度高、成熟度高的红葡萄在不加糖时，酒精度一般为 8°～10°。如想酿制酒精度稍高

的酒，可利用于1 L的葡萄汁中添加1°酒精的方法解决。具体操作为：先将白砂糖溶解在少量的果汁中，再倒入全部果汁。若制高度酒，加糖量要多，应分多次加糖。

3. 初发酵

将调整后的果浆放入已消毒的发酵缸中，充满容器容积的80%即可，以防发酵旺盛时汁液溢出容器。发酵时，每天用木棍搅拌4次(白天2次，晚上2次)，将酒帽(浮于缸表面中央的果皮、果柄等)压下，使各部分发酵均匀。

在26～30 ℃下，初发酵(有明显的气泡冒出)经过7～10 d就能基本完成。若温度过低，可能延长到15 d左右。

4. 压榨

利用虹吸法将酒抽入另一缸中，最后用纱布将酒帽中的酒榨出。

5. 后发酵及陈酿

经过后发酵，将残糖转化为酒精，酒中的酸与酒精发生作用产生清香的酯，加强酒的稳定性。

在后发酵及陈酿期间要进行倒酒。一般在酿酒的第一个冬天进行第1次倒酒，翌年春、夏、秋、冬各倒1次。酿酒后第1年的酒称为新酒，第2～3年的酒称为陈酒。

6. 澄清

红葡萄酒除应具有色、香、味品质外，还必须澄清、透明。人工澄清可采用添加鸡蛋清的方法，每100 L酒加2～3个蛋清，先将蛋清打成泡沫状，再加少量酒搅匀后加入酒中，充分搅拌均匀，静置8～10 d后即可。

四、结果分析

记录实验实训中的各项内容，重点熟悉生产过程控制技术，分析产品的卫生、质量，分析生产的原辅料等与产品质量的关系，分析产品生产过程中的各种现象和原因。

【实验实训三】　枇杷酒的酿造

枇杷是我国传统名果，性微凉，味甘甜。果实中大量的胡萝卜素可保护视力，保持肌肤健康；水果酸、柠檬酸可增进食欲，帮助消化；抗氧化作用的多酚成分可预防癌症，延缓衰老；还含有丰富的维生素、糖、钙、镁等营养元素。枇杷入药，可清肺、舒气、止咳，润肺爽声，清热解暑，养颜益寿。

一、实验目的

了解并掌握实验室条件下的枇杷酒生产。

二、实验原料和用具

选择无病果、烂果并充分成熟的鲜食枇杷，白砂糖、不锈钢盆或塑料盆、瓦缸、纱布、木棒、胶皮管和手套等。

三、操作要点

1. 将枇杷挑拣洗干净，去皮，去核，直接装入干净的容器中，以500 g枇杷配150～200 g白砂糖的比例加入白砂糖，混合均匀，密封。

2. 在容器口蒙上一层保鲜膜，再拧紧盖子，玻璃瓶封口封严，置于20 ℃以上，30 ℃以下的阴凉处发酵1～2个月。

3. 当枇杷酒呈金黄色的时候，即枇杷酒发酵完成，将枇杷果块捞起不用，再用干净的纱布将果醋过滤1～2遍，即可饮用。

四、讨论题

观察自制枇杷酒的情况，详细记录枇杷酒发生的变化。待1～2个月后进行品尝，详细记录枇杷酒的感官品质。

【实验实训四】 苹果醋的酿制

苹果醋含有果胶、维生素、有机酸等营养物质，有杀菌、增加免疫力、美白皮肤、抗衰老等作用，是很好的美容饮品。苹果醋还可用来拌凉菜或沙拉。饮用时则可以兑入果汁、蜂蜜水或者冰块，适当降低醋的浓度，口感会更好。

一、实验目的

了解并掌握苹果醋制作的基本技术。

二、实验原料和用具

红富士苹果、冰糖、糯米醋、保鲜膜等。

三、操作步骤

1. 苹果洗净，擦干表面水分，再切成小片，注意苹果表面水分擦干，否则苹果醋酿造过

程易腐败变质。

2. 将苹果片与冰糖一层压一层置于玻璃瓶，保证每层间有较大间隙，冰糖的质量约为苹果的质量的 2/5，冰糖越多，发酵越容易，但发酵后口感较酸，苹果风味少。

3. 倒入糯米醋，醋要完全没过苹果片，使苹果果肉完全浸泡进去。

4. 在瓶口蒙上一层保鲜膜，再拧紧盖子，玻璃瓶封口封严，置于 20 ℃以上，30 ℃以下的阴凉处发酵 3 个月以上。

5. 当苹果醋呈金黄色的时候，即苹果醋发酵完成，将苹果块捞起不用，再用干净的纱布将果醋过滤 1～2 遍，因为经过长时间的发酵，醋里面会有很细小的果肉悬浮物，所以需过滤，使苹果醋更清澈透亮。

6. 苹果醋可根据个人口味进行糖酸比和香气的调整，以达到良好的感官性状。然后将苹果醋装瓶并预留一定的顶隙，在 65.5 ℃下保持 30 min，即可达到灭菌效果。

四、质量标准

具有苹果醋应有的色泽和特有的香气，酸味柔和，无异味，呈澄清状态。

五、思考题

观察自制苹果醋的情况，详细记录苹果醋发生的变化。

第九章

第九章 蛋制品加工技术

【教学目标】

通过本章的学习，了解蛋与蛋制品的重要性、蛋的结构、蛋制品的加工现状，掌握咸蛋、皮蛋、冰蛋、糟蛋等的加工技术。

第一节 概 论

一、蛋与蛋制品的重要性

(一)禽蛋及其制品是人类最理想的食品之一

禽蛋是一种既营养丰富又易被人体消化吸收的食品，它与肉品、乳品、蔬菜一样是人们日常生活中的重要营养食品之一。我国是世界上蛋类生产最多的国家，蛋和蛋制品在国民经济中占有一定的地位。

禽蛋也是人类已知天然的最完善的食品之一。禽蛋提供极为均衡的蛋白质、脂类、糖类、矿物质和维生素，是发育中的小鸡在 20 d 壳内期间唯一的食物来源。一枚受精的鸡蛋，在适当温、湿度条件下经过孵化，鸡蛋就会发育成小鸡，可见其营养价值之高。禽蛋含有较高的蛋白质，且是全价蛋白质。这可从其蛋白质含量(11%～15%)、蛋白质消化率(98%)、蛋白质的生物价(全蛋为 94，蛋黄为 96，蛋白为 83)和必需氨基酸的含量及相互构成比例，与人体的需要比较接近和相适宜(全蛋氨基酸构成比例评分为 100)四个方面来衡量得出结论。另外，禽蛋内脂肪含量 11%～16%，并含有丰富的磷脂类和固醇等特别重要的营养素。除此以外，蛋黄中铁、磷含量较多，且易被人体吸收利用，可作婴幼儿及贫血患者补充铁的良好食品。禽蛋还含有丰富的维生素(除维生素 C 外)。因此，禽蛋是婴幼儿生长发育，成年、老年人保持身体强壮，病人恢复健康所不可缺少的营养食品，被人们誉为“理想的滋补食品”。

(二)禽蛋及其制品具有多方面的保健功能

祖国医学认为，蛋品有食疗功能。其性味甘平，有镇静、益气、安五脏的功效。《本草纲

目》中有“鸡子白和赤小豆抹涂一切热毒、丹肿、腮痛有神效”，“鸡子黄补阴血，解热毒，治下痢甚验”等记载。现代医学也证明鸡蛋白可以清热解毒、消炎和保护黏膜；鸡蛋黄可以镇静、消炎、祛热；蛋壳可以止酸、止痛；蛋膜衣可以润肺止咳。广为流行的“醋蛋”对动脉硬化、高血压、胃下垂、糖尿病、神经衰弱、风湿病等具有治疗保健作用。松花皮蛋具有清凉、解热消火、平肝明目、降血压、开胃等功效。广东人爱吃的皮蛋粥是老、弱、产妇和肠胃病患者的良好食疗食品。至于经现代科学手段从禽蛋中提炼研制出的水解蛋白、卵磷脂、碳酸钙、活性钙、溶菌酶、SOD 等更是医药工业的重要原料和新特医药产品。

(三)禽蛋及其制品是食品、生物、化学等许多工业的重要原料

禽蛋及其制品还是生物、化学、食品工业的重要原料，尤其是食品工业中具有多种用途的重要原料。在许多食品中添加，能起到改善食品的风味结构，提高食品的营养价值等作用。蛋类除供直接食用外，也是轻工业的重要原料，被广泛应用于造纸、制革、纺织、医药、化工、陶瓷、塑料、涂料等工业生产中。

(四)禽蛋及其制品是我国重要的出口商品

鲜蛋以及我国品种繁多的传统蛋制品，又是我国外贸大宗出口商品，在我国对外贸易中占有重要的位置，在国际市场上也享有盛誉。松花蛋和咸蛋已成为我国新兴的独立而完整的特色食品，近年来远销欧、亚、美三大洲 30 多个国家和地区，年出口量逐年增加，为国家建设换回了客观的外汇资金，在社会主义经济建设中发挥了重要作用。

二、我国蛋品工业发展概况

(一)我国蛋品工业历史沿革情况

养禽产蛋在我国已有数千年的历史。相传殷商时代，马、牛、羊、鸡、犬、猪都已经成为家养畜禽，俗称“六畜”，所以直到现在人们仍然把畜牧业的发展称为“六畜兴旺”。我国的养禽业是驰名中外的，我国劳动人民曾培育了许多优良品种，直至现在世界上许多国家的优良品种禽都有中国家禽的血统。在禽蛋的人工孵化方面，我国也是最早的国家之一，可见我国对世界养禽业的发展是有着卓越贡献的。随着养禽业的兴旺发展，蛋品生产也得到了相应的发展。我国再制蛋的生产历史悠久，如我国劳动人民发明创造的松花皮蛋已有 600 多年历史，至今仍是世界上独一无二的传统风味食品。据有关考证，早在 1319 年出版的《农桑衣食撮要》收鹅、鸭蛋篇所述：“每一百个用盐十两，灰三升，来饮调成团，收乾瓮内……甚济世用。”据焦艺谱氏《家禽和蛋》介绍，松花蛋成为商品，行销海内外已有 200 多年历史。从“石灰拾蛋”、“柴灰拾蛋”创始松花蛋以后，经劳动人民不断探索、改进和提高，逐又有流行于南方的“湖彩蛋”，以及流行于北方的浸泡法生产的“京彩蛋”出现。咸蛋的历史非常悠久，在《礼记·内则》中就有：“桃诸、梅诸、卵盐”的记载，“卵盐”即咸蛋。名扬中外的江苏高邮咸蛋也有 300 余年的历史。浙江平湖糟蛋的创制，据考证也有 200 多年历史。清朝乾隆年间(1736—1795)，浙江地方官吏曾以平湖糟蛋作为向皇室进贡的佳品。它的声誉遍及大江南北，甚及东南亚地区，成为相互馈赠的名贵礼品。1929 年我国上海就

成立了蛋品同业公会，拥有蛋行145家、蛋厂8家(其中外资7家)，年生产皮蛋1000万枚以上。至1936年前后，专门从事皮蛋的厂商发展到数十家，年产量在2500万～3000万枚。这些传统手工业生产各种再制蛋的方式一直延续到今天，仍有不少有待我们去发掘整理、继承发扬。

(二)我国蛋品工业近现代发展情况

在中国历史上，由于长期遭受半封建、半殖民地统治，禽蛋生产和蛋品加工产业一直处于分散经营和落后的手工操作状态，限制了禽蛋生产和加工的发展。新中国成立后，党和政府采取各种措施，鼓励和扶植蛋品生产的发展。1960年10月天津蛋厂正式开工生产，这是新中国成立后第一个蛋品生产厂，年产冰蛋品1万吨。接着各地蛋品厂陆续在设备和技术方面得到很大的改进，国家在大中城市和鲜蛋重点产区新建立了一批专营蛋厂、专业公司，从而极大地促进了蛋品业的迅速发展。为了提高蛋制品生产技术水平，1954年中央召开了蛋品技术出口资料编纂会议，对我国的蛋品加工技术和经验作了科学总结，为我国蛋品加工技术奠定了新的理论基础。1955年、1956年两度召开全国蛋品专业会议，1956年中央又成立了中国蛋品品质改进委员会，并邀请有关科学工作者对蛋品生产原料——鲜蛋、半成品及成品等作了系统科学的试验与研究，推动了蛋品加工技术和科学研究工作水平的提高，促进了蛋品生产不断地科学发展。另外，国家还在全国各重点产区和大中城市相继建立了具有相当规模的松花蛋厂或专业车间，扩大生产规模，培训技术队伍，并号召科研单位、生产厂家总结经验，对传统松花蛋生产技术进行大胆革新，逐步向半机械化、机械化和电子技术等方向迈进，实现卫生部、外经部、原商业部提出的“两无一小”(即无铅、无泥、小包装化)目标。国家为了鼓励提高传统名优产品的质量，于1984年在哈尔滨市召开了全国松花蛋质量评审会议。

改革开放以来，特别是1988年中央实施的“菜篮子工程”，运用系统工程的方法，在理顺副食品价格的基础上，改革生产流通体制，合理开发利用国土资源，调整副食品供给水平，在较短时期内，养禽产蛋和蛋品加工得到迅速发展，集体养禽和大中城市集约化、机械化、自动化养禽场及蛋品加工厂如雨后春笋般建立，农村的养禽专业户也大有增加，使鲜蛋的生产量、收购量和销售量都超过历史最高水平。1992年全国家禽饲养量25亿多羽，鲜蛋量达到1019.9万吨，均雄居世界首位。全国人均年占有蛋类8.5 kg，1999年为2000万～2100万吨，人均17.2 kg，城乡鲜蛋人均年消费量不断增加。随着科技进步，蛋品生产迅速发展，产品质量得到很大提高，品种也逐渐增多，加工生产的机械化和自动化程度正逐步提高，既提高了生产率，也减轻了工人的劳动强度。如北京市蛋品加工厂从日本、丹麦、美国引进一批具有20世纪80年代初国际先进水平的蛋制品加工专用设备，采用先进技术生产优质冰蛋黄、冰蛋白、全蛋粉、蛋黄粉、蛋黄酱、蛋白粉和溶菌酶。与此同时，在大力发展蛋品生产的实践过程中，培养和造就了一大批专业技术干部，科学研究和教学工作也得到了重视和提高，各地相继成立了高、中等食品科学和农畜产品加工专业、系科、研究室等。目前，全国已有50多所院校开设蛋与蛋制品工艺学课程，已为国家培养出了一批专业人才。上海市还成立了禽蛋研究所，专门从事禽蛋的生产、贮运、加工、流通、产品开发等科学研究。

(三)我国蛋品工业的现状与特点

20 世纪 90 年代以来,养禽业迅速发展,蛋类产量增加以及蛋品加工科学技术的快速发展,对促进蛋品工业发展起到了积极作用。再制蛋的加工技术有了进一步改进,朝着无铅、无泥和小包装的方向发展,同时逐步使用机械化加工和新工艺。蛋品加工的产品种类很多,主要有:(1)干蛋品,如干蛋白、蛋黄粉及全蛋粉。(2)湿蛋品,如湿全蛋、湿蛋黄和湿蛋白。(3)冰蛋品,如冰全蛋、冰蛋黄和冰蛋白。(4)中式传统蛋制品现代化生产新技术的研究,如腌蛋品中的松花蛋(皮蛋)、咸蛋和糟蛋等。中华传统蛋品是我国几千年中华文明的结晶,凝集着中华民族的智慧,有着千余年的消费习惯与基础。但传统蛋制品既有精华,也有糟粕,有的存在食品质量安全问题,有的生产时间过长,成本偏高,不能实现工业化生产,因此,只有对传统蛋制品工艺进行现代工业化改造,才能较好地促进其发展。目前新型的传统蛋制品加工新技术、新产品已经不断涌现。(5)蛋品饮料,如各种蛋制品饮料。(6)保健蛋,如低胆固醇蛋、高碘蛋、高锌蛋、高铁蛋和高锗蛋等。(7)新型蛋产品,最近这些年出现了许多的新型产品,如洁蛋、液体蛋等,有的产品开始投入市场。(8)蛋内功能活性成分的提取,如免疫球蛋白、卵磷脂、溶菌酶等的提取加工生产,蛋品加工业开始出现一片繁荣的景象。

由于我国禽蛋生产的快速发展,人民对蛋与蛋制品的消费越来越多,蛋品工业科技也在飞跃发展,国内外蛋品工业科技交流越来越频繁。1998 年 8 月,由中国畜产品加工研究会蛋品专业委员会主办,在湖南长沙召开了“第三届中国蛋品科技大会”,参加会议代表 60 人左右,并确定每两年在全国不同的地方召开一次全国性的蛋品科技大会。

三、蛋的结构

禽蛋由蛋壳、蛋白和蛋黄三大部分组成,各部有其不同形态结构和生理功能,蛋的结构如图 9-1 所示。

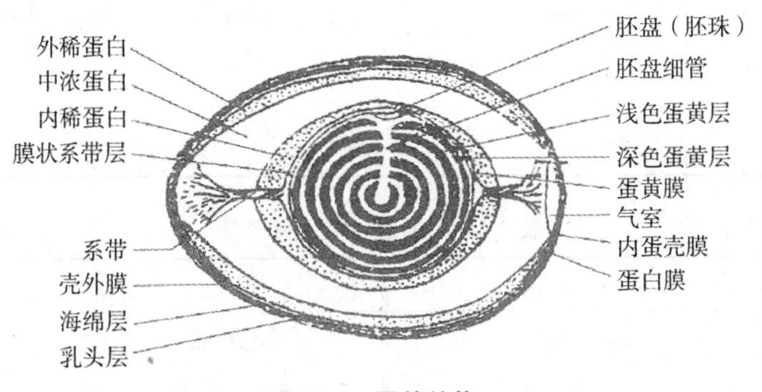

图 9-1　蛋的结构

(一)外蛋壳膜

蛋壳表面涂布着一层胶质性的物质,叫外蛋壳膜,也称壳外膜,其厚度 0.005～0.01 mm,是一种无定形结构,无色,透明,具有光泽的可溶性蛋白质,是角质的黏液蛋白质。蛋在母禽的阴道部或当蛋刚产下时，外蛋壳膜呈黏稠状，待蛋排出体外，受到外界冷空气的影响，在几分钟内黏稠的黏液立即变干，紧贴在蛋壳上，赋予蛋表面一层肉眼不易见到的有光泽的薄膜，只有把蛋浸湿后，才感觉到它的存在。外蛋壳膜的作用主要是保护蛋不受细菌和霉菌等微生物入侵，防止蛋内水分蒸发和 CO_2 逸出。对保证蛋的内在质量起到有益的作用。鸡蛋涂膜保鲜方法就是人工仿造外蛋壳膜的作用，而发展起来的一种保存蛋新鲜度的方法。

(二)蛋壳

蛋壳又称石灰质硬蛋壳，是包裹在蛋白容物外面的一层硬壳。它使蛋具有固定形状并起着保护蛋白、蛋黄的作用，但质脆不耐碰或挤压。

1. 蛋壳的结构

蛋壳主要由两部分组成，即基质(matrix)和间质方解石晶体，二者的比例为1∶50。基质由交错的蛋白质纤维和蛋白质团块构成，分为乳头层和海绵层。

2. 蛋壳的厚度

蛋壳的厚度视禽蛋种类的不同，厚度有所差异。一般说来，鸡蛋壳最薄，鸭蛋壳较厚，鹅蛋壳最厚。各种禽蛋，由于品种、饲料等不同，蛋壳的厚度也有差别。例如来航鸡蛋的蛋壳较薄，浦东鸡蛋的蛋壳较厚，白壳鸡蛋的蛋壳较薄，褐壳鸡蛋的蛋壳较厚。饲料充足，饲料中的钙质成分含量适宜时，蛋壳较厚；饲料不足，并缺乏钙质时，蛋壳较薄，甚至是软蛋壳。

就每一个蛋而言，其壳不同部位的厚度也不一样。蛋的小头部分的壳厚，大头部的壳要薄一些，蛋壳厚度与蛋壳强度呈正相关。不同种类、不同品种、不同部位蛋壳厚度见表9-1、表9-2、表9-3。

表9-1 不同种类商品蛋蛋壳厚度

禽蛋种类	测定枚数	厚度/mm		
		最低	最高	平均
鸡蛋	1070	0.22	0.42	0.36
鸭蛋	561	0.35	1.57	0.47
鹅蛋	204	0.49	1.6	0.81

表9-2 不同品种鸡蛋壳厚度

品种	厚度/mm	品种	厚度/mm
吐鲁番鸡蛋	0.3477	芦花鸡蛋	0.3185
固始鸡蛋	0.3381	新狼山鸡蛋	0.3157
油鸡蛋	0.3323	仙居鸡蛋	0.3021
肖山鸡蛋	0.3257	泰和鸡蛋	0.287
白来航鸡蛋	0.3200		

表 9-3 各品种禽蛋的蛋壳厚度比较

种类	品种	枚数	蛋壳厚度/mm			
			大头	中央部	小头	平均
鸭蛋	北京鸡	10	0.35±0.00	0.37±0.01	0.36±0.01	0.36±0.01
	Rkaki Campbell	10	0.34±0.01	0.32±0.01	0.35±0.00	0.34±0.00
	Naki	9	0.38±0.01	0.38±0.07	0.36±0.00	0.37±0.01
	Musovy Dack	7	0.39±0.00	0.43±0.00	0.40±0.01	0.40±0.01
鸡蛋	洛岛红	10	0.30±0.06	0.33±0.01	0.34±0.01	0.33±0.01
	Tctonko	3	0.29±0.00	0.33±0.00	0.37±0.01	0.33±0.01
雉蛋	金雉	5	0.29±0.01	0.28±0.01	0.34±0.01	0.30±0.01
	银雉	2	0.42±0.00	0.40±0.00	0.43±0.00	0.42±0.00

3. 蛋壳上的气孔

蛋壳上有许多肉眼看不见的、呈不规则弯曲形状的细孔(7000～17000 个/枚),称为气孔,其数量为 130 个/cm^{2}左右。其分布是不均匀的,在蛋的钝端气孔较多,蛋的尖端气孔较少。其作用是沟通蛋的内外环境。空气可由气孔进入蛋内,蛋内水分和 CO_2 可由气孔排出,蛋久存后重量减轻即此原因。

气孔的大小也不一致,直径为 4～40 μm。鸡蛋的气孔小,鸭蛋和鹅蛋的气孔大。气孔使蛋壳具有透视性,故在灯光下可观察蛋内容物。

(三)蛋壳内膜

在蛋壳里面,蛋白的外面有一层白色薄膜叫蛋壳内膜,又称壳下膜。其厚度为 73～114 μm。蛋壳膜分内、外两层,内层叫蛋白膜,外层叫内蛋壳膜(或简称内壳膜)。内蛋壳膜紧贴着蛋壳,蛋白膜则附着在内蛋壳膜的内层,两层膜的结构大致相同,都是由长度和直径不同的角质蛋白纤维交织而成的网状结构。每根纤维都有一个纤维核心和一层多糖保护层包裹。保护层厚为 0.1～0.17 μm,所不同的是内蛋壳膜厚 4.41～60 μm,共有 6 层纤维,纤维之间以任何方向随机相交,纤维较粗。纤维核心直径为 0.681～0.871 μm,网状结构粗糙,网间空隙较大,微生物可以直接穿过内蛋壳膜进入蛋内。壳内膜网状结构见图 9-2。

图 9-2 壳内膜网状结构

蛋白膜厚度 12.9～17.3 μm，有 3 层纤维，纤维之间垂直相交，纤维纹理较紧密细致，透明，并且有一定的弹性。网间空隙较小，微生物不能直接通过蛋白膜上的细孔进入蛋内，只有其所分泌的酶将蛋白膜破坏后，微生物才能进蛋内。所有霉菌的孢子均不能透过这两层膜进入蛋内，但其菌丝体可能自由穿过，并能引起蛋内发霉。总之，这两层膜的透过性比蛋壳小，对微生物均有阻止通过的作用，具有一定的保护蛋内容物不受微生物侵蚀的作用，并保护蛋白不流散。蛋壳内膜不溶于水、酸和盐类溶液，能透水透气。

(四)气室

在蛋的钝端，由蛋白膜和内蛋壳膜分离形成气囊，称气室。刚产下的蛋没有气室，当蛋接触空气，蛋内容物遇冷发生收缩，使蛋的内部暂时形成一部分真空，外界空气便由蛋壳气孔和蛋壳膜网孔进入蛋内，形成气室。里面贮存着一定的气体。

蛋的气室只在钝端形成，而不在尖端形成，主要是由于钝端部分比尖端部分与空气接触面广，气孔分布多，外界空气进入蛋内的机会也多。

根据 Meharliscu 的研究报道，禽蛋排出体外后，早则 2 min，迟则 10 min，一般 6～10 min便形成气室。24 h 后气室的直径可以达 1.3～1.5 cm。新鲜蛋气室小，随着存放时间的延长，内容物的水分不断消失，气室会不断增大。所以，气室的大小与蛋的新鲜度有关，是评价和鉴别蛋的新鲜度的主要标志之一。

(五)蛋白

蛋白也称为蛋清，位于蛋白膜的内层，是一种典型的胶体物质，约占蛋总质量的 60%。是白色透明的半流动体，并以不同浓度分层分布于蛋内。关于蛋白的分层，不同学者有不同的分法。日本千岛氏将蛋白由内向外分为 3 层：第一层外层稀薄蛋白(外水样蛋白层)，第二层浓厚蛋白，第三层内层稀薄蛋白(内水样蛋白层)。而绝大部分学者将蛋白的结构由外向内分为 4 层：第一层外层稀薄蛋白，紧贴在蛋白膜上，占蛋白总体积的 23.2%；第二层中层浓厚蛋白，占蛋白总体积的 57.3%；第三层内层稀薄蛋白，占蛋白总体积的 16.8%；第四层系带层浓蛋白，占蛋白总体积的 2.7%。由此可见，蛋白按其形态分为两种，即稀薄蛋白与浓厚蛋白。新鲜的蛋，浓厚蛋白含量约占全部蛋白的 50%～60%，浓厚蛋白的含量与家禽的品种、年龄、产蛋季节、饲料和蛋贮存的时间、温度有密切关系，见表 9-4。

表 9-4　不同季节和鸡体大小对鸡蛋浓厚蛋白的影响

含量 / 类别	1	2	3	4	5	6	7	8	9	10	11	12
大母鸡	56.5	56.0	55.5	54.5	53.5	52.3	52.5	55.0	58.0	60.0	57.0	56.7
小母鸡	52.4	51.3	50.0	48.5	47.4	47.3	47.6	48.3	49.1	50.0	53.7	53.2

大量的研究结果表明，浓厚蛋白与蛋的质量、贮藏、加工关系最密切。它是一种纤维状结构(浓厚蛋白结构见图 9-3)，含有溶菌酶。溶菌酶有溶解微生物细胞膜的特性，具有杀菌和抑菌的作用。但是随着存放时间的推延，或受外界气温等条件的影响，浓厚蛋白逐渐变稀，溶菌酶也逐步失去活性，失去了杀菌和抑菌的能力。因此陈旧的蛋，浓厚蛋白含量低，稀薄蛋白含量高，容易被细菌感染。浓厚蛋白的多少也是衡量蛋新鲜情况的主要标志之一。

浓厚蛋白变稀的过程，是自身生理新陈代谢的必然结果，它的变化是从蛋产下来就开始了，只是在受到外界高温和微生物的侵入时，才加速了浓厚蛋白的变稀。实际上浓厚蛋白变稀的过程，就是鲜蛋失去自身抵抗力和开始陈化与变质的过程。只有在0 ℃左右的情况下，这种变化才能降到最小限度。

(a)低倍放大

(b)高倍放大

图 9-3 浓厚蛋白的结构

稀薄蛋白呈水样液体，新鲜蛋占蛋白总数的50％左右，不含有溶菌酶，因此对细菌抵抗力极小。当蛋的贮藏时间过久或温度过高时，蛋内稀薄蛋白就会逐渐增加，这种蛋变化的表现，导致陈蛋变成水响蛋，不能用于加工。

蛋白的导热能力很弱，能防止外界气温对蛋的影响，起着保护蛋黄及胚胎的作用，蛋白也供给胚胎发育所需的水分和养料。

此外，在蛋白中，位于蛋黄的两端各有一条浓厚的白色的带状物，叫作系带，一端和大头的浓厚蛋白相连接，另一端和小头的浓蛋白相连接。系带的作用是将蛋黄固定在蛋的中心。大头端的重量约0.26 g。小头端的重量约0.49 g。系带呈螺旋形，小头端呈右旋，平均螺旋回数是21.81回；大头端呈左旋，平均螺旋回数是25.45回。

系带可分为膜状部和索状部。索状部又分为中轴部和周围部，中轴部为白色不透明体，四周被透明的浓蛋白状的周围部所包围。周围部在蛋产下后，随着存放时间的延长而逐渐溶于稀薄蛋白中。膜状部是包在蛋黄膜外围的薄膜，不易判别，若将蛋黄放在蒸馏水中，膜状部与蛋黄膜之间有水互相渗透(特别是在索状部基部附近)，两层便明显地区分开了，膜状部的两端均向索状部移行。

系带是由浓厚蛋白构成的，新鲜蛋的系带很粗，有弹性，含有丰富的溶菌酶。随着鲜蛋存放时间的延长和温度的升高，系带受酶的作用会发生水解，逐渐变细，甚至完全消失，造成蛋黄移位上浮出现靠黄蛋和贴壳蛋，因此，系带存在的状况也是鉴别蛋的新鲜程度的重要标志之一。系带在食用上并无妨碍，但在加工蛋制品时，必须将其除去。

(六)蛋黄

蛋黄由蛋黄膜、蛋黄内容物和胚盘3部分组成。

1. 蛋黄膜

包在蛋黄内容物外边，是一个透明的薄膜。共有3层：内层与外层由黏蛋白组成，中层由角蛋白组成，蛋黄膜电子显微镜观察结构如图9-4所示。蛋黄膜的平均厚度为16 μm，重量占蛋黄的2％～3％，富有弹性，起着保护蛋黄和胚盘的作用，防止蛋黄和蛋白混合。随着贮存时间的延长，蛋黄的体积会因蛋白中水分的渗入而逐渐增大，当超过原来体积的19％时，会导致蛋黄膜破裂，使蛋黄内容物外溢，形成散黄蛋。

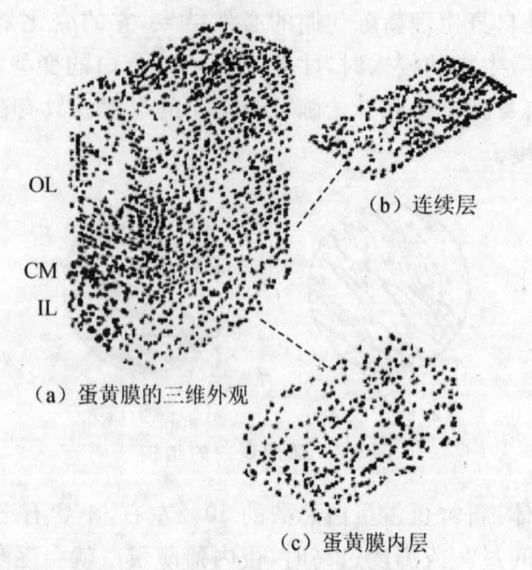

图 9-4　蛋黄膜电子显微镜观察结构图

新鲜蛋的蛋黄膜有韧性和弹性，当蛋壳破碎时，内容物流出，蛋黄仍然完整不散，就是因为有这层膜包裹的缘故。陈旧蛋的蛋黄膜韧性和弹性都很差，稍有震动，就会发生破裂，所以，从蛋黄膜的紧张度可以推知蛋的新鲜程度。

2. 蛋黄内容物

蛋黄内容物是一种浓稠不透明的半流动黄色乳状液，由深浅两种不同黄色的蛋黄组成。由外向内可分数层。在蛋黄膜之下为一层较薄的浅黄色蛋黄，接着为一层较厚的黄色蛋黄，再里面又是一层较薄的淡黄色蛋黄。蛋黄之所以呈现颜色深浅不同的轮状，是由于在形成蛋黄时，昼夜新陈代谢的节奏性不同的缘故。蛋黄色泽由 3 种色素组成，即叶黄素—二羟—α-胡萝卜素、β-胡萝卜素以及黄体素。前两者存在于蛋黄中的比例为 2∶1。

由于饲料中色素物质含量不同，蛋黄颜色分别呈橘红、浅黄或淡绿，青饲料和黄色玉米均能增进蛋黄的色素，过量的亚麻油粕粉使蛋黄成绿色。一般煮过的饲料，便失去着色力，干燥的粉料营养成分高，均为有效的着色饲料。

冬季所产蛋的蛋黄通常较淡，而夏季所产蛋的蛋黄色泽较为明显，这是由于母禽放出去吃了青草的原因。有些在夏季所产的蛋叫作“紫黄蛋”，其蛋黄带有淡绿颜色，这是由于母禽吃了杂草的缘故。这种颜色蛋黄的蛋，鸡蛋中常可发现。

3. 胚盘

在蛋黄表面上有一颗乳白色的小点，未受精的呈圆形，叫胚珠，受精的呈多角形，叫胚盘(或胚胎)，直径 2～3 mm。受精蛋很不稳定，当外界温度升至 25 ℃时，受精的胚盘就会发育。最初形成血环，随着温度的逐步升高，而产生树枝形的血丝。“热伤蛋”也由此而生。胚胎是家禽的发源点，小雏就由此发育产生。未受精的蛋耐贮藏。在胚盘的下部，至蛋黄的中心有一细长近似白色的部分，称为蛋黄芯。胚盘浮在蛋黄的表面，原因是比重相对较轻。

第二节 皮蛋的加工工艺

一、皮蛋加工辅料及其选择

鲜蛋能变成皮蛋，是由各种材料的相互配合所起作用的结果。材料质量的优劣直接影响到皮蛋的质量和商品价值。因此，在材料选用时，要按皮蛋加工要求的标准进行选择，以确保加工出的皮蛋符合卫生要求，有利于人体健康。常用的加工材料有以下几种：

（一）纯碱

纯碱的学名叫无水碳酸钠（Na_2CO_3），俗称食碱、大苏打、碱粉、口碱等。其性质为白色粉末，含有碳酸钠约99%左右，能溶解于水，但不溶于酒精，常含食盐、芒硝、碳酸钙、碳酸镁等杂质。纯碱暴露在空气中，易吸收空气中的湿气而重量增大，并结成块状；同时，易与空气中的碳酸气体化合生成碳酸氢钠（小苏打），性质发生变化。纯碱是加工皮蛋的主要材料之一。其作用使蛋内的蛋白和蛋黄发生胶性的凝固。为保证皮蛋的加工质量，选用纯碱时，要选购质纯色白的粉末状纯碱，含碳酸钠要在96%以上，不能用吸潮后变色发黄的“老碱”。各地经常使用的纯碱有天津生产的工字牌、红五星牌，青岛生产的生产牌、自力牌，四川的自贡碱等。选购时，一次不要买得过多，以免变质。使用后多余的纯碱存放时要密封防潮。购回后或配料前，最好要测定纯碱的碳酸钠含量是否合乎质量要求。这是因为碳酸钠在空气中易与碳酸气相结合，形成碳酸氢钠（小苏打），其效率降低。其测定方法的原理是以甲基橙为指示剂，用标准盐酸来滴定。

$$Na_2CO_3 + 2HCl \rightarrow 2NaCl + CO_2\uparrow + H_2O$$

试剂有甲基橙（0.1%水溶液）、1 mol/L 盐酸标准溶液。配制方法为量取 90 mL 盐酸放于 1000 mL 容量瓶中，加水稀释至标线，摇匀。精确称取 0.4 g 已在 180 ℃下烘过 2～3 h 的碳酸钠，置于 300 mL 的三角瓶中，加 100 mL 水使其完全溶解，然后加入 2～3 滴 0.1%的甲基橙指示剂，用配好的盐酸溶液滴定至溶液由黄色转变为橙色，将三角瓶中的溶液加热至沸，并保持微沸 3 min，然后放在盛有冷水的容器中冷却至室温。如果此时变成黄色，则再用盐酸标准溶液滴定至溶液出现稳定的橙色为止。测定步骤为称取约 2 g 待测的纯碱试样（准确 0.0002 g），置于 250 mL 的三角瓶中，以 50 mL 水溶解，再加 2～3 滴甲基橙指示剂，以 1 mol/L 盐酸滴定至溶液由黄色变为橙色为止。计算时将总碱量换算为碳酸钠的数量（%）：

$$Na_2CO_3(\%) = (NV \times 0.053 \times 100)/G$$

式中，V—标准盐酸溶液的毫升数；

N—标准盐酸溶液的摩尔浓度；

G—试样的重量(g)；

0.053—碳酸钠的毫克当量。

(二)生石灰

生石灰的学名叫氧化钙,俗称石灰、煅石灰、广灰、块灰、角灰、管灰等。其性质为块状白色,体轻,在水中能产生强烈的气泡,生成氢氧化钙(熟石灰)。生石灰的质量要求是在选购生石灰时,要选体轻,块大,无杂质,加水后能产生强烈气泡,并迅速由大块变成小块,直至成为白色粉末的生石灰。这种石灰的成分中,含有效氧化钙的数量不得低于75%。掺有红色、蓝色杂质和含有硅、镁、铁、铝等氧化物的生石灰不得使用。购买生石灰的数量要做到用多少买多少,不宜多购。这是因为生石灰容易吸潮变质,对一时用不完的生石灰,要密封贮藏在干燥的地方。加工皮蛋时使用生石灰的数量要适宜。这样,才能使石灰与碳酸钠作用所产生的氢氧化钠达到所要求的浓度。如果使用石灰过多,不仅浪费,还会妨碍皮蛋起缸,增加破损,甚至使皮蛋产生苦味,有的蛋壳上还会残留有石灰斑点;如果使用石灰过少,将会影响皮蛋中内容物的凝固。为此,生石灰的用量,以满足与碳酸钠作用时所生成的氢氧化钠的浓度达到4%~5%为宜。

(三)食盐

食盐的学名叫氯化钠(NaCl)。其性质为白色结晶体,具有咸味,在空气中易吸收水分而潮解。当前市场上出售的食盐,有粗盐、细盐和精盐三种。生产皮蛋用的盐,在质量上要求含杂质要少,氯化钠含量要在96%以上,通常以海盐或再制盐为好。加工皮蛋的混合料液中一般要加入3%~4%的食盐。如果食盐加入过多,会降低蛋白的凝固,反而使蛋黄变硬;如果食盐加入过少,不能起到改变皮蛋风味的作用。

(四)茶叶

这是一种含有营养成分的物质,还具有一定的药用价值。加工皮蛋使用茶叶,一是增加皮蛋的色素,二是提高皮蛋的风味,三是茶叶中的单宁能促使蛋白发生凝固作用。加工皮蛋,一般都选用红茶末,因红茶中含有茶单宁8%~25%,茶素(咖啡碱)1%~5%,还含有茶精、茶色素、果胶、精油、糖、茶叶碱、可可碱等成分。这些成分能增加皮蛋的色泽,提高风味,帮助蛋白的凝固。而这些成分在绿茶中的含量比较少,故多使用红茶。对受潮或发生霉味的茶叶,严禁使用。

(五)植物灰

以桑树、油桐树和柏树枝、豆秸、棉籽壳等烧成的灰最好。植物灰的作用是植物灰中含有各种不同的矿物质和芳香物质。这些物质能增进皮蛋的品质和提高其风味。灰中含量较多的物质有碳酸钠和碳酸钾。据化学分析,油桐子壳灰中的含碱量在10%左右。它与石灰水作用,同样可以产生氢氧化钠和氢氧化钙,使鲜蛋加快转化成皮蛋。此外,柏树枝柴灰中含有特殊的气味和芳香物质,用这种灰加工成的皮蛋,别具风味。无论何种植物灰,都要求质地纯净,粉粒大小均匀,不含有泥沙和其他杂质,也不得有异味。使用前,要将植物灰过筛除去杂质,方可倒入料液中混合,并搅拌均匀。植物灰的使用数量,要按植物树枝的种类决定。这是因为不同的树枝或籽壳烧成的灰含碱量是有区别的。

(六)水

加工皮蛋的各种材料,按一定的比例用量称取后,需要加水调成糊状才能发生化学反应。为保证皮蛋的质量和卫生,使用的水质要符合国家卫生标准。通常要求用沸水调制。一是能杀死水中的致病菌;二是能使混合物料更快地分解和融合,从而生成新的具有较强效力的料液,以加快对鲜蛋的化学作用,加快皮蛋的成熟。

(七)原料蛋的选择

为了便于准确投料和加工,保证皮蛋加工过程中成熟期的一致,经挑选后的新鲜合格鸭蛋,还要按蛋的重量大小进行分级。原料蛋的分级标准见表 9-5、表 9-6。

表 9-5 内销鸭皮蛋的原料蛋分级标准

级别	每 1000 枚鸭蛋重量
特级	72.5 kg 以上
一级	65.0 kg 以上
二级	57.5 kg 以上
三级	52.5 kg 以上
四级	47.5 kg 以上

表 9-6 出口鸭皮蛋原料蛋分级标准

级别	每 1000 枚鸭蛋重量
一级	77.5 kg 以上
二级	72.5 kg 以上
三级	67.5 kg 以上
四级	62.5 kg 以上
五级	57.5 kg 以上

二、皮蛋加工常用的设施及设备

目前,我国多数皮蛋加工企业的规模都较小,设备简陋,生产能力低,效率低下,产品质量也不很稳定。随着科学技术的发展和人民生活水平的不断提高,在生产中采用更加科学的加工手段和加工技术,进一步提高产品的质量,提高劳动生产率,这已成为传统蛋制品现代化生产的必由之路。

(一)加工场地的技术要求

1. 鲜蛋检验及贮存场地的要求

为了确保原料蛋的质量,鲜蛋检验及贮存场所应满足以下要求:厂房宽敞,地面平整,场地清洁、阴凉、干燥;既要避免阳光直射,又要通风透气;场地温度控制在 10～15 ℃,相对湿度维持在 80%～85%。

2. 辅料贮存场地的要求

加工皮蛋使用的辅助材料种类多，数量大，必须根据各种辅料的特点，用专门的容器贮存。各种辅料不能随意堆放，也不要混放，要避免日晒雨淋，以防辅料性质发生变化甚至失去作用。

3. 配料间及料液贮存间的要求

配料间是配制料液时各种辅料发生化学反应的场所，常常有大量热量和水蒸气产生，因此，配料间要求高大宽敞，墙内壁要有较高的水泥墙裙。料液贮存间是暂时存放料液的地方，为了最大限度保证料液在存放期间不发生水分蒸发和浓度变化，防止外界的污染，并尽量减少空气中CO_2与料液的化学反应，未使用完的料液应装入容器中密封保存。

4. 加工车间的要求

皮蛋加工车间是生产皮蛋最主要的场所，也是浸泡皮蛋成熟的地方，在生产中，控制适宜的车间温度是皮蛋加工成败的关键。当料液浓度不变时，车间温度决定着皮蛋的成熟速度及浸泡时间。在生产中，一般控制加工车间的温度为20～25 ℃，其中以室温22 ℃为最佳。为了满足皮蛋加工中适当的环境温度和相对稳定的浸泡条件，有条件的地方还可利用地下室（或防空洞）作为泡制松花蛋的场地，这样不仅可以取得良好的浸泡效果，而且企业在不增加经营成本的前提下可常年进行生产。

（二）常用加工机械简介

1. 拌料机

拌料机又称打料机。它结构简单，使用较方便，主要由电动装置、离心搅拌机和可动支架三部分组成。在皮蛋生产中，使用这种机器代替手工搅拌料液，其效果好，效率高。

2. 吸料机

吸料机即料液泵，由料浆泵、料管和支架构成。吸料机能吸取黏稠度较大的松花蛋料液，适合于生产中料液转缸、过滤及灌料等工序。

3. 打浆机

这种机器由动力装置、搅拌器、料筒及固定支架组成。打浆机已为许多皮蛋加工厂所采用，其主要用途是生产包裹皮蛋的浓稠料泥。

4. 包料机

包料机一般由料池、灰箱、糠箱、筛分装置、传送装置及成品盘等组件构成。使用这种机器每小时可包涂皮蛋一万枚以上，不仅大大提高了工作效率，而且避免了手工操作时碱、盐等对皮肤的损伤。

（三）简易加工工具

目前，国内小型蛋品加工厂在加工皮蛋时，多数仍采用传统的手工操作，虽然这种方法的生产量少，效率低，但它对设备的要求不高，投资少，适合于个体户进行作坊式的加工。这类工具主要包括陶瓷缸、各类盛装容器（桶、盆、瓢、勺）、洗蛋捞蛋用具（竹制蛋篓或塑料蛋箱、漏瓢）、压蛋网盖、包涂泥料的工具及保护用具（乳胶手套、橡皮围腰、长筒胶靴）等。

三、皮蛋加工工艺

(一)料液的配制

我国各地加工松花皮蛋的配料标准均不一样,特别是生石灰用量和所用的材料品种上有很大的差异。

1. 配方

现将我国主要皮蛋加工地区的配方予以介绍,以供参考。这些配方中仍然使用了氧化铅,具体加工过程应予修改去掉,以加工生产无铅松花皮蛋。湖南农大食品学院等院校研制的无铅加锌、铜营养皮蛋配方,生产周期快,松花多,产品质量优良,口感风味良好,具有很大的市场潜力。同时,各地的配方标准还应根据生产季节、气候等情况做出调整,以保证产品的质量。由于夏季鸭蛋的质量不及春、秋季节的质量高,蛋下缸后不久便有蛋黄上浮及变质现象发生,为此,应将生石灰与纯碱的用量标准适当加大,从而加速松花蛋的成熟度,缩短成熟期。我国各地松花皮蛋加工配方,分别见表 9-7、表 9-8。

表 9-7　我国各地加工皮蛋的配方

kg

材料名称	北京市	上海市	江苏省	浙江省	山东省	湖南省	锦州市	大连市
沸水	100	100	100		100	100	100	100
纯碱	7.2	5.45	5.3	100	7.8	6.5	6.0	6.5
生石灰	28	21	21.1	6.25	29	30	22	28
黄丹粉	0.75	0.424	0.35	16	0.5	0.25	0.7	0.5
食盐	4.0	5.45	5.5	0.25	2.8	5.0	5.0	5.0
红茶末	3.0	1.3	1.27	3.5	1.13	2.5	0.8	—
松柏枝	0.5	—	—	0.625	0.25	—	—	—
柴灰	2.0	6.4	7.63	—	1.0	5.0	—	2.0
黄土	1.0	—	—	6.0	0.25	—	—	—

表 9-8　松花蛋配料标准参考表

kg

地区与季节 / 配料 分量	北京		天津		湖北	
	春、秋季	夏季	春初秋末	夏季	一、四季度	二、三季度
鲜鸭蛋	800	800	800	800	1000	1000
生石灰	28～30	30～32	28	30	32～35	35～36
纯碱	7	7.5	7.5	8～8.5	6.5～7	7.5
黄丹粉	0.3	0.3	0.3	0.3	0.2～0.3	0.2～0.3
食盐	4	4	3	3	3	3
茶叶	3	3	3	3	3.5	4
木炭灰	2	2	—	—	5～6	7
松柏枝	0.3	0.3	少许	少许	—	—
清水或沸水	100	100	100	100	100	100

2. 熬料

首先将锅洗刷干净，然后按配料标准，把事先称量准确的茶叶、松柏枝、清水倒入锅中加热煮沸。

3. 冲料

准备一个空缸(厚缸)或铁桶，先将生石灰、纯碱、食盐称好放入缸(或桶)中，后将黄丹粉、草木灰放在生石灰上面，再将上述煮沸的料水(或汁液)趁沸倒入缸中。此时生石灰遇到汁液，即自行化开，同时放出热量，发出高温，待缸中蒸发力渐弱后，用木棒不断翻动搅拌均匀。为保证料液浓度，需按捞出的石块重量补足生石灰。待到缸中的各种材料充分溶解化开后，使料液或料汤冷却静置，以备灌汤用，并用铁丝网捞出料液中不易溶化的生石灰块。

(二)鲜蛋装缸(或下缸)

装缸或下缸是将经过感观鉴定、照蛋、敲蛋、分级等工序挑选出来的鲜蛋，分级或分批下入清洁的缸内。下缸前，缸底要铺一层洁净的麦秸，以免最下层的鸭蛋直接与缸底相碰，受到上面许多层次的鸭蛋的压力而压破。放蛋入缸时，要轻拿轻放，一层一层地平放，切忌直立，以免蛋黄偏于一端。蛋下至离缸面略低，装至距缸口 6～10 cm 处，加上花眼竹篾盖，并用碎砖瓦压住，以免灌汤以后，鸭蛋浮起来。

(三)灌料

鲜蛋装缸后，将经过冷却凉透的料液(或料汤)加以搅动，使其浓度均匀，按需要量徐徐由缸的一边灌入缸内，直至使鸭蛋全部被料液淹没为止。灌料时切忌猛倒，避免将蛋碰破和浪费料液。料液灌好后，再静置鸭蛋，直至在料液中腌渍成熟。料液的温度随季节不同而异，在春、秋季节，料液的温度应控制在 15 ℃左右为宜，冬季最低 20 ℃为宜。料液温度过低，室温也低时，则部分蛋清发黄，有的部分发硬，蛋黄不呈溏心，并带有苦涩味；反之料液温度过高，蛋清发软、粘壳，剥壳后蛋白不完整，甚至蛋黄发臭，导致缸内大部分蛋的质量发生变化。因此，夏季料液的温度应掌握在 20～22 ℃之间，保持在 25 ℃以下为好。

(四)技术管理与成熟

灌料后即进入腌制过程，一直到松花蛋成熟，这一段的技术管理工作与成品质量的关系十分密切。首先是严格控制室内(缸房)的温度。一般要求在 21～34 ℃之间。鸭蛋在料汤内腌制过程中，春、秋季节经过 7～10 d，夏季经过 3～4 d，冬季经过 5～7 d 的浸渍，蛋的内容物即开始发生变化，蛋白首先变稀，称为“作清时期”。随后约经 3 d，蛋白逐渐凝固。此时室内温度可提高到 25～27 ℃，以便加速碱液和其他配料向蛋内渗透，待浸渍 15 d 左右，可将室温降至 16～18 ℃范围内，以便使配料缓缓地进入蛋内，不同地区室温要求也有所不同，南方地区夏天缸房温度不应高于 30 ℃，冬天保持在 25 ℃左右。夏季可采取一些降温措施，冬天可采取适当的保暖办法。有条件的地方，缸房设在地下室内，冬暖夏凉，腌制松花蛋最为适宜。腌制过程中，应注意勤观察、勤检查。为避免出现黑皮、白蛋等次品，每天检查蛋的变化、温度高低、料汤多少等，以便发现问题及时解决。不同温度下蛋白的变化情况见表 9-9。

表 9-9 验料时不同温度下蛋白的变化情况

室内温度/℃	凝固时间/h	凝固后液化时间/h	全部化清时间/h
10	15～16	18～20	72～73
15.5	13～14	15～17	48～49
21.5	10～11 h,蛋白未完全凝固,杯边即开始液化,至 12 h 杯心凝固		40
26.5	8 h,蛋白未完全凝固,杯边即开始液化,至 8～11 h 杯心凝固		28～29
31	7 h,蛋白未完全凝固,杯边即开始液化,至 9～9.5 h 杯心凝固		21～22

注:蛋白液化时蛋白呈象牙色;蛋白全部液化时杯底蛋白呈金黄色。

(五)出缸

一般情况下,鸭蛋入缸后,经过料汤的腌渍需 35 d 左右,即可成熟变成松花蛋,夏天需 30～35 d 左右,冬天需 35～40 d。为了确切知道成熟与否,可在出缸前,在各缸中抽样检验,视全部鸭蛋成熟了,便可出缸。出缸时,先拿出缸上面的碎砖瓦和竹篦盖,后将成熟的鸭蛋捞出,置于另外的缸内,用冷开水冲洗,洗去附在鸭蛋外面的碱液和其他污物,装入竹篓内晾干。出缸时要注意轻拿轻放,不要碰损蛋壳,因蛋壳裂缝处,夏天易化水变臭,冬天易吹风发黄;冲洗蛋一定要坚持用冷开水,切忌沾生水;尽量避免料液粘手引起皮肤溃烂。

(六)检验分级

出缸后的松花蛋,严格进行检验分级是保证内销和出口松花蛋质量的一道重要工序。检验分级的方法是:成熟的松花蛋,经过验质的业务人员采取“一观、二掂、三摇、四照”的方法进行验质,前三种方法为感官鉴定法,后一种方法为照蛋法(灯光透视)。

一观:观看蛋壳是否完整,壳色是否正常。通过肉眼观察,可将破损蛋、裂纹蛋、黑壳蛋及比较严重的黑色斑块蛋等次劣蛋剔出。

二掂:拿一枚松花蛋放在手上,向上轻抛丢 2～3 次或数次,试其内容有无弹性,即为掂蛋或称为手抛法鉴定蛋的质量。若掂到手里有弹性并有沉甸甸的感觉者为优质蛋;若无弹性感觉时,则需要进一步用手摇法鉴别其蛋的质量如何。

三摇:此法是前法的补充,当用手抛法不能判定其质量优劣时,再用手摇法,即用手捏住松花蛋的两端,在耳边上下、左右摇动 2～3 次或数次,听其有无水响声或撞击声。若无弹性,水响声大者,则为大溶头蛋。若微有弹性,只有一端有水荡声者,则为小溶头。若用手摇时有水响声,破壳检验时蛋白、蛋黄呈液体状态的蛋,则为水响蛋,即劣蛋。

四照:用上述感官鉴定法还难以判明成品质量的优劣时,可以采用照蛋法进行鉴定。在灯光透视时,若蛋内大部分或全部呈黑色(深褐色),小部分呈黄色或浅红色者为优质蛋。若大部分或全部呈黄褐色透明体,则为未成熟的蛋。若内部呈黑色暗影,并有水泡阴影来回转动,则为水响蛋。若一端呈深红色,且蛋白有部分粘贴在蛋壳上,则为粘壳蛋。若在呈深红色部分有云状黑色溶液晃动着,则为溶头蛋。

经过上述一系列鉴定方法鉴别出的优质蛋或正常合格蛋按大小分级装篓,以备包泥或涂膜。其余各种类型的次劣蛋均需剔除。

(七)包泥滚糠(或涂膜)

经过验质分级选出的合格蛋进行包泥。包泥是用60%～70%的黄黏土与30%～40%的已腌渍过松花蛋的料汤，调合成糊状，将蛋置于糊浆上能浮于浆面上为适宜。包泥时将蛋逐只用泥料包裹，平均每只需包泥68 g左右。为便于贮藏，防止包泥后的松花蛋互相粘连，包泥后将蛋放在稻壳上来回滚动，稻壳便均匀地粘到包泥上。每100只蛋需稻壳0.5 kg左右。包泥、滚壳中要注意，为使包泥合乎质量要求，泥料中的泥土必须选择无异味、无杂土的黄黏土；调泥必须选用腌过松花蛋的原料汤与黄土调成糊状的泥料。所用稻壳或糠壳，要过筛除去杂质，并适当喷食盐水，以使糠壳颜色美观好看。但是松花皮蛋的保质保存上采用传统的"包泥滚糠"的方式，极不适应当前国内外市场消费的需要。松花皮蛋"包泥滚糠"的传统保质保存方式，主要的弊端是：①食前处理麻烦。食用前要细心剥掉泥和糠壳，还要用水清洗，既费时，又不方便。②不够卫生。在食前剥壳过程中，常常出现泥和糠沾染皮蛋内质的现象，影响皮蛋的卫生质量。③污染环境。包在皮蛋上的泥土和糠壳，由于消费者可在火车、汽车、轮船、家庭、餐厅、饭馆等各处都可剥壳食用，造成泥土和糠壳对环境的污染，影响环境卫生。④传播疾病。包滚在皮蛋外层的泥土和糠壳，不仅造成对环境的污染，而且由于未经消毒处理，往往带有细菌和病毒，尤其容易带有地域性疫病或多种传染病，使泥糠壳中的病源到处扩散，传播疾病。国外经济发达的国家，近些年对食品检疫相当严格，这是近几年我国皮蛋出口的数量成倍减少的主要原因。某省由于这一原因减少出口的损失，每年就在千万元以上。⑤皮蛋外层涂泥滚糠，重量增加，体积扩大，明显增加了包装、运输的费用。以上这些弊端，不仅影响松花皮蛋的出口，而且国内市场销售也受到严重影响。如我国广东、上海、北京、深圳、天津等大城市，都曾向湖南省许多厂家提出，要求提供食用方便、不涂泥滚糠的松花皮蛋。由于无货提供，许多原有的消费市场逐渐丧失，致使许多厂家经济效益极差。目前，采用松花皮蛋新型涂膜剂，克服了传统皮蛋涂泥滚糠的许多缺点，具有多方面的优点。第一，食用方便，不需要食用前的剥泥剥糠和清洗这些麻烦的过程，消费者食用前即可剥壳食用。第二，保存期长。经6～12个月的保存，内质不变，新鲜可口。第三，涂膜剂是食用材料，既无毒性，也不污染环境，更不会携带细菌病毒和地域性疫病病源，同时也不会影响皮蛋内质。第四，在包装上不增加皮蛋的体积和重量。每500 g涂膜剂可涂皮蛋2000～4000枚，明显减少了运输和包装成本。第五，涂膜方法简便，劳动效率高，并可采用机械涂膜。

综上所述，研究新型皮蛋保质涂膜剂，改变松花皮蛋传统的涂泥滚糠方式，不仅能够满足国内外消费的新要求，而且能够延长皮蛋保存期，避免环境污染，扩大产品销售，使皮蛋加工企业减少成本，增加经济效益，扩大我国松花皮蛋的出口，创造更多的外汇，具有很大的经济效益和社会效益。然而我国对其保质保存方法的研究较少，国外研究主要集中在鲜蛋的保鲜保存方法上。20世纪80年代以来，随着市场经济的发展，市场消费的新需求不断出现，国内对皮蛋保存方法的研究逐渐增多，尤其对涂膜保存的研究也分别在有些城市进行，有些已取得良好的效果，并且已能应用于实际生产中。

四、鹌鹑皮蛋加工

鹌鹑是一种古老的禽种。饲养鹌鹑已成为国际上新兴的养殖业，在国外已被列为养殖

业发展的主攻方向之一。据资料统计，世界养鹌鹑总数达8亿多只，成为仅次于鸡的家禽，有“第二养禽业”之说。日本是最早发展蛋用鹌鹑生产的国家。香港、朝鲜、美国以及东南亚各国和地区均已大量饲养。近几年来，鹌鹑养殖业在我国广大城镇农村兴起，北京、上海、广州、西安、沈阳、南京、长沙等城市相继建立了种鹌鹑场。鹌鹑产蛋量很高，是一种经济价值很高的禽蛋，成为深受国内外人民欢迎的“蛋中新秀”。由于鹌鹑蛋含有丰富的蛋白质、脂肪、碳水化合物等营养物质，且胆固醇含量极低或几乎没有，营养保健价值很高；而鹌鹑蛋皮薄易破损，保存期短，将鹌鹑蛋加工成皮蛋后，既可以减少经济损失，延长蛋的保存期限，调节市场供应，又能改变色泽，增进风味，促进食欲，满足人民对各种食品的需要与嗜好。随着市场经济的建立和人民生活水平的不断提高，将鹌鹑蛋加工成五香鹌鹑皮蛋极其必要。

(一)原料蛋的选择

加工鹌鹑皮蛋用的原料蛋应该是通过灯光透视，严格挑选的5天内的新鲜蛋，蛋壳为灰白色，上面有红褐色或紫色斑点，色泽鲜艳，蛋壳结构致密、均匀，光洁平滑，蛋形正常，蛋重在10～15 g。剔除白色蛋、软壳蛋、畸形蛋、破损蛋等。

(二)配方与配料

1. 配方

经采用三种不同起始浓度的氢氧化钠，进行五香鹌鹑皮蛋的加工试制，试图从中找出品质最佳的配方和起始氢氧化钠浓度，正确地指导生产。加工5000枚(约50 kg)五香鹌鹑皮蛋所需的材料如表9-10所示：

表9-10　混合料液配合情况

kg

材料＼用量＼配方	一	二	三
沸水	62.5	62.5	62.5
氢氧化钠	2.5	—	—
食盐	1.5	3.2	1.5
氯化锌	0.08	0.08	0.08
五香粉	0.5	0.4	0.5
红茶末	0.6	2.6	0.6
纯碱	—	4.5	3.18
生石灰	—	5.0	1.7

许多资料的研究结果和生产厂家的经验表明，料液中氢氧化钠的起始浓度以4%～5%为好，所以本次试验采用高、中、低三种基础料液浓度作对比，配方一直接采用纯的氢氧化钠，为中等浓度，配方二、三由纯碱与生石灰配成，配方二为高浓度，配方三为低浓度。

2. 配料

按照配方一，将红茶叶末、五香粉、食盐称量好，放进配料缸中，加入沸水，并不断搅拌，使其溶解后加入氢氧化钠，并搅拌，冷却后加入氯化锌，拌匀，静置 24 h 后备用。按照配方二、三，将纯碱、生石灰、红茶末、食盐、五香粉称量好放入配料缸中，加入沸水不断搅拌，冷却后加入氯化锌，拌匀，静置 24 h 备用。

(三)选蛋装缸

将选好的蛋用清水洗干净后，再将蛋装进无裂缝和砂眼、洁净的陶缸中。装缸时，将检验合格后的鹌鹑蛋放平放稳，当装到离缸口 20 cm 时，盖上竹片，压上适当的石块，以防灌料时鹌鹑蛋上浮，浸泡不全。

(四)灌料

将准备好的混合料液浇入缸中，灌到超过蛋面 5 cm 时封口保存。注意这时要保持蛋在缸中静止不动，否则将成熟不好。

(五)成熟

五香鹌鹑皮蛋成熟最适宜的温度为 16～20 ℃，成熟时 20 d 左右。气温高，成熟时间稍短，气温低，成熟时间稍长。

(六)涂膜保质

五香鹌鹑皮蛋成熟以后，立即出缸用上清液清洗，摆在蛋盘上晾干。传统工艺用残料和黄土混合后包蛋保质，操作困难，食用不便。针对鹌鹑蛋小，更不便采用这种方法。采用涂一层石蜡，再用塑料薄膜包装的方法保质效果较好，且便于食用，干净卫生。

(七)装盒

采用特制的蛋盒包装。蛋盒用硬纸板或塑料做成，内有小格，一盒装“8＋8＋8”枚。销售时按盒销售，是馈赠佳品。

(八)料液测定与产品质量检查

1. 混合料液中氢氧化钠浓度的测定

采用酸碱滴定法。检测时的取样采用吸管均匀吸取澄清的上层清液，用 1N $HCl-BaCl_2$ 标准溶液滴定，以便沉淀料液样品中的碳酸盐和硫酸盐，再用酚酞作指示剂。滴定结果见表 9-11。

表 9-11　混合料液中 NaOH 浓度的测定

项目 / 配方	吸取上清液/mL	1N $HCl-BaCl_2$ 的量/mL	NaOH 浓度/%
一	50	1.8	3.8
二	50	2.5	4.6
三	50	1.6	3.0

2. 质量抽样检查

鹌鹑皮蛋在成熟过程中分三次抽样检查。第 5 天进行第一次抽样检查，看到鹌鹑蛋表

面的花片已脱落，打开蛋内有黏性。第二次是在第12天抽样检查，打开蛋内已基本凝固，但硬度和弹性不够，如有黄水样蛋白，蛋黄周围有凝固，则说明碱度过大，需马上采取措施，否则成熟不好。第三次是在第18天时，如果打开蛋白弹性较好，看颜色是否正常，如果弹性不好，颜色不是茶色，可再放2～3 d出缸。抽样检查后的结果见表9-12。五香鹌鹑皮蛋出缸后进行感观检验，检验结果见表9-13。

表9-12　抽样检查结果记录表

配方	第5天	第12天	第18天
配方一	鹌鹑蛋表面的花片已剥落，打开蛋内有黏性	蛋内基本凝固，但凝固性能和弹性不够	蛋白弹性很好，凝固光洁，不粘壳，蛋白茶色，蛋黄绿褐色，有溏心，可出缸
配方二	鹌鹑蛋表面的花片已剥落，打开蛋内有黏性	蛋白基本凝固，发现有黄水样蛋白，蛋黄周围凝固，发黑，说明浓度过大	蛋白融头，有粘壳现象，已凝固的蛋白有些变为液体，说明时间过长，碱量过高
配方三	鹌鹑蛋表面的花片很难剥落，蛋白几乎未变化	蛋白、蛋黄不凝固，变稀，有茶色	未凝固，稀稠状，有臭味

表9-13　成品皮蛋感官鉴定

配方	气室大小	蛋白状况	蛋黄状况	气味和滋味
一	小	蛋白呈茶色，半透明，弹性大，有松花，不粘壳	色泽多样，外部为墨绿色，并有溏心	余味较短，清凉爽口，辛辣味较淡，咸味适中
二	较大	蛋白呈茶色，弹性不大，粘壳	蛋黄较坚韧，有溏心	具有轻微的石灰味，辛辣味，香味淡
三	无	未凝固	未凝固	淡臭味

从表9-12、表9-13中可以看出，按配方一生产出的五香鹌鹑皮蛋质量最好；配方二较好；配方三差，不能投入生产。长期以来，以石灰和纯碱作为主要原料的传统方法加工五香鹌鹑皮蛋，碳酸钙沉淀较多，沉在蛋壳表面，妨碍氢氧化钠向蛋内渗透，而且缸底层的皮蛋往往浸泡在浓度较大的沉积物中。因此，配方二易形成烂头。考虑到起主要作用的是氢氧根离子，因此，采用纯氢氧化钠来进行鹌鹑皮蛋的料液配制，经感观检查，按照配方一生产的五香鹌鹑皮蛋外观色彩斑斓，玲珑巧致，去壳后蛋白晶莹如玉，松花纹理清楚，蛋黄呈褐绿色，蛋的剖面绚丽多彩，色泽诱人，清香扑鼻，清凉爽口，符合消费者的嗜好，深受广大群众的青睐。从以上加工过程可以看出，氢氧化钠浓度与成品质量有着密切的关系。如果料液浓度过高，则会由于氢氧化钠渗入蛋内过快而致使已经凝固的蛋白重新化清、烂头、粘壳等。相反，如果料液浓度太低，则氢氧化钠向蛋内渗入速度过缓，造成蛋白凝固不好，成熟期过长，引起蛋的腐败变质。因此，为了使渗入蛋内的氢氧化钠量与蛋内蛋白变化速度相适应，必须选择合适的料液浓度。实际上，在成熟期间氢氧化钠浓度是不断变化的，而且有一定的规律，掌握这一规律对出缸时间的确定具有重要的意义。

第三节　咸蛋的加工方法

加工咸蛋的原料主要为鸭蛋，有的地方也用鸡蛋或鹅蛋来加工，但以鸭蛋为最好，因鸭蛋黄中的脂肪含量较多，产品质量风味最好。我国各地加工咸蛋的辅料和用量大同小异，但加工方法却较多，根据加工方法的不同，可分为黄泥咸蛋、包泥咸蛋、滚灰咸蛋和盐水浸泡咸蛋等。

一、原料蛋和辅料的选择

(一)原料蛋的选择

加工咸蛋通常都选用鸭蛋，用鸡蛋来生产咸蛋也可以取得较好的效果。加工出口产品一般使用鲜鸭蛋为原料，这主要是因为鸭蛋中的脂肪含量较高，蛋黄中的色素含量也较多，用鸭蛋加工出的咸蛋，其蛋黄呈鲜艳油润的橘红色，成品的风味更佳。为了确保咸蛋的质量，用于加工的原料蛋必须经过严格的检验和挑选，剔除不符合加工要求的各种次劣蛋，然后根据蛋的质量分级。原料蛋的挑选和分级方法与皮蛋加工中蛋的选择和分级方法完全相同。

(二)辅助材料的选择

1. 食盐

它是加工咸蛋最主要的辅助材料。生产咸蛋时应选择色白、味咸、氯化钠含量高(96%以上)、无苦涩味的干燥产品。在大批量生产时，事先应测定食盐中氯化钠的含量和食盐的含水量，以便在加工中能正确掌握食盐的用量。

2. 草灰

当采用草灰法加工咸蛋时，草灰是用来和食盐调成灰料，使其中的食盐能够长期、均匀地向蛋内渗透，同时可有效阻止微生物向蛋内侵入，防止由于环境温度变化对蛋内容物造成不利影响。除此以外，草灰还能明显地减少咸蛋的破损，便于贮藏、长途运输和销售。国内加工咸蛋一般选用稻草灰，使用时应选择干燥、无霉变、无杂质、无异味、质地均匀细腻的产品。

3. 黄泥

在咸蛋加工的用料选择上，除了可以使用草灰外，还可以采用黄泥加工，甚至可将草灰与黄泥混合使用。黄泥的作用与草灰相同。选用的黄泥应干燥，无杂质，无异味。另外，含腐殖质较多的泥土不能使用，因为这种泥土在加工时容易使蛋变质发臭。

4. 水

加工咸蛋一般直接使用清洁的自来水，但使用冷开水对于提高产品的质量最为有利。

二、咸蛋的加工方法

咸蛋在我国各地均有大量生产，其加工也有多种方法，如草灰法、盐泥涂布法、盐水浸渍

法、泥浸法、包泥法等。这些加工方法的原理相同，加工工艺相近，最常见的几种加工咸蛋的方法如下：

(一)草灰法

草灰法又分提浆裹灰法和灰料包蛋法两种。

1. 提浆裹灰法

其加工工艺如下：

(1)配料

生产咸蛋的配料标准在各地都不尽相同。在不同季节生产，其配料的标准也应作适当调整(主要改变食盐的用量)。各地在不同季节加工咸蛋的配料比例见表 9-14。

表 9-14　加工咸蛋的配料比例

加工地区	加工季节	使用的辅助材料		
		草木灰	食盐	水
四川	11 月至次年 4 月	25	8.0	12.5
	5 月份—10 月份	22.5	7.5	13.0
湖北	11 月至次年 4 月	15.0	4.25	12.5
	5 月份—10 月份	19.5	3.75	12.5
北京	11 月至次年 4 月	15.0	4.3～5.0	12.5
	5 月份—10 月份	15.0	3.8～4.5	12.5
江苏	春季、秋季	20.0	6.0	18.0
浙江	春季、秋季	17～20	6～7.5	15～18

(2)打浆

在打浆之前，先将食盐倒入水中充分搅拌使其溶解，然后将盐水全部加入打浆机(或搅拌机)内，再加入 2/3 用量的稻草灰进行搅拌。经 10 min 左右的搅拌后，草灰、食盐与水已混合均匀，这时将余下的草灰分两次或三次加入并充分搅拌，搅拌均匀的灰浆呈不稀不稠的浓浆状。检验灰浆是否符合要求的方法：将手指插入灰浆内，取出后手上灰浆应黑色发亮，不流、不起水、不成块、不成团下坠，放入盘内无起泡现象。制好灰浆后放置过夜，次日即可使用。

(3)提浆、裹灰

将选好的蛋用手在灰浆中翻转一次，使蛋壳表面均匀粘上一层约 2 mm 厚的灰浆，然后将蛋置于干稻草灰中裹草灰，裹灰的厚度约 2 mm。裹灰的厚度要适宜，若太厚，会降低蛋壳外面灰浆中的水分，影响腌制成熟的时间；若裹灰太薄，易造成蛋间的粘连。裹灰后将灰料用手压实捏紧，使其表面平整，均匀一致。

(4)装缸(袋)密封

经裹灰、捏灰后的蛋应尽快装缸密封，如果生产量不大时，也可装入阻隔性良好的塑料袋中密封，然后转入成熟室内堆放。在装缸(袋)时，必须轻拿轻放，叠放应牢固、整齐，防止因操作不当使蛋外的灰料脱落或将蛋碰裂而影响产品的质量。

(5)成熟与贮存

咸蛋的成熟期在夏季为 20～30 d，在春秋季节为 40～50 d。咸蛋成熟后，应在 25 ℃以下，相对湿度 85％～90％的库房中贮存，其贮存期一般为 2～3 个月。

2. 灰料包蛋法

这种加工方法的配料与上面基本相同，只是加水量少一些。加工时先将稻草灰和食盐在容器内混合，再适量加水并进行充分搅拌混合均匀，使灰料成为干湿度适中的团块，然后将灰料直接包裹于蛋的外面，包好灰料以后将蛋置于缸（袋）中密封贮藏。

（二）盐泥涂布法

1. 盐泥配方

鲜鸭蛋 1000 枚，食盐 6.0～7.5 kg，干黄土 6.5～8.5 kg，冷开水 4.0～4.5 kg。

2. 加工过程

先将食盐放在容器内，加冷开水溶解，再加入经晒干、粉碎的黄土细粉，用木棒搅拌使其成为糨糊状。泥浆浓稠程度的检验方法：取一枚蛋放入泥浆中，若蛋一半沉入泥浆，一半浮于泥浆上面，则表示泥浆浓稠度合适。然后将挑选好的原料蛋放入泥浆中（每次 3～5 枚），使蛋壳粘满盐泥后，点数入缸或装箱，装满后将剩余的泥料倒在蛋的上面，再加盖封口。夏季 25～30 d，春、秋季 30～40 d 就变成咸蛋。

（三）盐水浸渍法

用食盐水直接浸泡腌制咸蛋，其用料少、方法简单、成熟时间短。我国城乡居民普遍采用这种方法腌制咸蛋。

1. 盐水的配制

盐水配方（单位为 kg）：冷开水 80，食盐 20，花椒、白酒适量。

将食盐于开水中溶解，再放入花椒，待冷却至室温后再加入白酒即可用于浸泡腌制。

2. 浸泡腌制

将鲜蛋放入干净的缸内并压实，慢慢灌入盐水，将蛋完全浸没，加盖密封腌制 20 d 左右即可成熟。浸泡腌制时间最多不能超过 30 d，否则成品太咸且蛋壳上出现黑斑。用此法加工的咸蛋不宜久贮，否则容易腐败变质。浸泡法加工咸蛋的优点是简便。用过的第一次盐水可留作第二次甚至于多次使用（但要追加食盐）。盐水的浓度与腌蛋的品质颇有关系，如用 10％的盐水，所用的蛋平均质量为 81.7，腌制后，每蛋含盐量为 1.245 g，全蛋含盐量为 1.5％，除壳后含盐量为 1.7％。用 20％的盐水腌蛋，所用的蛋平均重为 80.7 g，每蛋含盐量为 4.075 g，全蛋含盐量 5.0％，除壳后含盐量为 5.6％。用 30％的盐水腌蛋，所用的蛋平均重为 81.2 g，每蛋含盐量为 5.136 g，全蛋含盐量为 6.3％，除壳后含盐量为 7.8％。以上鸭蛋腌期为 40 d。试验结果，用 20％的盐水来腌蛋最适宜，10％盐水腌的蛋味较淡。盐水腌蛋一个月以后，蛋壳上常生黑斑，其他方法制成的盐蛋则无此缺点。

（四）传统腌制方法的改进

近年来我国鸭蛋年产量在 350 万～400 万吨，估计一半以上用于加工咸蛋，再加上用鸡蛋加工的咸蛋，我国年生产咸蛋在 200 万吨以上。可见咸蛋在我国的蛋制品中占有重要地位，它既是我国居民日常消费的食品，也是我国蛋制品出口的主要品种。然而，我国咸蛋加工技术的研究缺乏广度、深度和系统性，有关这方面的报道也不多。随着人民生活水平的提高，咸蛋的消费又发生了新变化，咸蛋生产面临许多新问题。面对这些新问题，不少蛋品科

技工作者在这方面做了许多的尝试，取得了较大的进展。

咸蛋传统的加工方法生产周期均较长，对资金周转、场地利用均不利，为缩短生产周期，李根样等采用压力腌蛋法，即将蛋放入压力容器内，加入饱和盐水，然后对容器进行加压，经24～48 h即可腌制完毕。而黄如瑾则采用3%～13%的盐酸腐蚀蛋外壳，使蛋成为软壳蛋后，再加盐水腌渍，加速咸蛋加工进程。黄浩军将盐与调味料以2∶3比例配成卤汁，再将卤汁灌入注射器，直接注入蛋内以缩短加工期。为保证成品蛋的清洁卫生和食用方便，周承显发明了以咸蛋纸制作咸蛋的方法，它是把喷洒和浸渍并撒上适度食盐的植物纤维组织或无纺布包裹于干净的鲜蛋上，密封25～30 d，即制成咸蛋。陈雄德发明了真空无泥咸蛋的制作方法。另外，为增加咸蛋的风味和营养，有人发明了五香熟咸蛋的加工方法、富硒咸蛋的生产方法等。

（五）真空包装熟咸蛋的生产方法

传统方法加工和贮存的咸蛋保质期短，食用不便，不符合现代消费的需求，限制了咸蛋市场的开发。将传统方法腌制成熟的咸蛋，经真空包装和高温杀菌，不仅提高了咸蛋的贮存性，方便了贮运和食用，而且提高了产品质量和产品的安全性，

1. 清洗

咸蛋腌制成熟后，从腌制缸中捞出，用清水将咸蛋表面附着物清洗干净，并剔除裂纹蛋、硌窝蛋、变质蛋等次、劣蛋。

2. 预煮

将清洗干净的咸蛋放入蒸煮锅内，加满清水，开动蒸汽，使水温加热到95 ℃，并维持5 min，然后出锅冷却。

3. 真空包装

把冷却至室温后的咸蛋套入透明的复合包装袋中，一袋1只，然后放入真空包装机内，采用−0.09 MPa的真空度进行封口。封口时间和热封温度根据设备不同及袋质厚薄来定，以封好后用力拉不开为宜。

4. 高温杀菌

高温杀菌不但使咸蛋达到商业灭菌的要求，提高咸蛋的贮存性，而且使蛋黄中的低密度脂蛋白结构破坏，包裹在低密度脂蛋白中的脂肪游离出来，使咸蛋出油增加，品质改善。

5. 装盒、热封、装箱

杀菌后的咸蛋置外包装间摊放至外袋干燥后，放入纸盒中，纸盒外套热缩塑料薄膜，经过热收缩后，装箱入库。

第四节　蛋黄酱的生产工艺

一、原辅料的选择

蛋黄酱生产所用的原辅料种类很多，且不同配方所用的原辅料的种类也有较大的差异，

且各种原辅料的特性、用量、质量及使用方法等对蛋黄酱的品质、性状等有着重要影响。蛋黄酱生产所用原辅料一般都包括鸡蛋、植物油、食醋、香料、食盐、糖等。

(一)蛋黄

蛋黄或全蛋就是一种天然乳化剂,因围绕蛋黄所产生的乳化作用而形成一种天然的完全乳状液——蛋黄酱。使蛋黄具有乳化剂特性的物质主要是卵磷脂和胆甾醇,卵磷脂属O/W型乳化剂,而胆甾醇则属于W/O型乳化剂。实验证明,当卵磷脂∶胆甾醇＜8∶1时,形成的是W/O型乳化体系,或使O/W型乳化体系转变为W/O型。卵磷脂易被氧化,因此,蛋黄酱生产所用原料蛋的新鲜程度较低,则不易形成稳定的O/W型乳化体系。此外,蛋黄中的类脂物质成分对产品的稳定性、风味、颜色也起着关键作用。蛋白是一种很复杂的蛋白质体系,蛋黄酱的制作中蛋白有利于同酸组分凝结进而产生胶状结构。

(二)植物油

蛋黄酱加工用植物油一般应选用无色或浅色的油,要求其颜色清淡,气味正常,稳定性好,浊度尽可能低于-5 ℃,且硬脂含量不多于0.125%。最常用的是精制豆油,最好是橄榄油。除此之外,还可以选用生菜油、玉米油、米糠油、菜籽油、红花籽油等。有些油品如棕榈油、花生油等因富含饱和脂肪酸结构的甘油酯,低温时易固化,导致乳状液的不连续性,故不宜用于制作蛋黄酱。乳化体系黏度与油脂含量的关系见表9-15。

表9-15 乳化体系黏度与油脂含量的关系

蛋黄+植物油		蛋黄+植物油+白醋		蛋黄+植物油+白醋+芥末	
油含量/%	黏度(峰面积)	油含量/%	黏度(峰面积)	油含量/%	黏度(峰面积)
52.7	20.0	67.7	6.5	52.4	12.5
64.5	34.0	75.5	12.0	63.8	15.0
68.0	55.0	77.5	16.0	73.5	20.5
71.5	78.0	80.0	17.5	81.5	31.5
72.7	120.0	82.2	27.5	85.4	42.0
74.4	150.0	83.7	42.0	88.2	56.5
75.4	184.0	86.0	60.5	89.1	78.0
78.1	111.0	87.6	68.0	89.6	115.0
81.8	67.0	88.1	101.0	90.7	134.0
84.0	19.5	88.8	109.0	91.2	110.0
85.0	16.0	90.0	101.0	91.4	81.5
		90.8	64.0	93.3	31.5
		92.7	18.0	95.0	10.0

注:黏度用流变仪测定。

从表9-15可以看出,在外相一定的条件下,蛋黄酱的黏度(峰面积)随着油脂用量的增

加而增大，而当油脂用量增大到一定程度后，蛋黄酱的黏度又会迅速减小。从乳化机理分析可知，在油脂(内相)用量较少时，水等外相物质相对过剩，且未被束缚住，从而使乳化液的黏度降低；随着油脂用量的增加，被束缚的外相逐渐减少，故乳化液的黏度增大；但当油脂用量超过一定限度后，外相物质特别是乳化剂又会相对不足，导致O/W型乳化体系不易形成，或形成的O/W型乳化体系稳定性极差，甚至会使乳化体系从O/W型变为W/O型。

目前所生产的蛋黄酱普遍配有蛋黄、植物油、食醋和芥末，从表9-15可知，当油脂用量在90.7%时，产品的黏度(峰面积)最大。但考虑到随着油脂用量的增加，产品的破乳时间逐渐缩短，即所形成的乳化体系易被破坏，故蛋黄酱的油脂用量也不宜过高，一般认为油脂用量在75%～80%较为适宜。

(三)食醋

食醋在蛋黄酱中起到双重作用，不仅作为保持剂以防止因微生物引起的腐败作用，而且也在其添加量适当时，作为风味剂来改善制品的风味。蛋黄酱生产中最常用的酸是食用醋酸，一般多用米醋、苹果醋、麦芽醋等酿造醋，其风味好，刺激性小。食用醋酸常含有乙醛、乙酸乙酯及其他微量成分，这些微量成分对食用醋酸及蛋黄酱的风味都有影响。为了提高和改善蛋黄酱的风味，在蛋黄酱配方中也可以使用柠檬酸、苹果酸、酸橙汁、柠檬汁等酸味剂代替部分食用醋酸，这些酸味剂能赋予蛋黄酱特殊的风味。

蛋黄酱制作要求所用的食醋无色，且其醋酸含量在3.5%～4.5%之间为宜。此外，由于食醋中往往含有丰富的微量金属元素，而这些金属元素有助于氧化作用，对产品的贮藏不利，因此可考虑用苹果酸、柠檬酸等替代食醋，也可选用复合酸味剂。

在蛋黄酱的生产中，在蛋黄和植物油的用量一定的情况下，添加食醋会使产品的黏度及稳定性大幅度降低，这可能与食醋的主要成分是水有关，但考虑到醋酸具有防腐及改善风味的作用，在蛋黄酱生产中多用适量食醋(或用其他有机酸和含酸较多的物料，如果汁)。一般认为食醋的用量以使水相中醋酸浓度为2%为宜，即食醋(4.5%醋酸)用量在9.4%～10.8%。

(四)芥末

芥末是一种粉末乳化剂。一般认为蛋黄酱的乳化是依靠卵磷脂和胆甾醇的作用，而其稳定性则主要取决于芥末。当加入1%～2%的白芥末粉时，即可维持体系稳定，且芥末粉越细，乳化稳定效率越高。从表9-15可以看出，在蛋黄、植物油和食醋用量一定的情况下，添加芥末粉可使产品的稳定性提高。同时，考虑芥末对产品风味的影响，一般用量控制在0.6%～1.2%之间。

(五)其他

糖和盐不仅是调味品，还能在一定程度上起到防腐和稳定产品性质的作用。但配料中食盐用量偏高会使产品稳定性下降，因而要将产品水相中食盐浓度控制在10%左右。此外，在配料中添加适当明胶、果胶、琼脂等稳定剂，可使产品稳定性提高。生产用水最好是软水，硬水对产品的稳定性不利。

随着蛋黄酱新品种的开发，新工艺的出现，对起乳化作用的物质和乳化剂的复杂协同作用必须关注。乳化剂保护膜具有弹性，直到还没破裂的程度都是可变形的，从而使水包油型的乳状液体系非常稳定。除用蛋黄作为乳化剂外，柠檬酸甘油单和二酸酯、乳酸甘油单和二酸酯和卵磷脂复配使用，也能使脂肪分布细微，并可改善蛋黄酱类产品的黏稠度和稳定性。若乳化剂用量过多或类型不对，都会影响产品的稠度和口感。为了使产品获得最佳的口感，变性淀粉、水溶性胶体、起乳化作用的物质和乳化剂的复杂协同作用特别重要。选用的乳化剂和增稠剂必须是耐酸的，乳化剂不可全部代替蛋黄，其用量为原料总量的 0.5%左右。有些国家规定蛋黄酱不得使用鸡蛋以外的乳化稳定剂，若使用时，产品只能称作沙拉酱。

二、蛋黄酱生产配方

(一)一般沙拉性调料蛋黄酱生产配方

一般沙拉性调料蛋黄酱生产配方为：蛋黄 10%，植物油 70%，芥末 1.5%，食盐 2.5%，食用白醋(含醋酸 6%)16%。该配方产品的特点是：淡黄色，较稀，可流动，口感细腻、滑爽，有较明显的酸味。其理化性质为：水分活度 0.879，pH 3.35。

(二)低脂肪、高黏度蛋黄酱生产配方

低脂肪、高黏度蛋黄酱生产配方为：蛋黄 25%，植物油 55%，芥末 1.0%，食盐 2.0%，柠檬原汁 12%，α-交联淀粉 5%。该配方产品特点是：黄色，稍黏稠，具有柠檬特有的清香，酸味柔和，口感细滑，适宜作糕点夹心等。其理化性质为：水分活度 0.90，pH 4.7。

(三)高蛋白、高黏度蛋黄酱生产配方

高蛋白、高黏度蛋黄酱生产配方为：蛋黄 16%，植物油 56%，脱脂乳粉 18%，柠檬原汁 10%。该配方产品特点是：淡黄色，质地均匀，表面光滑，酸味柔和，口感滑爽，有乳制品特有的芳香，宜做糕点等表面涂布。其理化性质为：水分活度 0.865，pH 5.5。

(四)其他几种常用配方

配方 1：蛋黄 9.2%，色拉油 75.2%，食醋 9.8%，食盐 2.0%，糖 2.4%，香辛料 1.2%，味精 0.2%。配方说明：油以精制色拉油为好，且玉米油比豆油更为理想；食醋以发酵醋最为理想，若使用醋精应控制其用量，通常以醋酸含量进行折算。

配方 2：蛋黄 8.0%，食用油 80.0%，食盐 1.0%，白砂糖 1.5%，香辛料 2.0%，食醋 3.0%，水 4.5%。

配方 3：蛋黄 10.0%，食用油 72.0%，食盐 1.5%，辣椒粉 0.5%，食醋 12.0%，水 4.0%。

配方 4：蛋黄 18.0%，食用油 68.0%，食盐 1.4%，辣椒粉 0.9%，食醋 9.4%，砂糖 2.2%，白胡椒粉 0.1%。

配方 5：蛋黄 500 g，精制生菜油 2500 mL，食盐 55 g，芥末酱 12 g，白胡椒粉 6 g，白糖 120 g，醋精(30%)30 mL，味精 6 g，维生素 E 3～4 g，凉开水 300 mL。

三、生产工艺

(一)工艺流程

下面列举三种蛋黄酱的加工工艺流程。

1. 工艺流程Ⅰ

食盐　糖　调味料　交替加植物油和醋

原料称量→消毒杀菌→搅拌→搅拌→搅拌→搅拌→成品

2. 工艺流程Ⅱ

蛋黄→加入调味料、部分醋→搅拌均匀→缓加色拉油→加入余醋→继续搅拌→成品。

3. 工艺流程Ⅲ

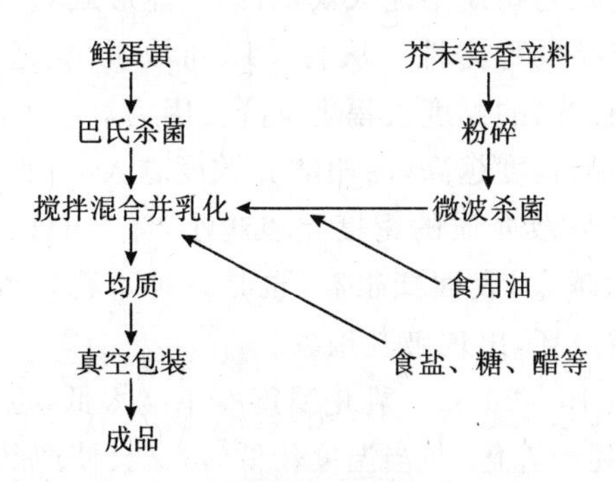

图 9-6　蛋黄酱的基本工艺流程

(二)操作要点

以工艺流程Ⅲ为例,说明其操作要点。

1. 蛋黄液的制备

将鲜鸡蛋先用清水洗涤干净,再用过氧乙酸及医用酒精消毒灭菌,然后用打蛋器打蛋,将分出的蛋黄投入搅拌锅内搅拌均匀。

2. 蛋黄液杀菌

对获得的蛋黄液进行杀菌处理,目前主要采用加热杀菌。在杀菌时应注意蛋黄是一种热敏性物料,受热易变性凝固。试验表明,当搅拌均匀后的蛋黄液被加热至 65 ℃以上时,其黏度逐渐上升,而当温度超过 70 ℃时,则出现蛋白质变性凝固现象。为了能有效地杀灭致病菌,一般要求蛋黄液在 60 ℃温度下保持 3～5 min,冷却备用。

3. 辅料处理

将食盐、糖等水溶性辅料溶于食醋中,再在 60 ℃下保持 3～5 min,然后过滤,冷却备用。将芥末等香辛料磨成细末,再进行微波杀菌。

4. 搅拌、混合乳化

先将除植物油以外的辅料投入蛋黄液中,搅拌均匀。然后再在不断搅拌下,缓慢加入植物油,随着植物油的加入,混合液的黏度增大,这时应调整搅拌速度,使加入的油尽快分散。

搅拌时间对产品黏度的影响见表 9-16。

表 9-16　搅拌时间对蛋黄酱产品黏度的影响

搅拌时间/min	黏度(峰面积)
0	28
5	43
10	62
15	157
16.5	12

在搅拌、混合乳化阶段，必须注意下面几个环节：

(1)搅拌速度要均匀，且沿着同一个方向搅拌。

(2)植物油添加速度特别是初期不能太快，否则不能形成 O/W 型的蛋黄酱。

(3)搅拌不当可降低产品的稳定性。从表 9-16 可以看出，适当加强搅拌可提高产品的稳定性，但搅拌过度则会使产品的黏度大幅度下降。因为对一个确定的乳化体系，机械搅拌作用的强度越大，分散油相的程度越高，内相的分散度越大。而内相的分散度越大，油珠的半径越小，这时的分散相与分散介质的密度差也越小，体系的稳定性越高。但油珠半径越小，也意味着油珠的表面积越大，表面能很高，也是一种不稳定性因素。因此，当过度搅拌时，乳化体系的稳定性就被破坏，出现破乳现象。

(4)乳化温度应控制在 15～20 ℃。乳化温度既不能太低，也不能太高。若操作温度过高，会使物料变得稀薄，不利于乳化；而当温度较低时，又会使产品出现品质降低现象。

(5)操作条件一般为缺氧或充氮。卵磷脂易被氧化，使 O/W 型乳化体系被破坏，因此，如果能够在缺氧或充氮条件下完成搅拌、混合乳化操作，能使产品有效贮藏期大为延长。

5. 均质

蛋黄酱是一种多成分的复杂体系，为了使产品组织均匀一致，质地细腻，外观及滋味均匀，进一步增强乳化效果，用胶体磨进行均质处理是必不可缺的。

6. 包装

蛋黄酱属于一种多脂食品，为了防止其在贮藏期间氧化变质，宜采用不透光材料，进行真空包装。

四、蛋黄酱加工的新技术

(一)PSO 蛋黄酱加工技术

湖北工业大学的陈茂彬研究了由植物甾醇与油酸直接酯化合成植物甾醇油酸酯(PSO)加工蛋黄酱的技术。

植物甾醇主要含有谷甾醇、豆甾醇、菜油甾醇、菜籽甾醇等多种成分，具有抑制人体对胆固醇的吸收等作用。2000 年 9 月，美国食品与药物管理局通过了对植物甾醇的健康声明，含植物甾醇的人造奶油和色拉酱被列入功能性食品，在许多西方国家已被广泛用于人群慢

性病预防。植物甾醇在水和油脂中的低溶解性限制了它的实际使用范围。植物甾醇的C-3位羟基是重要的活性基团,可与羧酸化合形成植物甾醇酯。作为一种新型功能性食品基料,植物甾醇酯具有比游离植物甾醇更好的脂溶性和更高效的降胆甾醇的效果,能以一定量添加于普通的高油脂食品中,成为喜食高脂食品人群的保健食品,亦可作为高脂血症和动脉粥样硬化患者的疗效食品。

利用植物甾醇油酸酯加工蛋黄酱的工艺流程和操作要点如下。

1. 工艺流程

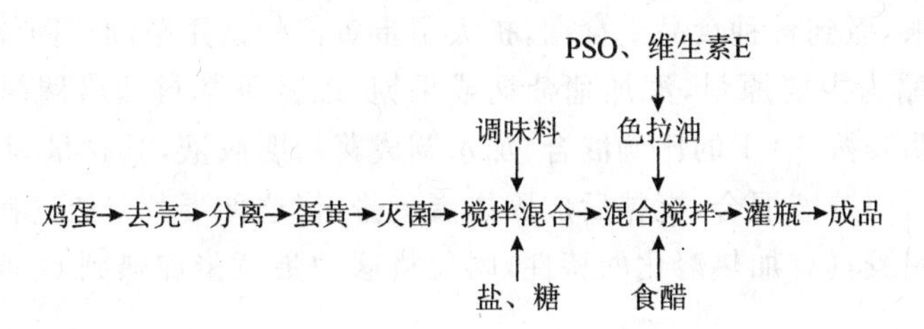

2. 操作要点

(1)植物甾醇油酸酯的加入量

植物甾醇油酸酯为黄色油状物质,可以直接添加到植物油中,用来制作蛋黄酱产品。根据植物甾醇酯的人体推荐摄入量1.3 g/人(人体每天摄入1.3 g以上的植物甾醇酯即可达到降胆固醇的效果)确定的PSO添加量为2.5%。加工中先将PSO溶解于大豆色拉油中,配制成PSO含量为0.5%的油液备用。

(2)天然维生素E的加入量

蛋黄酱大面积油暴露在水相中,而且含有不溶解的氧。另外,混合过程有可能引入气泡。像所有含有脂肪的食品一样,蛋黄酱很容易因为脂肪中不饱和脂肪酸和多不饱和脂肪酸的自动氧化而受到破坏。天然维生素E被公认为是脂肪和含油食品首选的优良抗氧化剂,维生素E本身的酚氧基结构能够猝灭并能与单线态氧发生反应,保护不饱和脂质免受单线态氧的损伤,还可以被超氧阴离子自由基和羟基自由基氧化,使不饱和油脂免受自由基进攻,从而抑制油脂的自动氧化。天然维生素E的添加量为0.5%,采用与PSO一样先溶解于大豆色拉油中的添加方式,配制成天然维生素E含量为0.7%的植物油液,备用。

(3)植物油的选择及其用量

用于蛋黄酱生产的植物油必须是经过充分精制的色拉油。蛋黄酱的乳化体系中,油量的多少、油滴的大小及油滴的分散情况都会影响蛋黄酱的品质。如果蛋黄酱中植物油含量少,脂肪含量太少,稠度和黏度变小,会使乳化的油滴粒径加大,导致水相分离。适当增大油含量可以提高蛋黄酱的稳定性,但油含量过大时,由水溶性成分构成的外相所占的比例就很小,会使乳化液由O/W型转变成W/O型,导致蛋黄酱乳化体系不稳定,油水会很快分离。一般都是通过正交实验来确定植物油的最佳用量,若选用大豆色拉油,其最佳用量为74%。

(4)食醋

在蛋黄酱生产的配方中,酸的用量要保证蛋黄酱外相(水相)中总酸量(以醋酸计)不低于25%,起到防止蛋黄酱腐败变质的作用。由正交实验结果可知,食醋(含醋酸4.5%)的用量为9%左右。

(5)食盐、白糖、香辛料等辅料

除上述几种主要原料外，为使蛋黄酱风味多样化及增强风味，还需要添加其他调味料。经过实验对比，白砂糖用量为1.5%，精盐用量为15%，香辛料虽然加入量少，但对风味和特色影响很大，香辛料主要有芥末、白胡椒粉、姜粉、香兰素等，总用量为1%左右。

(二)固体蛋黄酱的加工技术

普通蛋黄酱为高黏度的糊状物，有流动性，其包装及应用均受到一定的限制。为此，日本研究开发出了固体蛋黄酱，其硬度类似于奶酪，不需要特殊的包装材料，用纸包装即可，而且可以加工成粉末，撒到各种食品上食用，扩大了蛋黄酱的适用范围。固体蛋黄酱是以蛋黄酱、色拉油、酿造醋为主要原料，添加葡萄糖或果糖，以及香辛料即增稠剂而制成蛋黄酱主体。另将葛粉与明胶按2∶1的比例混合，加水调成葛粉明胶液，其含量为10%～20%。再将蛋黄主体与葛粉明胶液混合，搅拌后成固体蛋黄酱，将这种蛋黄酱通过粉碎制成粉末蛋黄酱。由于葛粉与明胶具有加热溶化的特性，因此将这种蛋黄酱加热到60℃以上时，会使其变软。

固体蛋黄酱加工实例：

将蛋黄20份、色拉油20份、酿造醋15份、浓度为8%的葡萄糖溶液4份、香辛料1.5份、增稠剂9份混合，搅拌后成为蛋黄酱主体。另将葛粉2份和明胶1份混合，调成浓度为15%的葛粉明胶液。再将1份葛粉明胶液与12份蛋黄酱主体混合，搅拌后即成蛋黄酱成品。

五、影响蛋黄酱产品稳定性的因素

(一)蛋黄酱乳化液的稳定性

蛋黄酱是由鸡蛋、醋、植物油以及香辛料(尤其是芥末)混合而成的。目前典型的蛋黄酱一般都含有70%～80%的脂肪。虽然相对水分而言，蛋黄酱中脂肪的含量是高的，但它却是一种水包油(O/W)的乳化液。制作时首先把鸡蛋、醋和芥末混合，然后缓慢的混合到植物油中。这一过程导致了乳化液中含有大量互相接近的油滴。相反，如果把油相和水相迅速的混合，结果产生的是油包水(W/O)的乳化液，它的黏度和制作时所用植物油的黏度相似。

对于乳化液，如果在连续相中包裹一个理想的球状油滴，作为分散相的油滴最多只能达到总体积的74%，而在蛋黄酱中，油滴的体积可以达到或者超过总体积的75%。这就意味着油滴由原来正常的球状发生了扭曲，同时油滴间彼此接触使它们相互作用，这些因素使蛋黄酱具有很高的黏度。国外学者于1983年发现，与那些用肌肉或者大豆蛋白作为乳化剂制成的乳化液相比，由蛋黄制成的蛋黄酱乳化液的流体弹性在经过预处理后会很快达到最大值。可以推测是由于毗连的油滴絮凝形成了网状结构，本质上来说就是形成了微弱的凝胶体。油滴之间的作用力依靠的是范德华吸引力，在达到一定程度的静电学和空间阻力的平衡后，范德华力便会达到平衡。乳化液的质量依赖于范德华吸引力恰当的平稳，如果吸引力太大，会导致牵引油滴而使水相挤出，促进油滴的结合；如果排斥力太大，会使油滴彼此之间很容易摆脱，这会导致产生黏度很低的乳化液，造成乳状物沉淀或上浮现象。

由于液态的蛋黄能保存的时间不是很长，生产上常用冷冻的或者干燥的代替。然而试验表明，蛋黄的乳化性质依赖于其结构，任何加工处理都会破坏它的结构进而降低其乳化性能。经过巴氏杀菌的蛋黄不会过度地破坏其乳化性能，但是冷冻和干燥等处理手段都会严重干扰它的乳化性能，用这种蛋黄制成的蛋黄酱含有大量的油滴，而且很容易彼此结合。

纯净的蛋黄在－6 ℃冷冻后会产生凝胶，这一过程不可逆转。这会导致蛋黄和其他成分的混合困难，从而限制其使用。这一凝胶过程能通过机械处理，比如均质和胶体磨的处理来抑制，也可以通过添加蛋白酶和磷脂酶的方法来抑制，但是最常用并且最能接受的是通过加糖或盐来抑制蛋黄凝胶。冷冻过的加糖或盐的蛋黄是相对稳定的，但是过度冷冻会使蛋黄的质量和功能发生改变。

蛋黄酱的 pH 对乳化液的结构有重要的影响，当蛋黄酱的 pH 和所有蛋黄蛋白的平均等电点接近时，黏弹性以及稳定性是最高的，因为此时蛋白质的净电荷最少。当油滴表面的蛋白质具有较高的净电荷时，便会阻止其他蛋白质的吸附，导致油滴彼此排斥，从而起到了防止絮凝的作用，这些因素导致蛋黄酱具有较低的黏弹性以及稳定性。

盐的添加也可以促进蛋黄酱的稳定，主要有 3 个原因。首先，盐可以驱散蛋黄颗粒，从而得到更多可以利用的表面活性物质。其次，加盐可以中和蛋白质表面的净电荷，使它们能吸附到油滴表面的保护层，并且进一步加强其保护作用。最后，中和蛋白表面的净电荷后，可以使毗连的油滴之间的作用力更强。

国外学者 1986 年研究发现，用于盐渍蛋黄的盐的浓度和类型对蛋黄的结构和特性有重要的影响。他们研究了 NaCl、碘化的 NaCl 和 KCl，把它们应用于没有经过巴氏杀菌的蛋黄酱中，结果发现蛋黄黏性会随着盐浓度的增加而增大。虽然添加的 3 种盐都会使蛋黄的乳化性能降低，但是用它们制作的蛋黄酱却具有很好的稳定性。

影响蛋黄酱乳状液稳定的因素主要有蛋黄酱加工中各原料的配合量、加工程序、混合方式、操作温度、产品黏度及贮藏条件等。提高蛋黄酱乳化液的稳定性的措施主要有以下几个方面：

(1)加 1%～2%的白色芥末粉可维持产品的稳定性能。

(2)用新鲜鸡蛋乳化效果最好，因新鲜蛋黄卵磷脂分解程度低。

(3)最佳的乳化操作温度是 15～20 ℃。

(4)酌量添加少量的胶(明胶、果胶、琼脂等)可以增加产品的稳定性。

(5)保证盐、醋合适的添加用量。若盐、醋用量偏高，产品稳定性降低。

(6)为了防止微生物污染繁殖，一些原料如鸡蛋、醋等可预先经 60 ℃，30 min 杀菌，冷却后备用，乳化好的产品可在 45～55 ℃下，加热杀菌 8～24 h，也可加入乳酸菌在常温下放 20 d，抑制有害菌。装瓶后的产品在贮藏期应防止高温和震动，以延长保质期。

(7)有的蛋黄酱在低温下长期存放后会发生分离现象，这是因为在低温下油形成固体结晶，是产品乳化性受破坏所致，所以用于蛋黄酱的蛋黄要取出固体脂和蜡质，使其在低温下不凝固。

(二)脂类物质的氧化

像所有含有脂肪的食品一样，蛋黄酱很容易因为脂肪中不饱和脂肪酸和多不饱和脂肪酸发生自动氧化而受到破坏。自动氧化过程包括 3 个阶段：初始、延伸和终止。初始阶段是一些外来的能量(例如光)在一些催化剂的存在下(例如重金属离子)作用于不饱和脂肪酸而产生自由基。延伸阶段自由基和单线态氧作用形成过氧化物,这些过氧化物可以催化形成更多的自由基而使脂肪酸分解成为醛、酮和醇。一旦这些物质达到一定的浓度,它们便可以形成稳定的化合物而使产品具有典型的恶臭味。最后一个阶段是终止过程,天然的蛋黄酱往往有大面积的油暴露在水相中,而且含有不溶解的氧,另外混合过程有可能引入气泡,嵌套于乳化液中。尽管存在着这些潜在问题,但是令人惊讶的是很少有关于自动氧化对蛋黄酱的破坏的研究报道。

Wills 等人(1979 年)研究了 20 ℃情况下商业蛋黄酱自动氧化的发生情况。他们发现存储 15 d 后,蛋黄酱的过氧化值就达到最大值为 3.5,而后就会下降。

经严格训练的评定小组在 30 d 后就能感觉到蛋黄酱的腐败味,此时过氧化值已经下降,但是羰基化合物含量却迅速增加。因此他们认为过氧化值可以用来预测蛋黄酱开始发生恶臭的时间,而羰基化合物的值主要用来预测这种腐败的程度。在蛋黄酱以及与之相似的乳化液体系中,氧化的开始阶段出现在油滴的交界处,这意味着小颗粒的油滴更有利于氧化的进行。但是在氧化的延伸阶段,油滴的尺寸和氧化没有直接的关系。

光的波长和脂类的氧化也有很大的关系。波长短的光更能促进脂类和脂类乳化液的氧化。Lennersten 等人(2000 年)测定了不同波长的光(尤其是在紫外线范围的光)对蛋黄酱的氧化作用,他们发现 365 nm 波长的光很容易促进不饱和脂肪的氧化,即使脂肪本身在这一范围内对光并不吸收,而可见光在蓝色光范围内可以促进脂肪氧化并且使蛋黄酱变色,但是波长在 470 nm 以上的光没有这种作用。他们推测光导致的脂肪氧化是由光敏感物质比如类胡萝卜素促发的。另外,研究发现用聚萘二甲酸乙二醇酯(PEN)纤维制成包装材料虽然可以阻挡紫外线,但是蛋黄酱的氧化依旧会由于蓝色光而发生。

盐是蛋黄酱的重要成分,也是风味的重要组成部分,盐可以促进蛋黄酱乳化液的稳定,而且会影响自动氧化的速度。Lahtinen 等人(1990 年)研究了 2 种不同浓度(0.85%、1.45%)的 3 种盐对蛋黄酱(不添加防腐剂)氧化的效果。

蛋黄酱在室温下保存 60 d 后,NaCl 和矿物盐在不含抗氧化剂的情况下可以促进脂类的氧化,而 Morton Lite 盐则不能。这种效果很大一部分会由于存在抗氧化剂而被抑制。在实际操作中,盐可能会促进氧化的形成,因为它们很容易被克服,而更为重要的是盐对乳化液稳定性和蛋黄酱的整体风味都有贡献。Jacobson 等人(2000 年)发现,将异抗坏血酸、卵磷脂、生育酚 3 种抗氧化剂混合,能有效阻止蛋黄酱中奶油的氧化,他们认为这是由于抗坏血酸盐能和蛋白中的铁反应,使它能催化形成自由基。

蛋黄酱的氧化稳定性同时也依赖于制作中所用油的种类。Hsieh 等人(1992 年)制作的蛋黄酱含有 70%的鱼油谷物油或者大豆油。Hsieh 等人认为大豆油和谷物油分别含有高含量的亚油酸(18∶2)和亚麻酸(18∶3),而鱼油含有 EPA(20∶5)和 DHA(22∶6),正如预期的一样,用鱼油制作的蛋黄酱氧化迅速,谷物油其次,大豆油最慢,也可能由于豆油中天然抗氧化剂的含量比较高,尤其是生育酚。

(三)蛋黄酱风味的稳定性

蛋黄酱是一种由植物油、醋、蛋黄、糖和香料(主要是芥末)构成的混合物。这些成分构成了蛋黄酱的整体风味。其中糖和醋的成分相对稳定,因此其他成分的分解(比如植物油)、

蛋黄中的蛋白质以及源于香料中的风味物质对综合风味的形成有重要的意义。

芥末的风味来源于一类含硫的挥发性物质——异硫氰酸酯，尤其是异硫氰酸丙烯酯。它们可以任意比例溶解于有机溶剂中，但是微溶于水。在乳化液(如蛋黄酱)中，风味物质按照它们在水相和油相中的相对溶解度而分散开来。

一般认为蛋黄酱的初始风味来源于存在于水相中的风味物质，蛋黄酱食入口中后，在口中缓慢升温，当被唾液分解到一定程度后，油溶性的风味物质从油滴中驱散开来并且和味觉受体结合。因此，对低极性风味化合物的感觉会随着蛋黄酱中脂肪的减少(水相更多)而获得。这和目前 HiTech Food 研究的含有绿芥粉的蛋黄酱的结果一致，结果发现含有 30%脂肪的蛋黄酱比含有 85%脂肪的蛋黄酱绿芥风味更浓，尽管它们的异硫氰酸酯的含量是一致的。

在水溶液中，异硫氰酸丙烯酯会和水以及 OH^- 离子反应，但是在加入柠檬酸盐和色拉油后会保持稳定，这意味着它在蛋黄酱里是稳定的。Min 等人(1982 年)用气相色谱来测定新鲜和存储过的蛋黄酱里风味物质的含量，尤其是油滴部分中的异硫氰酸丙烯酯，结果发现，异硫氰酸丙烯酯的含量在存储 6 个月后变化不大，醋酸和醋酸酯(来源于醋)的水平也没有大的变化。油脂的氧化是产生蛋黄酱异味的主要原因，但因蛋黄酱是一种复杂的产品，抗氧化剂的选择并不简单。

家庭自制以及早期商业化的蛋黄酱中，最有可能导致乳化液破坏的原因是油滴的上浮和絮凝。因此，对蛋黄酱乳化液形成过程中的这些物理和化学变化有充分的了解，才能使我们制作出保存时间更长的蛋黄酱，可使保存期从原来的几个星期提高到几个月，但是随着蛋黄酱乳化液稳定性的增加，缓慢的化学变化就会进行，尤其是自动氧化，结果可能导致蛋黄酱因为自动氧化而受到破坏。

如今，一种添加了起稳定作用的变性淀粉的蛋黄酱会在乳化液稳定结构破坏之前由于脂肪的自动氧化而酸败。如果保存的时间并不是很长(在室温下不超过 6 个月)，保持蛋黄酱风味的稳定并不是一个大问题。

目前大量不同的新的风味已经添加到蛋黄酱中，比如一些中草药、大蒜、西红柿和酸性奶油。最近的趋势是生产脂肪含量低的蛋黄酱以及使用不同种类的植物油。为了适应顾客新的需求，新的蛋黄酱配方已经出现。

第五节　其他蛋制品

一、五香茶叶蛋

五香茶叶蛋是鲜蛋经煮制、杀菌，使鸡蛋蛋白凝固后，再加以辅料防腐、调味、增色等工序加工而成，产品色泽均匀，香气宜人，口感爽滑，营养丰富，集独特的色、香、味于一体。

加工用鲜蛋一般习惯使用鸡蛋，鸭蛋、鹅蛋也可以制作。五香茶叶蛋对原料的要求不是十分严格，只要蛋壳完整，可食用的鲜蛋以及用淡盐水保存过或冰箱保存过的蛋都可作五香茶叶蛋的原料。但是蛋壳破损蛋、大气室蛋等因不耐洗，在煮沸过程中又容易破裂，不宜采用。五香茶叶蛋加工的常用辅料为食盐、酱油、茶叶和八角等香料，也有的添加桂皮等。这些辅料要符合一定的质量要求，未经检验的化学酱油、霉败变质的茶叶等均不得采用。辅料用量视各地口味要求而定。加工五香茶叶蛋的设备很简单，只要有煮蛋用的锅灶就行。南方习惯用蒸钵(砂锅)煮蛋，用它煮制的五香茶叶蛋风味更为别致。

五香茶叶蛋的配方及制作方法如下：

(一)原料配方

鸡蛋 1 kg，调料、酱油大半碗，茶叶、桂皮、大料、精盐各适量。

(二)制作方法

①将鸡蛋煮熟后，用筷子敲打鸡蛋壳，使其脆裂。

②取一净锅(最好是砂锅)坐上火，放入熟鸡蛋、酱油和盐，再倾入清水(使水没过鸡蛋)。用一干净纱布包入茶叶、大料、桂皮，没入锅内，用微火烧 0.5 h。将鸡蛋和汤汁一起倒入大的容器内，随吃随取。

(三)产品特点

蛋壳呈虎皮色，香味浓郁，可作旅途食品。

二、卤蛋

卤蛋由于各种卤料不同而有各种名称。用五香卤料加工的叫五香卤蛋，用桂花等卤料加工的叫桂花卤蛋，用鸡肉/猪肉卤汁加工的叫肉汁卤蛋，卤蛋再经熏烤的叫熏卤蛋。卤蛋经过高温加工，使卤汁渗入蛋内，增进了蛋的风味。卤蛋的加工方法简便，先将鲜蛋置于冷水中煮熟，剥去蛋壳放进配制好的卤料中卤制即可。五香卤蛋常用的辅料是白糖、八角、桂皮、丁香、汾酒、甘草、酱油等。蛋入卤锅后，用小火卤制 30 min，使卤汁慢慢地渗入蛋内即可。卤蛋的包装容器要清洁卫生，防止污染。由于卤蛋营养丰富，容易被细菌污染，故当天加工的卤蛋应尽快销售和食用，如果处理不完的，在第二天要复卤。

三、蛋松

蛋松是鲜蛋液经油炸后炒制而成的疏松脱水蛋制品。因油的渗入及水分的大量蒸发，蛋松的营养价值远比鲜蛋高。它是方便熟制品，随时可以食用；由于含水量较少，微生物不易繁殖，比较耐贮藏，而且体轻，便于携带。

(一)蛋松的品质特点

蛋松的品质特点是：色泽金黄油亮，丝松质软，味鲜香嫩，营养丰富，容易消化，保存时间长，为年老体弱和婴幼儿的最佳食品，亦是旅游和野外工作者随身携带的方便食品。

(二)蛋松的加工方法

蛋松的加工需要选用新鲜的鸡蛋或鸭蛋,其配方、加工工艺如下:

1. 用料与配方

见表 9-17。

表 9-17 蛋松加工用料配方

kg

配方序号	鲜蛋液	食油	精盐	食糖	黄酒	味精
1	50	7.5	1.35	3.75	2.5	0.05
2	50	4	5	5	1	0.1
3	50	适量	2.5	2.5	1.75	0.05
4	50	适量	0.5	2	2	0.05

注:表中数值是指加工 100 kg 鲜蛋的用料。食油可用植物油或猪油。

2. 工艺流程

鲜蛋→检验→打蛋→加调味料→搅拌→过滤→油炸→出锅→沥油→撕或搓→加配料→炒制→成品。

3. 加工过程

我国各地因加工蛋松的设备条件等不同,操作方法也有所区别,其一般加工过程如下:

(1)取新鲜鸡蛋或鸭蛋 5 kg 去皮后放在容器中,充分搅拌成蛋液。

(2)用纱布或米筛过滤蛋液。

(3)在滤出的蛋液中加入精盐 0.4 kg 和黄酒 0.2 kg,并搅拌均匀。

(4)把油倒入锅内烧开,然后使调匀的蛋液通过滤蛋器或筛子,成为丝条状,流入油锅中被油煎,即成蛋丝。

(5)将煎成的蛋丝立即捞出油锅,沥油。

(6)沥油后的蛋丝倒入另一只炒锅内,再将糖和味精放入,调拌均匀后再行炒制。炒制时,宜采用文火。

一般都将蛋松作为营养品食用。南方地区将蛋松作为喝米粥的菜肴,也有的作冷菜盘里的配料,以增加色彩。更多的是作为出外旅游的方便食品和休闲食品。

本章分五节,主要包括概述、咸蛋加工技术、皮蛋加工技术、蛋黄酱加工技术、其他蛋制品加工技术,主要讲述了蛋制品的重要性、蛋的结构,及皮蛋、咸蛋、蛋黄酱等的加工技术。通过本章学习,了解我国蛋制品的现状和存在的问题,掌握皮蛋和咸蛋的加工技术,了解蛋黄酱等蛋制品的加工技术。

思考题

1. 简述蛋的结构。

2. 皮蛋加工的原辅料有何要求？
3. 皮蛋加工有哪些基本工艺步骤？每个工序的操作要点是什么？
4. 五香茶叶蛋的操作要点如何？
5. 三种咸蛋加工方法各有何特点？

【实验实训一】 咸蛋的制作

一、实验目的

了解并掌握咸蛋制作的方法。

二、实验原理

咸蛋主要用食盐腌制而成，食盐渗入蛋中。由于食盐溶液产生的渗透压使微生物细胞体的水分渗出，微生物细胞脱水而受到抑制，延缓了蛋的腐败变质。同时，食盐还可降低蛋内蛋白酶的活动，使蛋内容物的分解变化速度减慢，所以咸蛋的保藏期比鲜蛋长。

三、实验原料与设备

小缸或小坛、台秤、容器、新鲜鸭蛋、食盐、黄泥、净水、白酒。

四、操作步骤

1. 盐水浸泡法

根据 1 kg 鲜蛋用 1 kg 盐水的原则，配制浓度为 20% 的食盐水冷却待用。将挑选好的鲜鸭蛋用冷开水洗净，晾干，放入缸或罐内，再用稀眼竹盖压住，然后灌入盐溶液，以能浸没蛋为止。夏季一般 15～20 d，冬季 30 d 左右即可食用。但这种咸蛋不宜久存，特别是在夏季，更要特别注意。

2. 盐泥涂布法

盐泥涂布法是用食盐和黄泥加水调成泥浆，然后涂布、包裹鲜蛋来腌制咸蛋。

配方（1000 枚鸭蛋）：食盐 6～7.5 kg，干黄土 6.5 kg，清水 4～4.5 kg。

将食盐放在容器内，加水使其溶解，再加入搅碎的干黄土，待黄土充分吸水后调成糊状泥料；然后将挑选好的鸭蛋放于调好的泥浆中，使蛋壳上全部粘满盐泥后，点数入缸或装箱。夏季 25～30 d，春秋季 30～40 d 即成。

用黄泥作辅料的咸蛋一般咸味较重，蛋黄松沙，油珠较多，蛋黄色泽比较鲜艳；而用草灰作辅料的咸蛋咸味稍淡，蛋白鲜嫩，但蛋黄穿心化油的程度不好，吃起来松沙感不强。

3. 白酒腌制法

配方(鲜蛋 5 kg):60 度以上白酒 2 kg,细盐 1 kg。

将要腌制的蛋品逐个在白酒中浸一下,再放到细盐中滚一层盐,然后放入坛中,最后将多余的细盐撒在最上层,加盖密封,储放于阴凉干燥处,40 d 左右即可食用。

【实验实训二】 皮蛋的制作

一、实验目的

了解并掌握皮蛋制作的基本方法。

二、实验材料与设备

配方(以 200 枚鸭蛋计):纯碱 1.55 kg,生石灰 4.4 kg,食盐 0.77 kg,红茶末 50 g,氯化锌 28.4 g,水 22 kg。

小缸或小坛、台秤、研钵。

三、实验步骤

1. 料液配制

先将纯碱、红茶末放入缸底,再将沸水倒入缸中,充分搅拌使之全部溶解,然后分次投放生石灰(注意生石灰不能一次投入太多,以防沸水溅出伤人),待自溶后搅拌。取少量上层溶液于研钵中,加入氯化锌并充分研磨使其溶解,然后倒入料液中,3～4 h 后加入食盐,充分搅拌。放置 24～48 h 后,搅拌均匀并捞出残渣。

2. 原料蛋的检验

原料蛋应是大小基本一致、蛋壳完整、颜色相同的新鲜蛋。将挑选好的蛋洗净、晾干后备用。

3. 装缸与灌料

先在缸底加入少量料液,将挑选合格的原料蛋放入缸内,要横放,切忌直立,一层一层摆好,最上层的蛋应离缸口 10 cm 左右,以便封缸。蛋装好后,缸面放竹片压住,以防灌料液时蛋上浮,然后将凉至 20 ℃以下的料液充分搅拌,边搅边灌入缸内,直至蛋全部被料液淹没,盖上缸盖。

4. 浸泡管理

首先要掌握好室内温度,一般为 18～25 ℃;其次要定期检查。一般 25～35 d 即可出缸。

5. 出缸

浸泡成熟的皮蛋需及时出缸,以免“老化”。出缸的皮蛋放入竹篓,用残料上清液(勿用

生水)冲洗蛋壳上污物。

6. 涂膜

(1)涂料配制

配方:液体石蜡 30%、司班 2.6%、吐温 3.9%、三乙醇胺 3.5%、水 60%。将前三种原料按配方投入反应锅中,缓缓加热,慢慢搅动,使温度上升到 92 ℃,然后将三乙醇胺快速倒入反应锅中,并加热使温度达到 95 ℃,此时需不断搅拌。冷却至室温,所得白色乳液即为白油保质涂料。取涂料 40%、水 60%倒入容器中,搅匀,即可使用。

(2)涂膜方法

将待涂皮蛋浸入涂液中,立即捞出,沥去多余涂液,装入蛋篓中,即可入库或销售。此法制作的皮蛋可贮存半年。

参考文献

[1] 李秀娟.食品加工技术[M].北京:化学工业出版社,2011.
[2] 翟玮玮,赵晴.食品生产概论[M].北京:科学出版社,2007.
[3] 赵晨霞.食品加工技术概论[M].北京:中国农业出版社,2010.
[4] 赵征.食品工艺学实验技术[M].北京:化学工业出版社,2009.
[5] 刘景圣.功能性食品[M].北京:中国农业出版社,2005.
[6] 马美湖.禽蛋制品生产技术[M].北京:中国轻工业出版社,2003.
[7] 马美湖.蛋与蛋制品加工学[M].北京:中国农业出版社,2007.
[8] 周永昌.蛋与蛋制品工艺学[M].北京:中国农业出版社,1995.
[9] 杨宁.家禽生产学[M].北京:中国农业出版社,2002.
[10] 樊航奇,张敬.蛋鸡饲养技术手册[M].北京:中国农业出版社,2000.
[11] R. E. Austic 著,王金文主译.家禽生产[M].北京:中国农业出版社,1999.
[12] 艾文森.蛋鸡生产[M].北京:中国农业出版社,1996.
[13] 杨山.家禽生产学[M].北京:中国农业出版社,1995.
[14] 李晓东.蛋品科学与技术[M].北京:化学工业出版社,2005.
[15] 杨山.现代养鸡[M].北京:中国农业出版社,2002.
[16] 骆承庠.畜产品加工学(第二版)[M].北京:中国农业出版社,1992.
[17] 陈明造.蛋品加工理论与应用[M].台北:艺轩图书出版社,1989.
[18] 张胜善.蛋品加工学[M].台北:华香园出版社,1985.
[19] 李晓东.蛋品科学与技术[M].北京:化学工业出版社,2005.
[20] 唐传核,彭志英.一种新型功能性食品——植物醇酯[J].中国油脂,2001,28(3):60~63.
[21] 陈茂彬,黄芩.植物醇酯产品的制备方法[J].食品工业科技,2004,25(12):130~133.
[22] 陈洁.高级调味品加工工艺与配方[M].北京:科学技术文献出版社,2001.
[23] 陈有亮.蛋黄酱的稳定性研究[J].中国调味品,2004,11:8~11.
[24] 连喜军.蛋黄酱新工艺研究[J].肉类研究,2000(4):30~32.
[25] 陆宁,钟瑾.蛋黄酱加工技术及稳定性研究[J].食品科学,1998,19(5):26~29.
[26] 陈洁.高级调味品加工工艺与配方[M].北京:科学技术文献出版社,2001.
[27] 马传国.油脂加工工艺与设备[M].北京:化学工业出版社,2004.
[28] 张怀珠,张艳红.农产品贮藏与加工技术[M].北京:化学工业出版社,2009.
[29] 刘建学.食品保藏学[M].北京:中国轻工业出版社,2006.
[30] 廖间龙.果脯蜜饯加工过程中存在问题与对策[J].福建农业,2002(10):11~13.
[31] 周卫华.果品类果脯蜜饯制作集锦(一)[J].果蔬菌类,2010(20):58~59.

[32] 周卫华. 果品类果脯蜜饯制作集锦(二)[J]. 果蔬菌类,2010(22):57～58.

[33] 周卫华. 果品类果脯蜜饯制作集锦(三)[J]. 果蔬菌类,2010(23):56～57.

[34] 秦文,吴卫国. 农产品贮藏与加工学[M]. 北京:中国计量出版社,2007.

[35] 张宝善,王军. 果品加工技术[M]. 北京:中国轻工业出版社,2000.

[36]何国庆. 食品发酵与酿造工艺学[M]. 北京:中国农业出版社,2001.

[37]罗云波,蔡同一. 园艺产品贮藏加工学(加工篇)[M]. 北京:中国农业出版社,2001.

[38](美)Roger B. Boulton, Vernon L. Singleton, Linda F. Bisson, Ralph E. Kunkee著,赵光鳌等译. 葡萄酒酿造学——原理及应用[M]. 北京:中国轻工业出版社,2001.

[39]章克昌. 酒精与蒸馏酒工艺学[M]. 北京:中国轻工业出版社,1995.

[40]顾国贤. 酿造酒工艺学[M]. 北京:中国轻工业出版社,1996.

[41]林亲录,邓放明. 园艺产品加工学[M]. 北京:中国农业出版社,2003.

[42]王文甫. 啤酒生产工艺[M]. 北京:中国轻工业出版社,1999.

[43]康明官. 中外著名发酵食品生产工艺手册[M]. 北京:化学工业出版社,1997.

[44]王恭堂. 白兰地工艺学[M]. 北京:中国轻工业出版社,2002.

[45]陈锦屏,张伊俐. 调味品加工技术[M]. 北京:中国轻工业出版社,2002.

[46]赵晋府. 食品工艺学[M]. 北京:中国轻工业出版社,2007.

[47]夏文水. 食品工艺学[M]. 北京:中国轻工业出版社,2007.